ちくま文庫

蔣介石を救った帝国軍人

台湾軍事顧問団・白団の真相

野嶋 剛

筑摩書房

目次

■凡例

・本文中では西暦を主として用い、適宜、元号をカッコ内に示した。
・登場人物の年齢は原則として満年齢である。
・原文が中国語の引用資料については、とくに断らないかぎり、著者が訳したものである。
・長い引用は主に前後一行あき、二字下げで示している。
・引用にあたっては漢字の字体は新字体にあらためた。また漢字を仮名に、仮名を漢字にしたところもある。仮名遣いは現代仮名遣いとしたが、片仮名は平仮名にし、濁点、送り仮名、改行やルビを適宜ほどこしたところがある。数字の表記も原則として統一した。
・原則として敬称は略した。
・中国人の人名ルビは原則として日本語の音読みとした。
・台湾が絡んだ中国近現代史は非常に用語に頭を悩ませられることが多い。一九四九年以前の中国においては、国際的にも実力的にも認められた正統政権は蔣介石ら国民党が率いる国民政府であった。そのため、一九四九年の台湾撤退までは、国民政府という表記を使う。一方、共産党はこの時点では「共産党勢力」「毛沢東率いる共産党」などと書いている。中華人民共和国の成立が宣言された一九四九年以降の台湾については依然として「中華民国政府」「国民政府」などの表記を使っており、日本でもならっていたため混乱が起きがちだが、本書では固有名称などの使用を除いて「国民党政権」で統一している。一方、中国では「中華人民共和国」「中国・人民解放軍」などの表記にできるだけしている。

蔣介石を救った帝国軍人——台湾軍事顧問団・白団の真相

同胞諸君。われわれ中国人は、旧悪を思わず、人に善をなす、ということがわが民族の伝統的な至高至貴の特性であり、われわれが一貫して声明したのは、「われわれは日本軍閥を敵とするが、日本人民をけっして敵と認めない」と述べたことを思い出さなければならない。

こんにち敵軍はすでにわれわれと同盟軍によって打倒された。われわれは当然かれが一切の降伏条件を忠実に履行するよう厳重にこれを求めるものである。

しかし、われわれはけっして報復を企図するものではない。敵国の無辜《むこ》の人民にたいしてはなおさら侮辱を加えるものではない。われわれはただかれらに憐憫《れんびん》を表示し、かれらをしてみずからその錯誤と罪悪を反省せしめんとするだけである。

もしも、暴行をもって過去の暴行に報い、汚辱をもって従来の彼らの優越感に応うるならば、怨と怨と相報い、永く止まるところはない。これけっしてわれわれ仁義の師の目的ではない。

（一九四五年八月十四日　蔣介石のいわゆる「以徳報怨」演説）

プロローグ　病床の元陸軍参謀

糸賀公一

　その元陸軍参謀は、東京都国立市の老人ホームの白いベッドの上で私を待っていた。相手を値踏みするような視線が絡みついた。常になにかをジャッジしてきた人間に染みついた習性のようなものだろうか。

二〇〇九年の暮れのある日。糸賀《いとが》公一《こういち》はこのとき九十八歳。私は四十歳だった。

「年号とか数字は正直、思い出せなくなりましたがね」

インタビューは、この一言から始まった。

糸賀は台湾で「賀公吉」と呼ばれた。偽名である。中国語では「化名《ホワミン》」というが、コードネームと訳してもいい。本書では「中国名」としておきたい。

戦後の約二十年間、台湾において、旧大日本帝国軍人による大規模かつ組織的な軍事支援がおこなわれていた。彼らは「白団《パイダン》」と呼ばれた。その名はリーダーを務めた元陸軍少将・富田《とみた》直亮《なおすけ》が「白鴻亮《パイホンリヤン》」という中国名を名乗っていたことに由来する。

日本は戦争に敗れた。降伏した相手は連合軍であり、そのなかに、蔣介石《しょうかいせき》を最高指導者とする中華民国国民政府も入っていた。その後、国民政府の主体であった国民党は共産党との内戦に敗北し、台湾に撤退する。白団はその国民党を助け、蔣介石を救うために台湾に渡った。

白団の元軍人たちのほとんどが陸軍のエリート機関・陸軍士官学校を卒業し、陸軍大学校でも学んだ優秀な参謀たちで占められていた。だから、実戦部隊というよりは、参謀団や顧問団と位置づけられるべきだろう。

白団は蔣介石が中国大陸から台湾に撤退する直前の一九四九年七月に結成され、一九四九年秋から順次段階的に台湾に密航というかたちで渡った。

白団は、台湾で国民政府軍の立てなおしのために軍人教育に従事したほか、中国大陸に反攻するための計画も立案し、模範となる精鋭部隊を作りあげ、戦前の日本にあった総動員体制を根づかせた。大陸反攻という蔣介石の夢をかなえることこそできなかったが、少なくとも毛沢東《もうたくとう》の中国共産党から台湾を守りきるうえで大きな役割を果たしたことはまちがいない。

ただ、すでに日本の植民地ではなくなり、あらかた日本人が追い出された戦後の台湾では、日本人がそこにいるだけで、いろいろな意味でやっかいだった。しかも、国民政府と戦った敵国・日本の元軍人たちである。それなのに国民政府は、その中国名でニセの旅券や身分証まで作ってくれた。そのうち同じ日本人の仲間内でも、こちらの名前で呼びあうようになった。

参謀の共通点

糸賀がもらった賀という姓は、見てわかるように、糸賀姓から一文字を取っている。富田も同様で、ほかのメンバーも多くは本名と一文字か二文字が重複している（白団メンバーの表参照）。ただ、本名とまったく関係がない中国名をつけられた者もいた。

最初、糸賀に会う前は、白団の生き残りと初めて対面を果たすことができる興奮を感じていたが、話しているうちに糸賀の冷徹さに当てられ、しだいにこちらの熱も冷めていった。かぎられた面会の時間内で、できるだけ糸賀がもっている多くの情報を引き出し、糸賀という人物をしっかりと見きわめなければという思いが強まった。

なにしろ、糸賀の体調はかなり悪いと家族から聞かされていた。この手の取材に「二度目はない」ことを覚悟すべきだということは、過去の経験から痛いほどわかっ

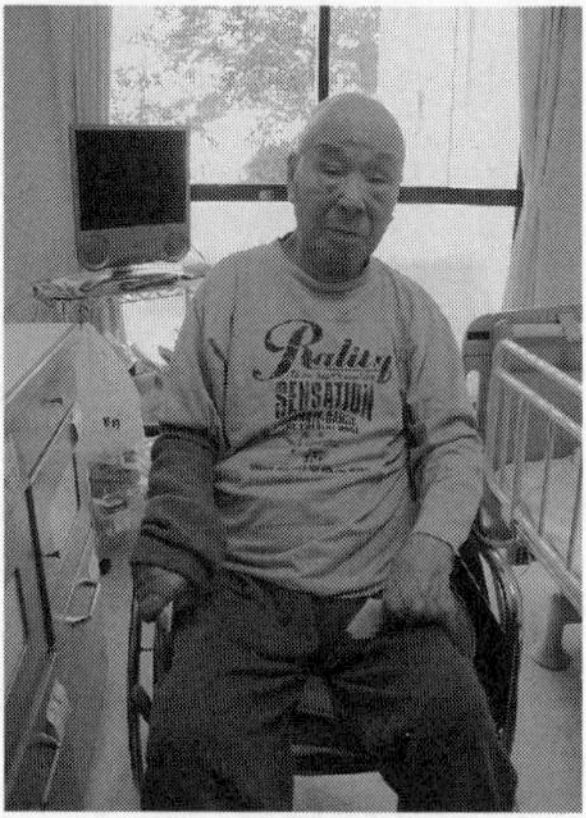

糸賀公一さん（著者撮影）

ていたつもりだった。現実に、糸賀はこの取材から二年後、元気を取り戻すことなく、この世を去っている。

糸賀は、聞かれたことには正確に答えてくれるが、それ以上の情報は自分からは出そうとしなかった。冗舌さを厳しく排除しながらも、相手への礼儀は失しない話術である。

軍隊という組織において、参謀という立場にあった人間には、対人接触における距離感の取りかたにある種の共通点があるように感じる。参謀は、情報収集という役割も兼ねることがあるため、他者への接しかたや話しかたは基本的にとても丁寧で、ときには社交的でさえある。だが、いくら会話を重ねても、相手に本音を容易につかませない。核心に近づこうとしても、のらりくらりとかわされてしまう。

参謀というポストには、軍の指揮官をサポートする役割が付与されている。古い時代には軍師と呼ばれた職業だ。それが近代戦争になって軍内に参謀本部という組織が

■白団のメンバー

姓　名	中国名	旧軍階級	経　歴	台湾滞在期間	担当教科、役職
富田直亮	白鴻亮	陸軍少将	陸士32期	1949〜68	団長
荒武国光	林光	陸軍大尉	陸軍中野学校	1949〜51	団長補佐、情報
杉田敏三	鄒敏三	海軍大佐	海軍兵学校54期	1949〜52	海軍
本郷健	范健	陸軍大佐	陸士36期	1949〜？	戦史教育
酒井忠雄	鄭忠	陸軍中佐	陸士42期	1949〜64	戦術、情報
河野太郎	陳松生	陸軍少佐	陸士49期	1949〜53	空軍戦術
内藤進	曹士達	陸軍中佐	陸士43期	1949〜50	空軍
守田正之	曹正之	陸軍大佐	陸士37期	1949〜50	教官
藤本治毅	黄治毅	陸軍大佐	陸士34期	1949〜50	兵站
坂牛哲	張金先	陸軍中佐	陸士43期	1949〜50	砲兵
佐々木伊吉郎	林吉新	陸軍大佐	陸士33期	1949〜52	情報、戦術
鈴木勇雄	王雄民	陸軍大佐	陸士36期	1949〜52	空軍
伊井義正	鄭義正	陸軍少佐	陸士49期	1949〜52	戦車戦術
酒巻益次郎	謝人春	陸軍少佐	陸士49期	1949〜52	砲兵
岩上三郎	李徳三	陸軍中佐	陸士43期	1949〜51	戦術、演習
岡本覚次郎	温星	陸軍大佐	陸士32期	1949〜52	通信
市坂信義	周祖蔭	陸軍中佐	陸士43期	1949〜52	海軍
松崎義森	杜盛	海軍機関中佐	海軍機関学校56期	1950〜53	海軍
溝口清直	呉念堯	陸軍少佐	陸士47期	1950〜63	上陸戦術
市川治平	何守道	陸軍大佐	陸士37期	1950〜53	戦術
堀田正英	趙理達	陸軍大佐	陸士37期	1950〜52	将校訓練
萱沼洋	夏葆国	海軍機関少佐	海軍機関学校65期	1950〜52	海軍
服部高景	甘勇生	陸軍大佐	陸士36期	1950〜52	工兵教育
後藤友三郎	孟成	陸軍中佐	陸士44期	1950〜52	工兵教育
笠原信義	黄聯成	陸軍大佐	陸士36期	1950〜52	兵站
野町瑞穂	柯仁勝	陸軍少佐	陸士46期	1950〜52	情報
松本秀志	左海興	海軍大佐	海軍兵学校49期	1950〜62	海軍
今井秋次郎	鮑必中	海軍中佐	海軍兵学校54期	1951〜52	海軍
大塚清	楊簾	陸軍中佐	陸士40期	1951〜52	情報
瀬能醇一	頼達明	陸軍少佐	陸士48期	1951〜52	第32師団訓練
美濃部浩次	蔡浩	陸軍少佐	陸士48期	1951〜52	第32師団訓練
都甲誠一	任俊明	陸軍中佐	陸士42期	1951〜52	第32師団訓練

姓　名	中国名	旧軍階級	経　歴	台湾滞在期間	担当教科、役職
春山善良	朱健	陸軍少佐	陸士 48 期	1951～52	第 32 師団訓練
新田次郎	闔新良	陸軍少佐	陸士 46 期	1951～52	第 32 師団訓練
弘光伝	邵伝	陸軍少佐	陸士 49 期	1951～52	上陸戦術
固武二郎	曾固武	陸軍少佐	陸士 48 期	1951～52	第 32 師団訓練
松尾岩雄	馬松栄	陸軍少佐	陸士 48 期	1951～52	第 32 師団訓練
岩坪博秀	江秀坪	陸軍中佐	陸士 42 期	1951～68	戦術
糸賀公一	賀公吉	陸軍中佐	陸士 44 期	1951～68	軍需、動員
大橋策郎	喬本	陸軍中佐	陸士 44 期	1951～68	戦術
立山一男	楚立三	陸軍少佐	陸士 48 期	1951～68	戦術
佐藤忠彦	諸葛忠	陸軍中佐	陸士 43 期	1951～64	戦車戦術
村中徳一	孫明	陸軍中佐	陸士 45 期	1951～64	動員
富田正一郎	徐正昌	陸軍少佐	陸士 45 期	1951～64	動員
山下耕	易作仁	陸軍中佐	陸士 44 期	1951～64	戦術、軍制
中島純雄	秦純雄	陸軍少佐	陸士 46 期	1951～64	戦術
戸梶金次郎	鍾大鈞	陸軍少佐	陸士 47 期	1951～64	戦術
池田智仁	池步先	陸軍少佐	陸士 49 期	1951～53	第 32 師団訓練
伊藤常男	常士光	陸軍少佐	陸士 47 期	1951～53	第 32 師団訓練
福田五郎	彭博山	陸軍少佐	陸士 47 期	1951～53	空軍教官
山本茂男	林飛	陸軍少佐	陸士 49 期	1951～53	戦術
中尾拾象	鄧智正	陸軍中佐	陸士 42 期	1951～53	第 32 師団訓練
井上正規	潘興	陸軍少佐	陸士 48 期	1951～53	第 32 師団訓練
西村春彦	劉啓勝	海軍中佐	海軍兵学校 55 期	1951～53	海軍
高橋勝一	桂通海	海軍大佐	海軍兵学校 54 期	1951～53	海軍
中山幸男	張幹	陸軍少佐	陸士 46 期	1951～53	第 32 師団訓練
佐藤正義	斉士善	陸軍少佐	陸士 47 期	1951～53	第 32 師団訓練
土屋季道	銭明道	陸軍中佐	陸士 45 期	1951～53	第 32 師団訓練
篠田正治	麦義	陸軍少佐	陸士 47 期	1951～53	通信、動員
川田一郎	蕭通暢	陸軍少佐	陸士 47 期	1951～53	第 32 師団訓練
村川文男	文奇賛	陸軍少佐	陸士 48 期	1951～53	情報
小杉義蔵	谷憲理	陸軍中佐	陸士 40 期	1951～53	戦術
黒田弥一郎	関亮	陸軍中佐	陸士 45 期	1951～53	第 32 師団訓練
三上憲次	陸南光	陸軍中佐	陸士 44 期	1951～52	戦術
藤村甚一	丁建正	陸軍中佐	陸士 41 期	1951～52	第 32 師団訓練

姓　名	中国名	旧軍階級	経　歴	台湾滞在期間	担当教科、役職
小針通	閔進	陸軍少佐	陸士 48 期	1951〜52	第 32 師団訓練
大津俊雄	紀軍和	陸軍少佐	陸士 47 期	1951〜52	第 32 師団訓練
進藤太彦	鈕彦士	陸軍中佐	陸士 44 期	1951〜52	第 32 師団訓練
宮瀬蓁	汪政	陸軍少佐	陸士 47 期	1951〜52	第 32 師団訓練
御手洗正夫	宮成炳	陸軍少佐	陸士 49 期	1951〜52	第 32 師団訓練
村木哲雄	蔡哲雄	陸軍中佐	陸士 44 期	1951〜52	第 32 師団訓練
杉本清士	宋岳	陸軍少佐	陸士 48 期	1951〜52	第 32 師団訓練
川野剛一	梅新一	陸軍少佐	陸士 47 期	1951〜52	戦術
市川芳人	石剛	陸軍少佐	陸士 46 期	1951〜52	戦術
神野敏夫	沈重	陸軍中佐	陸士 41 期	1951〜53	第 32 師団訓練
川田治正	金朝新	陸軍少佐	陸士 47 期	1951〜52	兵站
山藤吉郎	馮運利	陸軍中佐	陸士 44 期	1951〜52	士官教育
石川頼夫	魯大川	陸軍中佐	陸士 44 期	1951〜53	空軍教官
土肥一夫	屠航遠	海軍大佐	海軍兵学校 54 期	1951〜61	海軍
瀧山和	周名和	陸軍少佐	陸士 49 期	1951〜59	空軍教官
山口盛義	雷振宇	海軍大佐	海軍兵学校 54 期	1951〜62	海軍
山本親雄	帥本源	海軍少将	海軍兵学校 46 期	1952〜53	副団長
小島俊治	阮志誠	陸軍少佐	陸士 48 期	1952〜53	第 32 師団訓練
岡村寧次	甘老師	陸軍大将	陸士 16 期	東京	富士倶楽部
小笠原清	蕭立元	陸軍少佐	陸士 42 期	東京	富士倶楽部

*曹士澂ファイル、岡村寧次同志会名簿の記載をもとに作成

置かれ、若いころから参謀になる適性をもつ人材が養成されるようになった。かつて戦争は剣や槍、弓矢などの腕を競うものだったが、近代になると知性と戦略を競うことが重要度を高め、参謀はしだいに戦争の主役を担うようになった。

日本においては、日露戦争の児玉源太郎《こだまげんたろう》・満洲軍総参謀長、日本海海戦の秋山真之《あきやまさねゆき》・第一艦隊首席参謀、柳条湖事件の石原莞爾《いしはらかんじ》・関東軍作戦主任参謀、太平洋戦争の瀬島龍三《せじまりゅうぞう》・大本営陸軍参謀など、名参謀たちが指揮官以上に歴史に名前をとどめる。同時に、国家を誤った方向に導いた点において、日本軍の参謀たちが犯した罪は大きかった。たとえば日本が対米戦争や対中戦争を拡大していくなかで、国内にあった消極論にたいし、陸軍の参謀本部は「欧州ではドイツが必ず勝つ」という判断を下していた。ソ連や英国をドイツが屈服させれば日本にたいしてアメリカも長くは全面戦争を続けられないだろうという楽観的観測に立っていたのだが、その見とおしは完全なる錯誤だった。

糸賀もそんな参謀全盛時代に日本軍を担う参謀となるべく養成されたひとりだった。

三十四歳で敗戦を迎える

出雲大社に近い島根県簸川《ひかわ》郡多伎《たき》町（現出雲《いずも》市）で、一九一一（明治四十四）年、糸

賀は十一人きょうだいの長男に生まれた。父親は農協の組合長も務める地元の知名人だった。

糸賀の長男で元富士銀行常務の糸賀俊一によれば、糸賀家はもともと和歌山の地方武士の一族で「糸我」という姓だったが、南北朝の時代に南朝に味方をしたため、山陰地方を転戦しているうちに出雲地方に流れ着き、その間に「糸賀」とあらためたのだという。

糸賀は中学卒業後、陸軍士官学校の予科に合格し、陸軍エリートの道を歩みはじめた。一九三〇（昭和五）年に陸士四十四期に入学。一九三七（昭和十二）年には陸軍大学も卒業した。一時的に体を壊して陸士の戦術教官を二年ほど担当し、太平洋戦争が始まった一九四一（昭和十六）年に大本営陸軍参謀になると、翌年には満洲に派遣され、マレー半島から戻ってきた山下奉文《やましたともゆき》大将の下で作られた対ソ作戦用の第一方面軍の参謀に任命された。

しかし、南方戦線の雲ゆきが怪しくなると、糸賀の任務も変調を来した。

「満洲から兵器がどんどん抜かれていって、満洲の陸軍が骨抜きになって、もう対ソ作戦どころじゃなくなった。参謀本部に転任すると、次はシンガポールにやられちゃった」

糸賀の陸軍における最後のキャリアはシンガポールにおける第七方面軍参謀で終わった。司令官はのちに東京裁判でA級戦犯として処刑された板垣征四郎《いたがきせいしろう》。一九四五（昭和二十）年三月に中佐に昇進し、八月に終戦を迎えている。

シンガポールに戻ってきた英軍との折衝役を任され、チャンギの収容所で戦犯たちとともに二年間をすごした。俊一にたいして、糸賀はほとんどシンガポール時代のことを話すことはなかったが、「英軍の連中は頭がよくて話はしやすい。しかし、油断のできないところがあったのでいつも警戒はしていた」という感想を語っていたことが、俊一の記憶にいまも残っている。

復員した糸賀は三十七歳で故郷の島根に戻った。四人の幼子を連れた妻が待っていた。旧日本軍の解体と公職追放で陸軍参謀として積みあげた半生のキャリアは水泡に帰した。

「頼みたい仕事がある」

これからどう生きればいいのか。糸賀の心は、暗澹《あんたん》たる思いで満ちていた。

「軍も国もなにもくれんし、再就職もできんでしょ。お金稼ぐには、どうしたらいいか、困りました。うちは百姓でしたから自分の畑を耕すことぐらいで、生きていくのが精一杯でしたね」

糸賀には長男として一家を支えなければならない責務があった。下のほうの弟、妹たちは、息子の俊一とそれほど年齢が変わらなかった。

畑仕事の経験はほとんどなかったが、生来研究熱心な性格の糸賀は地元の特産であるイチジクについて新しい種をどこかから取り寄せるなどして農業に打ちこみ、どうにか一家の生活を支えつづけた。

糸賀のもとに、陸軍の先輩だった小笠原清《おがさわらきよし》という男から「上京してほしい。頼みたい仕事がある」という連絡が入ったのは、島根に戻って三年がすぎた一九五〇（昭和二十五）年の夏だった。

小笠原はのちに白団の日本側の事務局長役として活躍した人物である。最後の支那派遣軍総司令官となった岡村寧次《おかむらやすじ》大将の側近中の側近を自任し、敗戦後も南京にとどまって日本軍民の帰還任務にあたった岡村のそばから離れずに中国に希望して残り、帰国後は、白団の結成を蔣介石と共同で進めた岡村の手足となって、白団の運営のために力を尽くした。

この時期の糸賀にはどんな仕事でもありがたい話だった。夜行列車に乗りこみ、都内で小笠原と会った。小笠原から聞かされた話は、こんなおおざっぱな内容だったという。

「台湾に行き、蔣介石を助けて共産党と戦ってほしい。十分に報酬はある。しかし、命がけの仕事になるかもしれない」

当時、すでにゴシップ週刊誌などに「台湾義勇軍」の話題がしばしば取りあげられていた。蔣介石を助けるために台湾に行く元軍人たち。そんな夢物語のような計画に、まさか自分がかかわるとはまったく想像していなかった。

糸賀自身も、満洲での勤務経験はあるが、中国に通じたいわゆる「支那通」というわけではない。それでも糸賀は短い返事で小笠原の依頼に応じた。「やります」。提示された手当も破格のもので危険手当が入っていることも想像がついた。

島根の家族の生活をこれで十分に支えられるという計算はあった。しかし、なによりも、軍人として働き盛りの年齢にあった糸賀にとって、半生を費やして学んできた知識と経験を生かせる場があるということのほうに、強烈な魅力を感じたことが即答した最大の理由だった。

糸賀は作戦立案のプロであった。台湾において、蔣介石の指示のもと、中国を取り戻すための「大陸反攻計画」の策定にも深くかかわり、白団が解散する一九六八年まで台湾にとどまった五人のうちの一人となった。だが、それはまだ先のことである。

この時期、数百人におよぶ陸海の軍人たちが小笠原やその他白団の発起人たちからさまざまなルートで台湾渡航の打診を受けていた。そのうち百人ほどが正式に応じ、実際に貨物船に紛れこんで密航などのかたちで台湾に渡ったのは総勢八十三人だった。戦後アジアの混乱した国際情勢のなかでも、きわめて独特の異彩を放ったアンダーグラウンドの軍事顧問団・白団が動き出したのである。

なにが彼らを突き動かしたのか？

だが、よく考えてみれば八年間に及ぶ日中戦争で殺しあった相手の蔣介石を、どうして日本人たちがさまざまな危険を冒して海を渡って助けなければならなかったのだろうか。逆に、どうして日本人たちに助けを請いたいと蔣介石は考え、白団招聘《しょうへい》を実行に移したのだろうか。

反共作戦の一環として軍事援助のために台湾を訪れたアメリカ人たちが白団の存在を知って慌てふためき、理解できず、排除しようと蔣介石にしつこく働きかけたのはもっともな反応であろう。白団の存在が、少なくとも日本が米軍の占領下にあった時期のあいだは、そして、戦後もしばらくのあいだ、極秘にされていたことも、当然のことである。

そんな白団が二十年間も活動を続けられた理由はなんなのか。

「蔣介石総統の恩義に報いるため」という説明がある。

日本降伏の日、蔣介石は「以徳報怨《いとくほうえん》」演説をおこなって日本人との和解を呼びかけ、日本人にたいして、いわゆる「寛大政策」をもって接した。

寛大政策とは、天皇制の維持や賠償金の放棄、日本軍民の大陸からのスムーズな帰還などのことである。恩義を感じ、義に燃えた軍人たちが台湾に渡った――。そんなわかりやすいストーリーで白団の物語は語られつづけてきた。

だが、果たして、戦争とは、軍人とは、それほど簡単な心情と図式だけで動くものなのか。それではまるで満洲の馬賊やヤクザ映画並みの話ではないか。二〇〇八年に公開されたばかりの蔣介石日記のなかに白団に関する多くの記述を見つけてからこの問題に取り組みはじめて以来、常に筆者の脳裏から離れない疑問符となった。

人間社会には建前と本音がある。建前なくして人間は生きられない面がある。世のなかにおいては建前が「大義」と呼ばれたりもする。白団において「義に報いる」という使命感があり、その大胆な行動の原動力になったことを否定するつもりはない。しかし、事実を調べることを生業とするジャーナリストには、「それだけではないのではないか」と常に考える習性がある。私は白団における「建前」の部分以外をもっと知りたいと考えた。

本書は、足かけ七年をかけて蔣介石と日本軍人たちの「本音」と白団の等身大の姿を探し求めた筆者の記録である。

第一章 蔣介石とは何者か

日記を書く蔣介石

1　空前絶後の日記

ある快感

日記を読む作業には、目的が研究や取材であっても、「見てはいけないものを見ている」という快感がともなう。のぞき見の歓び、と言ってもいい。

日記とは、他人の目に触れないことを前提に書かれている。他人には知られたくない「真実の告白」がそこにある。もちろん世のなかには交換日記のような日記もある。それでも、日記はかぎられた他者にしか見せないものである。

しかし、人間の好奇心は日記もまた歴史の一部として放ってはおかない。日記がその時代に生きた人びとの「真実の告白」である以上、史料価値はおのずと高まってくる。ましてや、それが歴史上の人物となれば、なおさらである。

とくに政治家の日記は歴史学でも一次史料として扱われ、重視されている。

日本においては、もともと平安時代の貴族たちが日記をつけていたことが、政治的人物の日記の始まりだとされる。貴族たちは日記を日々の仕事の記録として残した。

当時、貴族の役割の固定化が進んでいたため、貴族の子弟も親と同じ仕事をすることが多くなり、日記によって親の仕事を子に伝える必要性に迫られた事情があった。

明治維新以降はいろいろな政治家が日記を書くようになった。明治・大正期の政治家である原敬《はらたかし》の日記などが政治家の日記として知られている。また、戦後日本でも佐《さ》藤栄作《とうえいさく》や岸信介《きしのぶすけ》などの日記が刊行されている。

一方、近代の中華世界における日記で圧倒的な存在感を有するのが蔣介石日記である。本書を書きはじめる動機は、この蔣介石日記との「格闘」から生まれた。

記述は五十七年間に及ぶ

蔣介石は一九一五年に日記をつけはじめた。日本でいえば大正四年のことである。蔣介石は二十八歳だった。五十七年後の一九七二（昭和四十七）年八月、八十五歳になって蔣介石は日記を書く筆を止めた。一九七五（昭和五十）年に世を去る三年ほど前のことである。このとき蔣介石は数年前に運悪く巻きこまれた交通事故の影響で身体が収縮をきたし、筆をもつことができなくなった。それまで、五十七年間にわたって書きつづけた空前絶後の日記である。

蔣介石という人物は、日記を書いているあいだ半世紀にわたって中国政治の中心を歩みつづけ、一度たりとも、その中心から離脱することはなかった稀有《けう》な人物である。中国の近代は孫文《そんぶん》と蔣介石、そして毛沢東という三人によって決定されたと言われているが、その蔣介石の一生が凝縮されているのだから日記の価値はかぎりなく高い。

五十七年間のうち四年間分は現存していない。一九一五、一九一六、一九一七年の三年については、一九一八年末の福建での戦いで奇襲を受けた蔣介石が命からがら戦場から逃げ延びた際に紛失したとされる。ただ、一九一五年の日記は十三日分だけが残っている。一九一七年分は、のちに蔣介石が回顧録として書いたものが存在するが、厳密に言えば日記と呼べない。

失われた残りの一年は一九二四年分だ。これは紛失の理由がよくわからない。一九三〇年、当時蔣介石に寄り添っていた秘書の毛思誠《もうしせい》が蔣介石の日記を写し取った時点で、すでに一九二四年分はなくなっていた。一九二四年は蔣介石が黄埔《こうほ》軍官学校で校長を務めていた時期にあたるが、その間、学校では多くの共産党員も学んでいたので、共産党のスパイがひそかにもち去ったとの推測も出ている。

そのため、蔣介石日記は現存する分で五十三年間となり、冊数にして六十三冊となる。

中国の蔣介石研究の第一人者で近代史研究所研究員の楊天石《ようてんせき》による表現がもっとも

的確に蔣介石日記の価値を言いあらわしている。

「中国のみならず世界の政治家の日記のなかで、これほど長期間にわたって書かれた日記は、内容の豊富さも含め、絶無ではないだろうか」

「日記魔」たるゆえん

では、蔣介石はなぜこれほどの「日記魔」だったのか。その理由については、複数の要因が指摘されている。

蔣介石が日記を始めたのは、清朝末期の軍人政治家・曾国藩《そうこくはん》への崇拝に負うところが大きいと言われている。蔣介石は曾国藩をなにかにつけて模倣していたが、文人としても優れていた曾国藩は詳細な日記をつけており、『曾文正公手書日記』という日記集も残している。

蔣介石が日本に滞在した時期、必死になって読了したのが曾国藩の著書だった。衰退のなかにある清朝の屋台骨を支えた漢人政治家・曾国藩は若き蔣介石の価値観に大きな影響を与えた。

蔣介石は日記に日々の天候や温度、曜日も書いている。曜日は日本式に火曜日、水曜日と書いている。一般的に中国人は曜日ではなく「星期一（月曜日）」、「星期三（水曜日)」と書く。そんなところから、蔣介石の日記をつける習慣は日本軍隊で得たものではないかと推測する意見もある。

幼いころから厳しい儒教の教えを受けていた蔣介石は、常に自己修練を積まなければならないという観念が強かった。日記を一種のメモ代わりとして後日読みなおすことで自省し、さらなる向上を誓った。同時に、日記を通じて子孫の教育をおこなうことをめざしており、生前からよく息子の蔣経国《しょうけいこく》に自分の日記を読ませていた。

蔣介石は日記を就寝前ではなく、早朝に書いた。台湾の国民党政権で外交部長も務めた孫の蔣孝厳《しょうこうげん》は、日記を書く祖父の姿をこう回想する。

「毎朝、彼はものすごく早く起きて日記を書くのです。毛筆で丁寧に。家族はその姿をいつも見ていました。毎日しっかりと日記を書く祖父。それが私のなかの蔣介石のイメージです。家族にとっても日記をつける彼の姿は家庭のなかで見慣れた風景でした」(筆者とのインタビューで)

蔣介石の性格的な傾向も、日記という表現形式に合っていたのだろう。蔣介石を見ていると、ドイツの精神医学者、クレッチマーの類型論で言えば、粘着質型と偏執質型を組みあわせたような人間ではないかと感じる。

粘着質型は、非常に頑固で自分の意志を曲げようとしない。融通が利かない部分もあるが、地道な努力家で一度手がけた仕事は最後まで粘り強くやりとおす。偏執質型は、固い信念と自信に支えられている自己中心的な性格で、強いリーダーシップを発揮するが、対人関係では他人の気持ちをくみ取ることは苦手とされる。蔣介石はこの両方に合致する。

蔣介石という人間を理解するうえで最良のキーワードは「執念」である。ひとつのことに思いを馳せると、強烈な持続力で成しとげようとする。八年間の日中戦争では、圧倒的な戦力をもつ日本軍にたいし、大陸内部に引きこむ粘り腰の抵抗で消耗を誘った。共産党に敗れて台湾に撤退した後も、大陸での失敗の原因を徹底的に洗い出して軍と国家を立てなおすことに成功している。

そんな蔣介石にとって日記はぴったりの自己表現、自己内省の習慣であり、蔣介石は日記を書かなければ一日が始まらないほど、日記を書くことをみずからの義務と位置づけていた。

真実性は高い

蔣介石日記の内容の真実性について議論されることも多いが、研究者たちの意見を総合すると「真実性は高い」ということになる。もちろん日記はあくまでも本人の断片的な記憶の内容であり、歴史上の客観的な史料によって日記の記述を裏付けたり、肉付けしたりしなくてはならない。それでも、蔣介石日記がアジア近代史の貴重な一級史料であることは世界共通の認識となっている。

そもそも日記には二種類ある。

ひとつは、他人が見ることを前提に書かれるものだ。たとえば、蔣介石のライバルだった閻錫山《えんしゃくざん》の日記は、台湾総統府直属の歴史研究機関「国史館」に保管されているが、ほとんどが格言や古典の引用ばかり。自分を立派に見せようとする意図が明らかで、史料価値はあまりない。閻錫山が拠点を置いた山西省で戦後留用《りゅうよう》された日本兵に関心があって（第三章2節参照）閲覧してみたが、参考となる内容がなく失望したものだった。

一方、自分のために書いた日記は、内容に感情が入り、交友関係が記され、個人的なできごとが書き残されていたりする。蔣介石の日記は基本的に後者に属する。

蔣介石は、若い頃には生活が乱れ、女性を好み、賭博もやり、ごろつきの類いの仲間とつきあっていた時期もあった。このころは「死にたい」とか「嫌いだ」とか個人的な感情もたくさん日記に書きこんだ。

国民党のなかで地位が上がり、見える世界が変わってくると、しだいに厳しいモラルを自分に求めるようになり、自己反省の記述が増えた。蔣介石は毎日座禅を組んで心のなかを見つめることを日課としていたが、日記もそうした「修身」の一部と見なしていた。日記を秘書や家族など身内が見ることは意識していたが、後半生は絶対的な権力者であった蔣介石がみずからのふるまいを虚飾する必要性は低かった。

国家の指導者ともなると、当然、内容には政治、軍事、党務などでの重要事項があふれるようになり、蔣介石が過去に起きたことで記憶があいまいなものを確かめるための記録という意味をもつようになった。なおさら日記において真実性を保持する必要があったと言うこともできる。もちろん、若いころのようなプライベートな書きこみはしだいに減り、国家の大事が記述の中心に変わっていった。

蔣介石日記は「ここ数日の予定」「注意すべきこと」「その日に起きたこと」「先週の反省」「今週の仕事の予定リスト」「今月の反省録」「今月の重要事項」などにわかれ、蔣介石という指導者が見ていること、考えていることを網羅できるようになっており、一種のシステムノートの役割を果たしていた。もちろん日記のなかに書かれていないこともある。たとえば、政敵の追放や監禁、軍や警察の残酷な行動などがあっても、日記には一行も書かれないことがある。それでも蔣介石は日記に真実ではないことを書くことはしなかったようだ。

日記をめぐる骨肉の争い

日記は蔣介石の存命中は本人が保管していた。蔣介石の死後は、息子の蔣経国に、総統のポストと同じように日記も引き継がれた。蔣経国が一九八八年に亡くなると、息子の蔣孝勇《しょうこうゆう》に託された。

蔣孝勇が一九九六年に病死し、その妻の蔣方智怡《しょうほうちい》女士が保管した。蔣介石の日記は蔣家の秘伝中の秘伝として、基本的には外部に持ち出されることはなかった。

ところが、台湾政治の変転が日記の運命にも変化をもたらした。二〇〇〇年に国民党を倒して政権についた民進党の陳水扁《ちんすいへん》総統は「脱蔣介石」「脱個人崇拝」の政治運動を展開した。全国の学校や公共機関に置かれていた蔣介石の銅像が次々と撤去され、多くは破壊された。

日記の保管者である蔣方智怡女士は脅えた。民進党政権の手に日記が渡ればどのようになるかわからないとの不安から、日記をスタンフォード大学フーバー研究所に五十年間という期限で預けることにしたのである。当時、日記はカナダとアメリカにわけて保管されており、フーバー研究所の日記の保管・公開の責任者である郭岱君《かくたいくん》研究員が引き取りに行った。

日記をフーバー研究所に預け、一般公開する前提として、蔣家は修復とマイクロフィルム化を条件にした。

蔣介石は日記をつける際、商務印書館発行の「国民日記」の日記帳を使うことがほとんどだった。日記帳の一部はすでに百年近く経っており、当然、紙の腐食・黄化が進んでいた。二〇〇四年に日記の委託契約が完了するとフーバー研究所はすぐさま修復に取りかかり、同時にマイクロフィルム化を進めた。

蔣家のメンバーや蔣家に近い研究者らが公開に適さない部分のチェックをおこない、マイクロフィルムのなかに墨塗りの処理を施した。ただ、隠された箇所は家族のプライバシーに関係する事項が中心で限定的だったとされる。

蔣方智怡女士（著者撮影）

こうした作業の末、日記は二〇〇六年三月に一九一八年から三一年までが公開されたのを皮切りに、二〇〇七年四月に一九四五年までが、筆者がフーバー研究所を訪れた二〇〇八年夏、一九五五年までが、それぞれ公開されていった。現在は一九七二年分まですべて公開されている。蔣介石に関心をもつ者にとっては、日記の公開は、場所が台湾であれアメリカであれ、史料にアクセスできるのだから非常に歓迎されることだ。しかし、蔣家のなかには、このフーバー研究所での日記の公開を快く思わない向きもあった。

その問題が表に噴出したのが、二〇一〇年に起きた蔣介石日記の出版をめぐる蔣家の「内紛」だった。

フーバー研究所での公開は一九七二年の最後の日記まで完了していたが、研究者はすべて現地に行かなければ日記を読むことができなかった。現実として公開されている以上、蔣介石のお膝元である台湾でも読みたいという声が上がることも自然の流れだった。

そうしたなか、蔣介石日記を台湾の中央研究院近代史研究所が出版する準備が進められていた。蔣介石日記をフーバー研究所に預けた蔣方智怡女士も同意し、多くの研究者のみならず歴史ファンが出版の日を待ち望んでいた。

ところが、二〇一〇年の年末、蔣介石の曾孫にあたる蔣友梅《しょうゆうばい》女士が日記の出版に反対する声明文を出したところから、台湾の学界は蜂の巣をつついたような大騒ぎとなった。

蔣友梅の主張では、蔣介石と蔣経国の日記については自分も法定相続人のひとりで、フーバー研究所への委託や出版に際しては法定相続人のすべてと契約を交わすべきで、蔣方智怡にたいして長期間にわたって要請をおこなってきたが善意ある回答がなかったため、声明文の公開に踏みきったというのだ。

「前向きな行動」がない場合は、法的措置も辞さない、という文言までついているほどの強硬な「最後通告」だった。

フーバー研究所に日記を五十年間委託することを決める際、蔣方智怡は蔣家の一部にしか相談しておらず、「なぜわざわざ遠いアメリカの研究機関に一族の大事な日記を預けないといけないのか」という不満が蔣家内部にはくすぶっていた。

前出の蔣孝厳も私にたいして、日記の公開についてこう語っていた。

「アメリカに送ったことは賛成できない。私も事前に知らなかった。私以外の家族も同様だった。日記は、国家や国民党に帰属すべきもので、当時民進党が日記を破棄してしまうことを恐れたというが、それは心配のしすぎだった。政権交代は民主国家における当然の事態だ。彼女（蔣方智怡）には台湾の政治にたいする信頼が不足していたのではないか」

蔣介石、蔣経国とも複数の女性と子どもをもうけた蔣家の内情はなかなか複雑で、関係がよくない人びともいる。

蔣友梅の声明によれば、日記の継承権をもつ生存中の人間は九人。蔣孝章《しょうこうしょう》（蔣介石の孫娘、蔣経国の娘）、蔣蔡恵媚《しょうさいけいび》（蔣経国の息子蔣孝武の妻）、蔣方智怡、蔣友梅、蔣友《しょうゆう》蘭《らん》（蔣介石の曾孫、蔣経国の孫）、蔣友柏《しょうゆうはく》（蔣介石の曾孫、蔣経国の孫）、蔣友常《しょうゆうじょう》（蔣介石の曾孫、蔣経国の孫）、蔣友青《しょうゆうせい》（蔣介石の曾孫、蔣経国の孫）、蔣友松《しょうゆうしょう》（蔣介石の曾孫、蔣経国の孫）であり、蔣方智怡はあくまでもそのなかのひとり。フーバー研究所を相手に、ほかの相続人に無断で契約を結んだ時点で、ほかの相続人の権利を侵害している、という主張である。

たしかに日記も相続財産とみなせばわからないではないが、高い資産価値があるわけではない日記をめぐってお家騒動になるとは蔣介石もまったく想像していなかっただろう。二〇一三年春に取材した時点では、中央研究院の担当者は「私たちはゴーサインさえ出れば翌月にでも印刷を終えて書店に並べられるのですが……」と表情を曇らせながら、蔣家内部の調整がうまく進むことに希望を託していた。だが現時点で日記の出版は実現していない。

こうした蔣家の内紛は、政治ゴシップとしてはたまらなくおもしろいが、蔣介石日記がいまも放ちつづける磁力が生み出す「事件」と言えるかもしれない。

これは単なる「歴史の裏側の一コマ」どころの話ではない

台湾に渡って蒋介石のもとで国府軍の軍事訓練にあたった旧日本軍人の軍事顧問団「白団《パイダン》」について書きたいと考えたのは二〇〇八年の夏だった。

当時、蒋介石日記の一九四六～一九五五年の部分がフーバー研究所で初めて公開されることになった。国共内戦から台湾撤退、朝鮮戦争の勃発に至る、中国とアジアの近代史における重要な時期であり、日記を読むため、新聞社の特派員を務めていた台

スタンフォード大学（著者撮影）

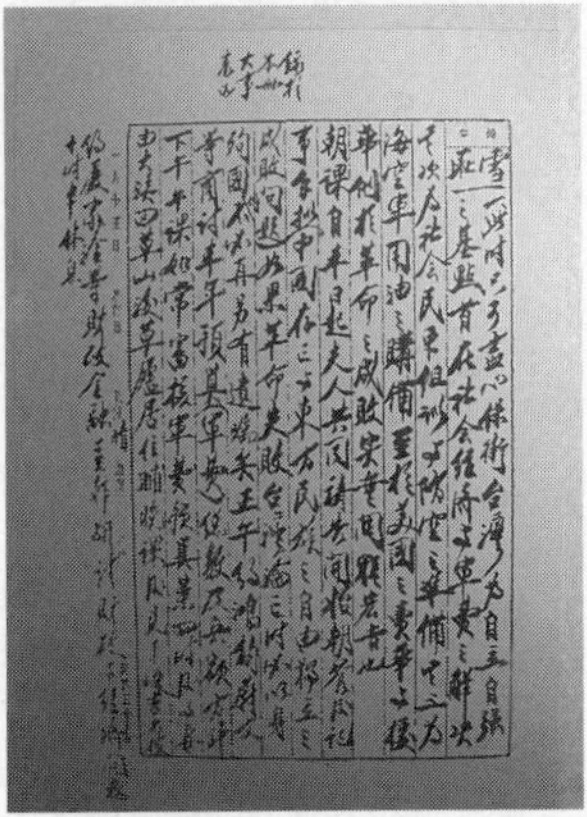

蒋介石日記のあるページ
（著者撮影）

北から渡米した。

驚いたのは、日記を読んでいると、一九四八年の後半あたりから、突然、「白団」「富田」「白鴻亮」「日籍教官」など白団にかかわる記述が増えはじめたことだった。白団について多少は知っていたが、あくまでも「歴史の裏側の一コマ」という程度の認識でしかなく、蔣介石日記の取材でも当初は白団問題を記事にする予定はなかった。

しかし、一九四九年から一九五〇年にかけて、蔣介石は日記のなかで連日のように白団に言及した。元日本軍人の招聘のために部下たちと協議をくりかえし、アメリカから来ている軍事顧問団との調整にも苦心し、みずから白団の軍事教育課程にも参加する熱の入れようだった。

私は蔣介石の日記を読み進めるうちに、これは単なる「歴史の裏側の一コマ」どころの話ではなく、国家の命運を左右する一大プロジェクトだったと確信した。

評価見なおしの気運

このときのアメリカ取材は、蔣介石日記全般についての企画だったので、白団については一部の記事で触れたがそれほど紙幅を割くことができず、未達成感がまるで鋭い刃のように自分のなかに刺さりつづけていた。

同時に、蔣介石と白団問題に取り組むことを決心するにあたり、大きな影響を受けたのが、蔣介石日記が公開されているフーバー研究所で出会った世界の研究者たちだった。

日記の公開によってフーバー研究所は世界的な蔣介石研究のメッカに躍り出た。日記を読みたければフーバー研究所を直接訪れ、複写も禁じられているので、自分の手で書き写すことしかできないルールになっていた。

そのため、日本、中国、台湾、韓国、そしてアメリカの各地などから大勢の研究者がフーバー研究所に詰めかけ、日記の筆写に心血を注いでいた。

私が訪れたときは公開対象が重要な時期だったこともあり、三十席ほどしかない閲覧室の座席はいっぱいになり、別室を臨時の閲覧室にあてる賑わいぶりだった。閲覧室は朝の八時半から始まり、午後四時半に閉館する。その後も研究者たちは大学のカフェに場所をかえ、「きょう、こんな記述を見つけた」「こういうことが書いてあったがどういう意味だろうか」などと、その日の成果について議論を続けるのである。私にとっては、毎日、その議論に参加できたことがおおいに刺激となった。

とにかく各国の中国近代史と蔣介石研究の最先端にいる人びとである。わざわざ出かけて行って取材する手間が省けるので、できるだけ多くの研究者から話を聞き、それぞれの蔣介石にたいする見解を聞くことにした。

そのなかで強く実感したのが、世界では蔣介石にたいする評価を全面的に見なおす作業が現在進行形で進んでいる、ということである。

台湾の蔣介石研究の第一人者で、「国史館」の長を務める呂芳上《りょほうじょう》は、フーバー研究所での取材で、こう語った。

「日記の公開が、蔣介石研究、中華民国史研究、国民党研究の気風をおおいに盛りあげています。かつて蔣介石に関する資料については、アクセスできる人間が蔣家や国民党に近いごくごく一部の人にかぎられており、一般の学者は羨望の思いで眺めていたものです。それがデジタル化されて全面公開されたわけですから、時代の変化を感じるとともに、われわれ学者にとっては蔣介石という人物への客観的評価を固めることができるチャンスなのです」

台湾において国民党の一党支配の下で蔣介石は神格化されていた。民主化後の政権交代によって誕生した民進党政権下では、陳水扁総統は蔣介石を「殺人魔王」と呼び、民衆を弾圧した冷酷な指導者として位置づけた。いわば「神」から「悪魔」へ転落したのである。

一方の中国においては、一九四九年の中国共産党の革命後、台湾で共産党政権と対抗しつづけた蔣介石は「人民の公敵」となり、一九八〇年代までは蔣介石研究をする学者はほとんど皆無だった。ところが、中台関係が改善したこともあって蔣介石に関する言論がかなり自由化され、いまは蔣介石の出版ブームで中国の書店では毛沢東より蔣介石の本が多いほどになっている。

フーバー研究所に中国から来ていた楊天石は中国でもっとも早い時期から蔣介石研究に取り組んできたひとりだが、こうふりかえった。

「蔣介石の研究というだけで、発表の場を探すことに苦労し、有形無形の嫌がらせを受けた状況が十年前までは続いた。ところが、いまでは蔣介石研究は中国全土の研究者のあいだで大ブームです。もともと台湾にあった蔣介石関連文書にはわれわれはなかなかアクセスできなかった。それが誰もが読むことができるフーバー研究所で日記が公開されたことで客観的な資料にわれわれもアクセスできることになり、蔣介石研究の信用性が高まりました」

現在の楊天石の関心は「蔣介石の大陸における失敗と台湾における成功」の原因を探ることだ。いまの中国にとっても大きな意味をもつという問題意識から出発しているという。

楊天石はこのように語った。

「蔣介石は一九四五年に人生の最高峰を迎えました。しかし、そのわずか四年後に共産党に敗れ、すべて失って台湾に逃れた。その失敗の原因を考えるにあたり、日記は非常に役に立ちます。たとえば、蔣介石は毛沢東を過小評価していました。一九四五年の毛沢東との交渉において、日記には『毛は何かをなせる男ではない』と書かれています。同時に、みずからの力量と権威を過大評価して、敗北を招いたのです。ただ蔣介石の抗日戦争や台湾の建設の成功には見るべきものがあります」

龍應台

台湾でヒット作を連発する女性作家である龍應台《りゅうおうたい》も、私と同じ時期に、蔣介石日記を見るためにアメリカ西海岸まで足を運んだひとりだった。このとき、龍應台は作品『大江大海 一九四九』を執筆中で、その取材のためだった。同書は台湾で大ベストセラーとなり、二〇一二年六月には日本でも『台湾海峡 一九四九』と題した翻訳が白水社から出版されている。当時、龍應台は一九四九年の台湾撤退前後の蔣介石の心理状態を知ることを渡米の目的としていた。

一九五二年生まれの龍應台の考えかたは次のようなものだった。

「蔣介石の日記はとてもおもしろい。非常にリアルで、見せかけの記述だとは思えな

楊天石教授
（著者撮影）

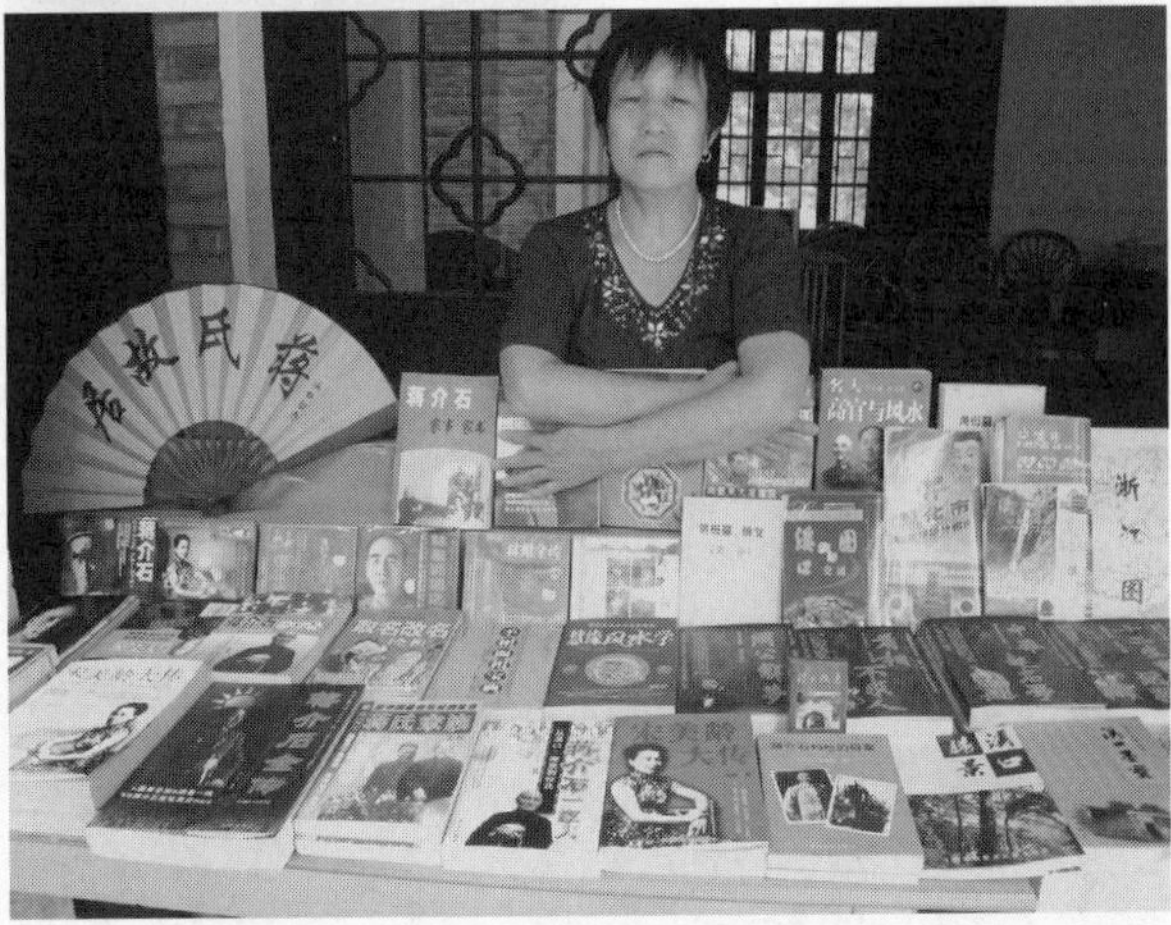

蒋介石の故郷のみやげ物屋では、蒋介石に関連する本が平積みになっている（著者撮影）

い。彼の思想や思惟によって当時、台湾のすべてが決定された。彼が私たちの世代に与えた影響はかぎりなく大きい。その過程がこの日記から手に取るようにわかるのです」

　さらに、日記から見えてくる蔣介石の個性についてはこう言う。

「日記からは日本人のように忍耐深く、キリスト教には敬虔《けいけん》な信仰をもち、多くの問題に日々思慮を重ねている人物であることが伝わると同時に、優柔不断で決断力がなく、他人への不信、自己反省の欠如という決定的な欠点を抱えていることも見えてくる。長所にせよ短所にせよ、日記を通じて、よりヒューマンな蔣介石が浮かびあがってくるのです」

龍應台さん（著者撮影）

　日本でも蔣介石日記の公開は近現代史の研究者に大きなインパクトを与えた。二〇〇七年には大学横断的な「蔣介石研究会」が発足している。中国近代史研究の大家であり、同研究会の代表を務める山田《やまだ》辰雄《たつお》・慶應義塾大学名誉教授は、蔣介石日記の意義をこう話す。

「蔣介石は日中関係史で避けて通れない人物であり、中国政治を理解するうえでもその特徴を解明する意義は大きい。今後十年、主要なテーマのひとつに浮上するはずだ。ただ、日記だけでは完全な研究にならない。日記を手がかりになにを書くかが問われている」

蔣介石という人物全体を書くことよりも、特定のテーマを掘り下げてそのなかで蔣介石という人物を描き出すほうがジャーナリストである自分には適していると考え、長期的に取りくむテーマを白団に設定することに決めた。

2 ゆかりの土地で

以徳報怨之碑

蔣介石ほど、生涯にわたって日本と深くかかわった外国の政治家はいない。そう言いきっていいほど蔣介石と日本の縁はとてつもなく濃い。

たとえば、孫文。日本とのかかわりはたしかに深かった。孫文自身、日本で革命の志を育て、多くの日本人の知己をもった。孫文が必要としたのは「日本の支援」であり、当時の日本人もそれに応える度量と思想をもっていたことは幸福なことだった。

その意味で、孫文と日本は幸福な関係を結ぶことができた。ただ、その目的が明確である分、孫文自身の日本社会とのかかわりはあくまでも革命家・政治家の孫文としてのものであり、孫文の日本理解もまた限定的なものであった。

これにたいし、蔣介石は、まだ彼が何者でもないころから日本で学び、軍人として鍛えられ、地位を築いてからは政治家として日本と向きあった。

日本に惑わされ、日本と戦い、そして日本を利用しようとした。蔣介石という人間の全人格に日本が深く刻まれており、八十七年にわたる生涯の大半において日本の影から抜け出すことはなかった。

台湾撤退後の蔣介石が日本に来ることはなかったが、終戦時に蔣介石が掲げた「以徳報怨」と呼ばれる寛大政策で、日本人のあいだには蔣介石への尊敬・感謝の念が芽生え、蔣介石のもとを訪ねる日本の政治家や知識人は彼が世を去るまで後を絶たなかった。

その結果、蔣介石は日本に多くのなかば神格化された「記憶」を残すことになった。日本における蔣介石のイメージのありかたは、歴史的な人物がどのように記憶されるのかを理解するうえでも、われわれに格好の素材を提供してくれる。

その典型的なケースを、千葉県の外房にある、ごくふつうの町で見てみたい。

延々と続く千葉県の外房の九十九里浜を左手に見ながら、海岸線を南北に走る国道一二八号線を一時間半ほど車で南下すると、いすみ市岬町に入る。ここは、平成の市町村合併までは「夷隅《いすみ》郡岬町」という地名だった。

この一帯は、冬は暖かく夏は涼しい気候に恵まれ、白砂青松の海岸線が広がる。古くから保養地として親しまれ、文豪・森鷗外《もりおうがい》もここに夏の家を構えた。

戦前、孫文と親交を結んだ梅屋庄吉《うめやしょうきち》の別荘があり、中国革命を支援した宮崎滔天《みやざきとうてん》や頭山満《とうやまみつる》らが集ったこともあった。蔣介石もなんどか梅屋の別荘に足を運んでいる。梅屋は日活の創始者でもあり、孫文がたびたび支援者と語り合った日比谷公園内のレストラン・松本楼とも深いかかわりをもっている人物である。

岬町の江場土《えばど》という交差点の一角の空き地で、小さな雑木に囲まれたところに、高さ二メートルほどの立派な黒御影石の石碑を見つけた。

「以徳報怨之碑」

みごとな石に、みごとな字が彫りこまれていた。

石碑の背後の説明にはこう書かれている。

岬町は蔣介石総統と縁の深い土地であります。私たちは蔣介石総統の恩顧に報いるために、此の地に以徳報怨之碑を建立し、御遺徳を偲び永遠に日中不戦と親善を誓い是を後世に伝えるものであります。

日付は昭和六十年四月吉日、建立者は蔣介石総統顕彰会となっていた。

日本が負けた後にずいぶん日本人によくしてくれた

石碑建立の経緯を知るため、いすみ市役所を訪ねたが、文化関係の担当者は「石碑があることは知っていますが、昔のことなので誰が建てたのかはわかりません」という返事だった。石碑のところに戻ってもういちどよく見たが、「蔣介石総統顕彰会」という名前以外に、具体的な氏名も連絡先もない。ただ、石碑の裏に「石井石材店」という業者の名前があった。近所の人に聞くと、石碑の建つ場所から五〇メートルほど離れたところにある石材店だった。

蔣介石を顕彰した「以徳報怨之碑」
（千葉県いすみ市、著者撮影）

「たしかロータリークラブの人たちがやったんじゃなかったかな。千葉コンクリートに聞いてみたらいい。あそこが中心だったから」

石井石材店の人からそう教えてもらった。千葉コンクリートは同じ岬町内にある地場企業だった。社長の浅野和夫は突然の訪問にもかかわらず、私を応接室に招き入れてくれ、親切に応対してくれた。

浅野は「昔のことだから、あまり覚えていないが……」と言いながら、記憶をたどり、当時の状況をふりかえった。石碑のアイデアは町内にいる「清水豊」という郷土史家の人物が言い出し、浅野をはじめ、ロータリークラブの人びとが賛同して資金を出しあったのだという。

「蔣介石は偉い人で日本が負けた後にずいぶん日本人によくしてくれたというから、それはいいとみんなで決めたんです。最初は町有地に建てる予定だったのが、共産党の人がそれはけしからんと言い出して町長に訴え出て、私有地の一角を借りて建てることになりました。除幕式には台湾の大使館の人も来てくれました。建ててからは、みんなでいっしょに台湾に旅行に行ったりもしましたね」

浅野はなつかしそうに語った。当時の会計資料があったので見せてもらうと、一口一万円の募金に二百人以上の人が応じ、約三百万円を集めたとなっている。

ただ、なぜ蔣介石の碑文を彼らが建てなければならなかったのか、浅野の話だけではしっくりとこないところもあったので、清水豊に浅野から電話をかけてもらった。清水の自宅は、千葉コンクリートから一キロほど離れた住宅街にあった。

宋美齢も来た?

このとき清水は八十九歳でたしかに耳は遠くなっているが、記憶はびっくりするほど確かだった。最初は「耳が遠いから」と話すのをいやがっていたが、話しはじめると、岬町をめぐって蔣介石、孫文、宋美齢《そうびれい》ら著名人の名前が次々と登場し、話に引きこまれた。

清水によれば、蔣介石は二十代前半の日本留学時代、岬町の梅屋の別荘にしばしば遊びに来ていた。蔣介石は孫文から梅屋を紹介され、梅屋の妻・とくを母のように慕い、とくに蔣介石が来ると風呂に入れて料理をふるまい、衣類を洗濯し、わが子のように可愛がった。蔣介石は中国で有力な軍事指導者となったのちも、なんどか別荘を訪れたという。

「蔣介石は東京とのあいだを往復しながら、ときどき、宋美齢と岬町のなかでいっしょに散歩したりしていたらしいです。二人の滞在は厳しく秘密にされていましたが、私は蔣介石の運転手を務めた人物と友人で、そのことを後にくわしく教えてもらったのです。あるとき、蔣介石は失脚して失意のどん底にありました。宋美齢といっしょにアメリカに渡ろうかどうか迷っていたんですが、梅屋庄吉から、孫文先生は君を後継者に見こんで革命の将来を託した。それなのにアメリカに逃げ出すとはそれでも男かと怒鳴りつけられ、アメリカ行きを思いとどまったんですよ」

清水がうれしそうに語ってくれた話なのだが、少々疑問点がある。というのも、宋美齢が日本に来たという記録は残っていないからだ。この運転手氏の勘違いか、あるいは、極秘に入国していたのか。ただ、後段の梅屋との対話は、もしほんとうならなかなか興味深い。

のちに、梅屋は蔣介石から中華民国の国賓として招待され、中国大陸に行った。一九三二年に上海事変が起きると、おおいに日中の将来を心配し、蔣介石に手紙を書いて日中親善を呼びかけた。一九三四（昭和九）年、広田弘毅《ひろたこうき》外相は、国民政府首脳、つまり蔣介石とパイプのある梅屋に日中関係改善の仲介を果たしてくれるように要請し、梅屋は老体にムチを打って岬町の別荘から中国に向かおうとした。ところが、外房線の列車に乗ろうとしてホームで昏倒し、一週間ほどしてそのまま息を引き取った。葬儀に蔣介石は花輪を贈り、梅屋の棺は中華民国の青天白日旗で覆われたという。

清水は誇らしげに語った。

「蔣介石と私は直接会ったことはありませんが、私の父と同じ明治二十年生まれということもあり、蔣介石には昔から関心がありました。あの碑文は、蔣介石とこの町とのかかわりを、歴史として記憶にとどめておくために建てたかったのです。碑文の字は千葉の有名な書家の方にお願いし、碑文につけた説明書きは私がつくりました」

なんとも素朴な蔣介石への思いである。日本には、清水のように打算なく蔣介石への感謝を口にする人間がいるのも確かな事実である。

「横掃千軍」の額

蔣介石の「記憶」は、書というかたちでも日本に残っていた。

台湾・台北のランドマークとして威容を誇る中正紀念堂。中正とは蔣介石の名であ

蔣介石の書

台北の中正紀念堂にある「横掃千軍」

有馬ホテルを経て、現在は極楽寺に伝わる「平等」
（どちらも著者撮影）

る（介石は字《あざな》）。父をしのんで息子の蔣経国が建てた真っ白な巨大建築だ。建物の前には広大な広場があり、その両端には壮麗な中国建築様式の演劇ホールと音楽ホールが左右対称に並んでいる。

民進党政権時代、中正紀念堂は、台湾政治の政争の焦点となった。蔣介石の個人崇拝を批判する陳水扁総統は、権威主義の象徴だとしてその「改名」を強行しようとし、野党の国民党から猛反発を受けた。改名は実現しなかったが、中正紀念堂前にある広場の門にかかっていた「大中至正」という額は外され、「自由広場」に換えられた。「大中至正」は「何事も中庸が正しい」という故事成語で、蔣介石の座右の銘であると同時に、中と正の二文字を含んでおり、蔣介石を顕彰する中正紀念堂にとって象徴的な言葉だった。

この中正紀念堂の一階に、蔣介石ゆかりの品々をそろえた展示室がある。そこに、

横掃千軍

と書かれた一枚の額が飾られているが、蔣介石の生涯にとって大きな意味をもっている記念碑的な額であることはほとんど知られていない。

「横掃千軍」は日本三大温泉のひとつ、神戸の有馬《ありま》温泉で蔣介石の手によって書かれたものだ。

一九二七（昭和二）年九月二十八日早朝、蔣介石は上海から長崎に向かう定期客船「上海丸」に乗船した。側近の張群《ちょうぐん》を含めて随員九人をしたがえ、一〇一号という船室に入った。しばらく室内で船長に頼まれた揮毫《きごう》などをしてすごした後、蔣介石はいっしょに乗りこんできた日本人の新聞記者との懇談に応じた。

当時上海から長崎までは二十四時間以上かかった。長い船旅である。古今東西、記者の狙いは変わらない。「箱乗り」と呼ばれる手法で、取材相手の移動につきそうことで、移動中の時間をもてあましている相手からじっくり話を聞けるというわけだ。

その取材で、蔣介石は日本訪問について「こんどの日本行きはなんら政治的な意味はない」と述べているが、じつは大きな人生の転機を迎えていた。訪日直前にノースチャイナデイリーニューズ紙に「結婚間近」と報じられて話題となっていた宋美齢との結婚問題が佳境に入っていたのである。日本の記者から事実関係を問われると、「だいたいにおいて事実である」と認めている。

有馬温泉で結婚の許し

浙江《せっこう》財閥・宋家の三女である宋美齢との結婚について蔣介石には一抹の不安があった。

宋美齢の母・倪桂珍《げいけいちん》の同意がまだ完全には取れているわけではなかったのだ。娘の結婚に母親の意見はどの世界でも重要だ。しかも、宋家は伝統的に女性が強い家系であった。日本で療養中の倪桂珍に説得のために会うことが、旅の隠された目的だった。しかし、目の前の記者たちにそのことは明かさなかった。

蔣介石は、中国の経済を左右する宋家との接近を狙った。蔣介石も浙江省出身。中国全土の軍権を握った蔣介石だが、党内基盤は常に不安定で、政敵に囲まれていた。軍以外に子飼いの人間がいなかったことも党内政治で常に不利な局面に追いこまれる一因だった。この訪日直前には、国民党内の内部対立を受けて、国民革命軍総司令の職を辞していた。

子飼いを抱えるには資金がかかる。戦場に出れば圧倒的なカリスマ性と作戦能力で他の軍人を寄せつけなかった蔣介石だが、国民党内の政局では常に劣勢に立たされ、文人に軍人が及ばないという現実にたいし、本人もどうにか打開策を見つけたいと考えていた。

地位を固めるには、資金豊かな宋家の後ろ盾は喉から手が出るほどほしいものだった。そして、宋美齢も蔣介石の軍人指導者としての強烈な個性を認めていた。それは周囲の結婚を求めてくる育ちのよい経済人たちには見いだせないものだった。蔣介石はきわめて短気な人物で知られていたが、蔣介石の短気についても宋美齢は「男はそれぐらいでなくては。覇気がないよりはずっといいわ」と言っていた。後世の歴史家に「権力を愛した女」と評された宋美齢ならではの男性観であろう。

宋美齢も最初は離別を約束しているとはいえ妻のいる男性の求婚には戸惑いを見せていたが、しだいに熱意にほだされ、最後は「母さえ同意してくれるなら」という条件をつけた。しかし、倪桂珍は厳格なキリスト教徒で、蔣介石に妻がいることや、若いころは女性にだらしなく放蕩生活を送っていたことを知っていたので、娘との結婚を認めることを渋っていた。

蔣介石にとって最後の難関が、母の倪桂珍だったのである。

倪桂珍は足を悪くして日本に温泉療養にきていた。最初は雲仙《うんぜん》の温泉に行ってみたが、あまり効果は芳しくなく、別府温泉に場所をかえてみても足の状態は変わらなかった。それで神戸に移動し、有馬温泉の有馬ホテルに滞在していた。有馬ホテルには泉源がなかったため、温泉の湯を運ばせて足をつけていたと伝えられる。

上海から長崎に到着し、神戸に着いた蔣介石は「ドライブに行く」といって随行もともなわず、十月三日、宋美齢の兄の宋子文《そうしぶん》と二人で有馬ホテルに向かった。

有馬ホテルを経営していた増田家の子孫で、現在、有馬で会社経営をしている増田晏之は語る。

「父から聞いたことですが、倪桂珍さんが有馬ホテルに入って一週間目に、神戸から蔣介石さんがきたそうです。その二日目に、結婚が認められたらしく、喜んで、五枚の書を書いてくださいました」

蔣介石は、倪桂珍にたいし、宋美齢に贈るエンゲージリングと腕時計を託した。倪桂珍は温泉療養を終えて上海に戻ったあと、宋美齢に渡している。有馬温泉までわざわざ足を運んだ蔣介石の熱意にほだされたのだろう。

念願の宋美齢との結婚がまちがいないことになったとあって、すこぶる上機嫌の蔣介石はチップとして三百円を有馬ホテルの女将《おかみ》に渡した。当時、有馬ホテルが一泊三円の時代だったので、女将はたいそう驚いたという。

さらに、蔣介石は「千客万来」「横掃千軍」「平等」「平和」「革命」という自筆の五枚の書を有馬ホテルの経営者である増田家に残した。

現在、五枚のうち「横掃千軍」「平等」以外の三枚はゆくえがわからない。「横掃千軍」は増田家で保管していたが、のちに台湾で蔣介石の記念行事があるときに貸し出され、そのまま台湾に寄贈された。現在、中正紀念堂に展示されている。

有馬ホテルは昭和十三年の水害で流されてしまって、いまはもう存在していない。中正紀念堂には有馬ホテルでたたずむ蔣介石の写真も展示されている。

残るもう一枚の「平等」の書は、いまも同じ有馬で極楽寺という仏寺に保管されている。極楽寺を訪れて実物を見せてもらったが、宋美齢との結婚が認められ、喜びと興奮に包まれていた蔣介石の気分を体現しているかのように、力強く、勢いのある筆遣いが印象的な書だった。極楽寺ではふだんは参拝客に展示していないが、事前に連絡をしておくと見せてくれる。

〈なんでも鑑定団〉で二百万円の値が

書を通じて日本に伝わる蔣介石の「記憶」はほかにもある。二〇一一年十二月六日、テレビ東京の人気番組〈出張！なんでも鑑定団 in 飯能《はんのう》〉に、一枚の書が鑑定に出された。専門家によって出された鑑定額は、鑑定に出した本人予想の五十万円を大きく上回る二百万円で、会場には驚きと歓声が響きわたった。

書の題字にはこう書かれていた。

無量壽者

無量寿仏という仏教用語がある。阿弥陀如来の梵《ぼん》名《めい》アミターバの漢訳とされ、時間や空間の制限を受けない無限の存在としての仏を言いあらわしている。この題字を書いた人物は、おそらく意図的に「仏」と「者」を入れ替えることで、書を贈った相手への尊敬を示そうとしたのだろう。

埼玉県飯能市の鳥居文庫が所蔵する「無量壽者」（著者撮影）

題字の前には「水野同志」とあり、末尾には「介石」とある。

「水野同志」とは、明治生まれの仏教者である水野梅暁《みずのばいぎょう》のことだ。「介石」とは蒋介石だという。蒋介石から水野梅暁にたいして贈られた書ということになる。

〈なんでも鑑定団〉の鑑定者は、評価額二百万というこの日最高の鑑定額をつけた理由についてこう語った。

「水野と蔣介石とのあいだに交流があったことは文献などで確認されており、しかも、水野のために蔣介石が残したという由来が明確であること」

水野梅暁

水野梅暁という人物はただの仏教者ではない。十三歳で出家し、上海の東亜同文書院などで学んだ。大混乱期にあった日本と中国とのあいだをまたにかけて飛びまわったスケールの大きな日本人で、仏教者の活動にとどまらず、ジャーナリストとして中国情報を日本に報道したほか、満洲国の日満文化協会の設立にも奔走した。

水野の生涯でもっともよく知られているエピソードは、戦時下の南京で日本軍によって偶然発見された玄奘三蔵《げんじょうさんぞう》の遺骨を日本仏教連合会の一員として日本にもち帰ったことである。水野と蔣介石の出会いについてくわしい記録は残っていないが、この玄奘三蔵の遺骨問題で日本へのもち帰りに抵抗していた南京の国民党政府と折衝にあたり、遺骨はけっきょく、日中双方で分けるというかたちで決着した。

その日本にもち帰られた遺骨の一部が納められている埼玉県飯能市の名栗《なぐり》にある鳥《と》居《い》観音《かんのん》を二〇一二年春に訪ねた。名栗は秩父山系の登山口のひとつで、渓流が流れ、緑豊かなところだ。その名栗の白雲山の中腹に、三〇万平方メートルという膨大な敷地をもつ鳥居観音は位置している。

〈なんでも鑑定団〉に蔣介石の書を出品した鳥居観音の主管である川口泰斗は、鳥居観音内にある資料館「鳥居文庫」に案内してくれた。「無量寿者」の書も展示されていた。鳥居文庫は、水野の遺品のほか、水野と友人で、鳥居観音の創設者である平沼《ひらぬま》彌太郎《やたろう》の遺品なども収蔵されており、貴重な中国の文物も含まれている。

両人の膨大な遺品を整理する者がおらず、長年手つかずになっていたが、最近主管に就任した川口が遺品のリスト作りに着手したあとに、蔣介石の書を発見し、たまたま飯能で開かれた〈なんでも鑑定団〉に出品することを思いついたという。

「水野は、辛亥革命前後から、革命の人士たちと交流があったといわれています。そのなかで蔣介石とも知りあったのではないでしょうか」

ただ、蔣介石は書の揮毫において「中正」という名前のほうを使うことがふつうだった。そのため、この書がほんとうに蔣介石のものかどうか疑問を呈する声もある。

とはいえ書の真偽はそれほど重要ではないのかもしれない。蔣介石と日本のつながりという物語が、この日本という土地において、ここまで広く深く根を張っていることのほうが私には興味深く思える。

蔣介石は日本で「神」にもなっている。典型的な農村の愛知県幸田町のはずれに

「蔣中正」から名前を取った「中正神社」がある。二〇一三年夏に訪れた。蔣介石の「以徳報怨」の寛大政策に感謝するために建立されたと、神社の説明書きに述べられている。建立の経緯については、町の文化担当も「あることは知っていますが経緯はさっぱりわかりません」と答えた。現地にも手がかりはなく、ただ、神社入口の「永懐蔣公（永久に蔣介石先生を懐かしむ）」の看板が夕立の雨にぬれて輝いていた。

浙江省奉化県渓口鎮

蔣介石の実家は中国・浙江省奉化《ほうか》県渓口鎮《けんけいこうちん》という街にある。中国ではありそうであまりない山紫水明《さんしすいめい》の土地だ。清流が流れ、小高い山がそびえ、山の中腹からみごとな滝が落ちている。そして、空が青い。市街地は川に沿って広がっている。

二〇〇九年に訪ねたが、じつにいいところで、蔣介石がなにかトラブルがあると、この渓口鎮に雲隠れしてしまった理由が、ここに来るとわかるような気になる。

現在は蔣介石テーマパークのような観光地となっており、実家も当時のままの姿で保存されている。家の前には、はげ頭となった晩年の蔣介石にそっくりなおじさんが座っていて、記念写真に応じていた。私も一枚写してもらった。タダかと思って立ち去ろうとすると、ニセ蔣介石から「十元！」と一喝された。中国で出版された蔣介石関係の本も、みやげ物屋でずらっと並べて売られていた。

蔣家の系譜は、周の時代の周公《しゅうこう》に連なっており、周公の第三子・伯齢《はくれい》の子孫が元朝の時代に渓口鎮に移ってきたとされている。

しかし、蔣介石も過去の中国の権力者の例に漏れず、地位を確立したあとにみずからの祖先について偉大な人物と血がつながっていることを「証明」するための系譜を作っており、その記述がほんとうかどうかは神のみぞ知る、である。

蔣介石の先祖は渓口鎮で農業に従事していた。祖父の蔣玉標《しょうぎょくひょう》は商才があった人らしく、農業から製塩業や製茶業に手を広げ、そこそこの財を成した。蔣介石の父は蔣粛庵《しょうしゅくあん》という名前で、妻を二人亡くしたのちに娶った王采玉《おうさいぎょく》という女性が蔣介石の母となった。

蔣介石の幼名は瑞元《ずいげん》といった。頭脳のほうはけっして神童と言われることはないふつうの子どもだった。一度、自分で口の深さを測ろうとしてハシをのどの奥まで入れて取れなくなり、あやうく死にそうになった。好奇心の強さがうかがえるエピソードである。

八歳のときに祖父、九歳のときに父を立てつづけに病気で失ってからは母の手で蔣介石は育てられた。製塩業もそれほど景気がよくなく、家計は苦しくなったが、母からはしっかりとした教育を受けさせられた。母は蔣介石に科挙に合格してほしかったのだろう。四書五経の多くを十歳までに読破していたとされる。

母への強烈な思慕

母の庇護の下で育った蔣介石は生涯、母にたいする異常なほど強烈な思慕を抱きつづけた。

台湾の名勝地・日月潭《にちげつたん》に、蔣介石が母をしのんで建てた塔がある。日月潭は台湾のへそにあたる真ん中に位置し、日本統治時代の治水事業として造られた人造湖である。周囲を山林に覆われた湖面の美しさには定評がある。

台湾に渡ったのちの蔣介石はこの日月潭でくつろぐことを好んだ。湖岸の高台に涵《かん》碧樓《ぺきろう》という別荘を造り、しばしば訪れて湖の景色を眺めていた。その涵碧樓の真正面にある山の上に建てたのが「慈母塔」である。こちらも日月潭全体を見渡すには絶好の場所にある。山を登って五重塔のてっぺんにまで登るとくたくたになる。二度ほど登ったことがあるが、たしかにすばらしい絶景を味わえる。

蔣介石は故郷の山にも「慈庵」という母の陵墓をつくり、孫文に墓碑銘を書いてもらっていた。国民政府の主席になった後はこの陵墓をさらに拡張するなどマザコンぶりをいかんなく発揮していた。しかし、中国の文化大革命の最中に紅衛兵《こうえいへい》によって爆破されてしまい、台湾にいた蔣介石はどうすることもできず、ただ怒りに打ち震えたという。

母はやさしく蔣介石に接したとされるが、基本的にはおせっかいで、保守的な人だった。跡継ぎを早く望んで、蔣介石は十五歳で同じ渓口鎮出身の毛福梅《もうふくばい》という女性と結婚させられた。つまり、蔣介石は訪日時ですでに妻帯者であった。毛福梅とのあいだにもうけた男子が蔣経国で、のちに蔣介石の跡を継いだのだが、毛福梅とはケンカが絶えないなどうまくいかず、蔣介石自身も「わが一生の悔い」と言って結婚について悩み抜いたこともあった。のちに宋美齢と結婚するときに二人は協議離婚している。

海外留学へのあこがれ

保守的な中国の家庭に育ちながらも、時代の変化の風は蔣介石にも吹きつけていた。

蔣介石は十七歳で鳳麓学堂《ほうろくがくどう》という小さな学校に入った。そこでは英語や算術などの学問も学ぶことができたが、学校側と小さな問題で衝突して辞めたとされる。その後、顧清廉《こせいれん》という学者が教えている学校に入学した。そこで顧清廉に蔣介石はたいそうかわいがられ、初めて「革命」という問題にも触れることになった。

当時の中国では、西欧列強の進出、日清戦争での敗北、義和団の乱など、清朝統治の屋台骨は大きくゆらぎ、倒れかけていた。

清朝を倒して新しい政府を打ち立てなければならないという革命意識に、同時代の中国の若者と同様、蔣介石もしだいに目覚めつつあった。蔣介石は海外留学にあこがれるようになったが、蔣家の家業はふるわず、生活は苦しいままで、役人から言いがかりをつけられて蔣家の土地を取りあげられるなど、蔣介石の身の上にも「清朝」への憎しみが宿っていた。

蔣介石が望んだ日本留学に親族たちは反対した。中国のほかの地方と同様に封建的な土地柄である渓口鎮では海外に行くこと自体が奇想天外な事態であり、しかも革命をほのめかして軍人になるなどという話をすれば、みな恐れおののいたにちがいない。

それでも蔣介石がどうしても日本に行く意思を変えないのをみて、母はしぶしぶ旅費を工面して蔣介石を日本に送り出した。

3　二度の日本体験

十九歳の初来日

一九〇六（明治三十九）年四月、十九歳で初めて日本の土を踏んだ蔣介石はまず日本語を学んだ。

日本に来る前には、弁髪《べんぱつ》を落としていたといわれる。弁髪は清朝＝満族文化の象徴であり、漢民族への強要が二百年以上続いた習俗だった。蔣介石の行為にはその時点ですでに清朝打倒の志が芽生えていたことを意味する。一大決心だったはずだ。ただ、弁髪を落としたのはもっと後になってからだという証言もある。いずれにせよ、当時の中国人にとって、弁髪を落とすことは古い中国との決別という意思の表明だった。

しかし、最初の日本滞在はわずか八カ月間で終わった。もともと軍事を勉強しようと思って日本に留学したのだが、本国、つまり当時の清朝の陸軍部の推薦がなければ日本の軍関係の学校には入学が許可されなかった。このことを来日前の蔣介石はよく知らなかったようだ。ほとんど浙江省をすら出たことがない地方青年にはいたしかたないことだが、人生最初の挫折だった。

蔣介石が日本で通っていた学校は「語学学校の清華学校」であると、台湾の公式な資料にも記載されている。ただ、必ずしも語学学校ではなかったようだ。

清華学校は、一八九九年に梁啓超《りようけいちよう》が創立した「東京高等大同学校」の後身だとされる。「東京高等大同学校」がのちに財政難のため、校名を「東亜商業学校」に変更したがそれでも経営がうまくいかず、清国公使に引き渡されて校名は「清華学校」となった。

蔣介石はここで日本語を学んだとされている。しかし、この「清華学校」は基本的には華僑の子弟が通うところで、日本語の授業もあったかもしれないが、それだけを学ぶというわけではなかったはずだった。

この蔣介石の日本滞在のあいだ、日本では中国革命史にとって重要なできごとがあった。「中国同盟会」の結成である。中国同盟会はのちの国民党となり、辛亥革命の母体となる。

蔣介石が日本に着いたころは、中国の革命運動のさまざまなグループが乱立し、お互いを意識しながらそれぞれが運動に奔走していた。

孫文が中心になって立ちあげた「興中会《こうちゆうかい》」には、広州起義に失敗した廖仲愷《りようちゆうがい》、汪《おう》兆銘《ちょうめい》、胡漢民《こかんみん》らが入っていた。また、黄興《こうこう》、宋教仁《そうきょうじん》による「華興会《かこうかい》」も長沙で旗揚げに失敗して東京に亡命。上海の章炳麟《しょうへいりん》、蔡元培《さいげんばい》らの「光復会《こうふくかい》」も東京に来ていた。

それぞれのグループは主張が微妙に違っていたが、「滅満興漢《めつまんこうかん》」の革命を掲げて、漢民族のナショナリズムを基本とする点では一致していた。一方、戊戌《ぼじゅつ》の政変で清朝を追われた梁啓超らの「保皇党《ほこうとう》」のグループもいたが、革命ではなく、体制内改革を唱えていたので、前者の三グループとは一線を画していた。

まさに革命への熱気がふつふつとたぎる東京。そこに、十代の蔣介石は飛びこんできたのである。革命の情熱の炎を心のなかに灯していた蔣介石が熱くならないはずがなかった。

陳其美と孫文

しかし、蔣介石はこのころはあまりにも若かった。孫文が来日した八月、各グループをとりまとめて後の中国国民党の母体となる中国同盟会が発足したが、蔣介石は入会することはできなかった。

ただ、この時期に出会った同郷の革命の志士・陳其美《ちんきび》とはのちに義兄弟の交わりを結び、孫文への紹介も含め革命運動の中枢に導いてもらえる幸運に恵まれた。

陳其美は一八七八年生まれ、蔣介石と同じ浙江省の人間だ。蔣介石はのちに浙江省出身者で身内を固めていったが、異郷において同郷人の庇護を受ける最初の体験だっただろう。

陳其美は、歴史上は蔣介石の道先案内人という位置づけとなっている。ただ、単純な革命の志士というよりも、ヤクザやごろつきの類いに近い部分もあった人物で、中国の有名な秘密結社・青幇《チンバン》の幹部でもあった。蔣介石がのちに上海で反共テロに動いたとき、その手足となったのは青幇で、蔣介石自身も加入していたといわれる。蔣介石が多くの人間と義兄弟の契りを結ぶことを好んだのも、この青幇の体質を受け継いでいるからだと見ることもできる。

蔣介石自身もまた、一九一五年からつけはじめた日記のなかで、二十歳前後という青春における日本体験をこんなふうに総括している。

「もともと陸軍で学ぶことを志した。ただし、制限が非常に厳しかったので、本国陸軍部の推薦状がなければ陸軍学校への入学が許可されなかった。この年陳英士（其美）より宮崎（滔天）の家で（孫文）総理に紹介された。また、東京にいる革命の志士と知りあい、民族にたいする感情がますます深まり、満洲族の清朝を駆逐し、中華を回復する気持ちはいっそう抑えることができなくなった」

この文章を読むと、一度目の訪日が、中華民族復興を生涯の目標に掲げた蔣介石という政治家の誕生において、きわめて大きな意味をもっていたことがわかる。

ただ、当時の日本において、孫文や宮崎滔天、陳其美らとの交流については、いろいろな記録に矛盾する記述があり、まだ若者のひとりにすぎなかった蔣介石が革命の志士として行動していた彼らとどこまで交わりをもてたかは定かではない。

ただ、たしかに言えることは、当時の日本は、清朝の古い政治と体制に失望した中国の若者たちが集まり、なにかを起こそうとうごめき、力を蓄え、お互いに触発しあっている場所だった。そのなかで、蔣介石は、清朝を破った日本の近代的な軍事教育を受けるという当初の目的を達することはできなかったものの、その後の人生に大きく影響を及ぼす「革命」への強い啓示を受けた。

「振武学校」に入学

蔣介石の二度目の訪日は意外なほど早く実現している。帰国後、蔣介石は清朝が設立した「通国陸軍速成学校」（のちの保定軍官学校）に入学した。これは清朝が遅まきながら革命派に対抗するために近代的な軍事教育を授けようと多くの外国人教官を雇った教育機関だった。蔣介石には清朝へのシンパシーはなかったはずだが、日本への軍人としての留学のためのステップとして利用しようとしたのだった。その甲斐あって蔣介石は日本留学生六十二人の一人に選ばれた。一九〇七年、蔣介石は大連から船で日本に渡り、日本陸軍が関与して一九〇三年に設置された清国学生のための教育機関「振武《しんぶ》学校」に入学した。

振武学校の跡地は、東京都新宿区（当時は牛込区市ヶ谷河田町）にあり、いまは東京女子医大になっている。跡地という表示ぐらいは出ていないか現地をまわって確かめてみたが、けっきょくなにも見つからなかった。

振武学校は陸軍士官学校に進むための予備校という位置づけだった。学生から授業料は取ったが、その他の経費は日本の外務省と陸軍省が負担し、清国も学校設立時に二万円を供出していた。留学生とはいっても今のように母国で語学をみっちりやるわけではなく、ほとんどの留学生が日本語での授業についていけないため、授業は基本的に中国語でおこなわれた。

蔣介石と日本との関係に詳しい台湾の研究者である黄自進《こうじしん》によれば、学校運営は陸軍の現役幹部が担当した。学生たちは三年間にわたって、軍事課程（典礼教範、体操）と、普通学課程（日本語、歴史、地理、数学、物理、科学、博学、図画）を学んだ。

このなかでもっとも多くの時間を費やしたのは日本語で、三年間の総時間数四千三百六十五時間のうち、約四〇パーセントにあたる一千七百三十四時間を占めていた。一日に一時間ほどは確実に授業があったかたちだった。

蔣介石の日本語能力

蔣介石の日本語能力については諸説ある。しゃべれたという人と、しゃべりはうまくなかったという人にわかれる。ただ、蔣介石の日本語問題は、中国や台湾ではそれほど関心をもたれてきた形跡がない。多くの人は日本に留学したのだから話せるだろうな、という程度の認識しかもっていない。ふつうに考えれば、八カ月の語学留学と三年の集中的な日本語教育を受けたのだから、ぺらぺらに話せてもおかしくない。

作家・評論家の保阪正康《ほさかまさやす》は著書『蔣介石』（文春新書、一九九九年）で「蔣介石は日本語を聞き分けるのにまったく不自由はなくなった。会話は苦手だったという」と書いている。

蔣介石は政治的指導者の地位にのぼりつめた一九三〇年代以降からその死去まで、日本人の来客にたいして基本的には通訳を使って中国語で会話をおこなった。一九七〇年代前半に自民党訪問団の一員として台湾を訪れた森喜朗《もりよしろう》は、当時蔣介石と会ったとき、「会談のときは中国語を使ったが、個別のあいさつなどでは日本語で話しかけてもらった」と回想している。

蔣介石が日本語会話は苦手だったという点は、保阪だけではなく、蔣介石にくわしい研究者のあいだではほぼ一致している見解だ。

ただ、蔣介石がのちに訪日したときなどは、日本の新聞は「流暢な日本語を話した」というような報道をしていたことがあった。しかし、ちょっとした日常会話だけでも外国人が話せれば日本人は感心するものなので、実際にどこまで高度な内容であったのかどうか怪しい。

蔣介石は性格的にか、あるいは能力的にか、日本語を使って日本人と気さくに話しながら日本語能力を向上させることが得意ではなかったと私は考えている。

また、当時の日本人と中国人とのコミュニケーションにおいて、筆談という方法が相当普遍的に使われており、抽象的な概念の伝達も含めて筆談によっておこなわれていたことを忘れてはならない。蔣介石のみならず、当時の中国の革命の志士たちと日本人との交流は筆談が非常に有力な方法だった。日本人の知識人は江戸時代からの伝統で漢学の教養を有しており、漢籍の読書もふつうにおこなっていた。蔣介石が中国語で文章を書いてみせれば日本人はほぼ理解できたし、日本人の書く日本語もいまより漢字が多かったので読解には苦労しなかっただろう。そのため、蔣介石はそれほど会話能力の習得の必要に迫られなかったのかもしれない。

保阪は蔣介石が「日本語を使用することによって中国人の不興を買うことを恐れていた」とも指摘している。たしかに、日本との対立が深まった一九三〇年代以降は中国における「反日」「抗日」というファクターが強まったことはあった。

同時に、会話能力について、蔣介石は生涯強いコンプレックスを抱いていた可能性もあるだろう。蔣介石のプライドの高さは尋常ではない。日本に長期滞在しながら、これだけしか話せない、ということを、日本人の賓客や中国での部下たちに悟られたくなかったのではないか。みずからの主義として日本語を使わないというように見せかけて、じつは日本語が話せないことを巧みに隠していたのではないだろうか。

高田連隊

蔣介石にとって、もっとも濃密な「日本体験」は新潟県の高田で一兵卒としてすごした経験であることは、誰も異論がないだろう。蔣介石の高田生活については、川島真・東京大学准教授の論文「蔣介石の高田時代」などでくわしい検討が進んでおり、筆者の現地訪問をあわせてふりかえってみたい。

時間こそ一年あまりと短かったが、蔣介石にとっては軍人としての原点となった。

同時に、その後の一生における行動様式にも大きな影響を及ぼし、日本軍人と日本の軍事教育にたいする信頼は、白団誕生の導火線となったのである。

蔣介石は振武学校卒業後の一九一〇（明治四十三）年十二月五日、現在の新潟県上越市高田に駐屯する第十三師団野戦重砲兵第十九連隊第二大隊第五中隊に配属された。同師団は、日本で初めて本格的なスキーを軍に導入したことでも知られる。当時の師団長は日露戦争の二〇三高地攻略で軍功をあげた長岡外史《ながおかがいし》。高田には、現在も当時の敷地の一部を引き継ぐかたちで、陸上自衛隊の第五施設群と第二普通科連隊からなる約千人規模の自衛隊が駐屯している。

筆者が高田を訪れたのは二〇一四年一月。ちょうどこの冬一番の寒気団が襲来し、日本一の豪雪地帯・上越地方でも年になんどかという大雪が降った翌日だった。

高田駐屯地には明治時代の建物を使った「郷土記念館」があり、そのなかに「蔣介石コーナー」が設けられていた。展示物は蔣介石関係の写真や日記の写しなどで、「以徳報怨」演説の日本語と中国語の全文も壁に貼ってあった。とくに興味を引かれたのは、高田入隊時の蔣介石を撮影した写真や、蔣介石が戦後長岡外史に贈った「不負師教」（師の教えに従う）という書の写真などを組みあわせた大きな掛け軸だ。駐屯地によれば、誰からいつ贈られたのか、記録がないので見当がつかないという。

送り主は「国民党党史委員会の主任委員の秦孝儀《しんこうぎ》」と、「国民党文化工作委員会の主任　宋楚瑜《そうそゆ》」とある。

秦孝儀は党史委員会の主任委員を一九七六年から一九九一年まで務めたので時期の特定はむずかしいが、宋楚瑜が党文化工作委員会の主任だったのは一九八四年から一九八七年までなので、その間のどこかであることはわかる。このとき、すでに蔣介石は亡くなって久しい。

同駐屯地によれば、蔣介石は「清国留学生隊」の一員として一等兵の身分で東京から軍の貸切列車に乗って高田に到着した。このときの蔣介石は学名である蔣志清を名乗っていた。同期の中国出身者で高田に配属されたのは十五人。蔣介石は一九一一(明治四十四)年六月には上等兵、同八月には伍長に昇進したが、同十月に同期の兵たちが軍曹に昇進したのに、一人だけ軍曹にはなれなかった。蔣介石はけっして成績優秀ではなく、十九連隊の中国出身者のうち、成績順の名簿で最後列に置かれた。

陸士に進まず、革命に身を投ず

だが、そんなことをくよくよしている間もなく、蔣介石の高田滞在は、一九一一年十月に起きた辛亥革命の勃発によって突然、終わりを告げた。

蔣介石を筆頭に複数の留学生たちは帰国を希望し、長岡師団長と直談判もおこなったとされるが、「日本で立派な士官となってから帰国すればいいではないか」と説得され、円満な除隊を認めてもらえなかった。そのため、蔣介石らは休暇と偽って連隊を抜け出し、中国に向かった。蔣介石は十月八日に上海に到着し、革命参加に間にあっている。

一方、日本では当時の記録によれば、蔣介石は一九一一年十一月十一日付で、「事故ニ依リ退隊」となっている。逃亡による処罰などで罰せられなかったわけで、日本人にまだ懐の深いところがある時代だった。

蔣介石はもともと陸軍士官学校への入学を熱望していた。陸士で学ぶことは当時の中国の若き軍人たちにとってあこがれであり、難関をくぐり抜けて日本に留学した最大の理由だった。蔣介石がもし帰国していなければ、第一種学生（各兵科将校ト為ラムトスル者）と位置づけられていたので、一九一二年には高田の連隊での訓練期間を終え、陸士に入っていたはずだった。

しかし、蔣介石は革命参加の道を選んだ。

結果的には、蔣介石は日本での軍歴では他の者に比べて劣ることになったが、革命への参加という中国政治における輝かしいパスポートを手にすることになった。このことは、蔣介石の出世にとって、日本に残るよりも大きな意味をもっていたことは明らかで、その意味で蔣介石が一九一一年というきわめて重要な時期に迫られた人生の決断で選んだ道は、正しかったと言うことができる。

ただ、当時の中国の軍人にとって日本の陸士を出たというのはひとつのブランドであり、いわば「最高学歴」であった。のちに有力な将軍となった閻錫山や孫伝芳《そんでんほう》なども陸士六期の卒業だった。蔣介石の部下の張群は陸士十期、何応欽《かおうきん》、谷正倫《こくせいりん》は十一期と、綺羅星のごとき人材が陸士で学んできた。

いったい、どのぐらい中国の学生が陸士で学んだのだろうか。日本の国会図書館で見つけた『日本陸軍士官学校中華民国留学生名簿』（文海出版社）という一九七五年に台湾で発行された冊子によれば、一八九九年から一九四二年の四十三年間に、千六百三十八人の中国人学生が陸士で学んだのだという。清朝の滅亡が一九一二年であるから、清朝時代の留学生も含まれていることがわかる。同書は、学生の名前だけを期別

陸上自衛隊高田駐屯地の郷土記念館に設けられた「蔣介石」コーナー（著者撮影）

高田の連隊に入隊した蔣介石（著者撮影）

に記した名簿の体裁を取っており、巻末に「これらの学生は中国の軍事上、重大な責任を負った。しかし、中国出版界には資料がなく、これが初めての完全な資料である」と書かれていた。

ところで、蔣介石は陸士に入ったという記述が台湾の資料にはしばしば見られる。蔣介石自身の身分証も「教育程度欄」が「日本士官学校」となっていた。蔣介石が陸士卒業を詐称したことは、蔣介石の生前から知る人ぞ知るという情報だったが、国民党の一党独裁時代に声を大にしてそんなことを指摘できる人はいなかった。このあたりからは蔣介石のプライドの高さ、見えを張りたがる性格が見て取れる。

当時、高田の第十九連隊の連隊長だった飛松寛吾《とびまつかんご》は一九三六（昭和十一）年、『朝日新聞』の「高田の蔣介石青年」と題した記事で、当時の蔣介石について、回想している。

蔣は張を始め十四名《ママ》とわしのところへ入隊して厳格な営内生活を送ったのだが、最年長であったせいか一同をリードしていたし今から思えばあの頃から人の長たる片鱗を見せていたのかも知れん。

しかし、蔣介石の日本語については、飛松の評価はきわめて厳しい。

東京で日本語を習ってきた筈なのに、張が巧なのに比べて蔣はまるで駄目だった。

会食の折二三日交替で連隊長の前に並ばせるのが訓育法の一つだったが、一向に言葉の通ぜぬ蔣には弱らせられたものだ。

それでは、高田で蔣介石はなにを学んだのだろうか。

なにを学んだのか

蔣介石は高田での生活を「完全な士兵生活であり、極端に単調かつ厳粛だった」「この一年の士兵生活と訓練によって確立された基礎があったので、みずからの一生の革命の意志と精神が今日のように確固で、またなにごとも恐れぬものになったのである」と書き残している。

あるとき、蔣介石が馬の手入れを十分にしないまま、馬を部隊の厩舎に戻そうとしたとえば、上官から激しく叱責され、しばらく騎馬を禁じられたことがあったという。

当時の戦場において騎馬兵はまだ主力戦力で、馬の価値はすこぶる高く、軍隊では「士官、下士官、馬、兵卒」という言いかたがあったほどだ。

また、寒さについては「このような大雪はわが国の北辺の地においてもあまり見られない」としながら「天気がどれだけ寒くとも、また雪がどれだけ降っても、われわれは毎日早朝五時前に起床し、起床後自分の洗面器を井戸端へ持って行って、冷水で顔を洗ったものである」と自分の体験を語ったうえで、「われわれが民族を復興し、仇を討ち恥を雪《すす》ごうとすれば、武器などについて語るよりも、まず冷水で顔を洗うことについて、語らなくてはならない。こんな小さなことで日本人を凌ぐことができなければ、そのほかのことは話にならない」という強烈な教訓を引き出している。

蔣介石にとっては、冷水で顔を洗うという行為は象徴的に日本の道徳観や精神性を物語るものであり、根源的な意味を持つ「日本経験」でもあった。中国を侵略した日本を「倭寇」と呼んで抗日戦争を必死に戦った蔣介石だが、日本軍人にたいする尊敬の念を失わなかったその原点が高田にあることは疑いようがない。

日本における家父長的とも言える厳しい道徳教育は、その源流を中国の儒教の一派である陽明学に求めることができるが、清朝末期に保守的な家庭に育って儒教教育を受けた蔣介石としても、皮膚感覚でなじみやすい部分があったのだろう。

日本はあくまで「外部」

蔣介石と蔣経国のあとに台湾の総統となった李登輝《りとうき》と比べると、蔣介石の日本へのアプローチのちがいがよく理解できる。

李登輝は日本統治下の台湾で生まれ育ち、一九四五年に京都帝国大学の学生として終戦を迎えるまでは「日本人」であったことは、李登輝自身がくりかえし述べていることだ。李登輝にとって、日本に行っても日本人の習慣に驚いたり、感心したり、憤ったりする必要はまったくなく、ひとりの日本人として普通に内在化された日本体験だった。李登輝の日本理解は、蔣介石のそれよりも全面的であり、話を聞いていても日本人の心にもなんの違和感もなくすんなり受け入れられるものになっている。

一方、蔣介石が語っている日本は、あくまでも蔣介石という人間が外国人として距離を置いて眺めている内在化されていない「外部」なのである。それは、この時代の中国人たちが日本に投げかける共通の視線だった。一足先に近代化した日本を評価して学びながら、日本を乗り越えるにはどうすればいいか。そんな「受容と克服」という課題に、蔣介石は高田経験を通じて、いっそう深刻に身をもって向きあうことになったのである。

現在、高田には、陸自の駐屯地以外に、蔣介石の足跡をたどれる場所はこれといって見られない。軍の食事は一汁一菜が基本で、蔣介石が慣れていた中華料理とはかけ離れたものだったので、非番になると、当時日本でも新しい洋食のメニューとして広がりかけていたカツレツなどを食べさせてくれる「三ツ一洋食店」という店に通っていたという。同店の家族が蔣介石から書などの贈り物をもらっていたというが、店はすでに廃業しており、当時を知る家族も高齢のため体調がすぐれないとのことで、蔣介石ゆかりの品を探しあてることはできなかった。

書物のなかの蔣介石

蔣介石と日本との関係を扱った書物は、戦前は古荘国雄『蔣介石』（金星堂、一九二九年）、吉岡文六『蔣介石と現代支那』（東白堂書房、一九三六年）、石丸藤太『蔣介石』（春秋社、一九三七年）、別院一郎『蔣介石』（教材社、一九三八年）、白須賀六郎『苦悶の蔣介石』（宮越太陽堂書房、一九四〇年）などを挙げることができる。

戦後になると、蔣介石関係の書物は減少する。共産革命により「敗者」となったことで関心が弱まったのだろう。そのなかで特筆すべきは、サンケイ新聞社が一九七五年から七七年にかけて刊行した『蔣介石秘録』だ。本書執筆にあたり、この『蔣介石秘録』プロジェクトの経緯を知ろうと取材陣に若くして加わった産経新聞の住田《すみだ》良能《ながよし》元社長に連絡をとって取材を依頼した。住田氏は取材を快諾し、二〇一二年秋にいったん約束の日時まで取りつけたのだが、その直後に体調を崩し、そのまま、二〇一三年に鬼籍に入った。

『蔣介石秘録』の後、しばらく蔣介石についての出版はふたたび途絶えた。これは一九七五年に蔣介石が死去したこと、そして、日中国交正常化によって、日本社会の関心が中国大陸に向けられ、台湾からは遠ざかったこととも関係しているであろう。

しかし、冷戦が終わり、台湾でも民主化が進むと、蔣介石にたいする注目が日本でもあらためて高まりはじめた。黄仁宇『蔣介石　マクロヒストリー史観から読む蔣介石日記』（東方書店、一九九七年）、野村浩一『蔣介石と毛沢東』（岩波書店、一九九七年）など骨太の著作が発表されるようになり、一九九九年には保阪正康が『蔣介石』（文春新書）を刊行して蔣介石という政治家の生涯にスポットをあてた。

二〇一一年には黄自進『蔣介石と日本　友と敵のはざまで』（武田ランダムハウスジャパン）、関榮次『蔣介石が愛した日本』（PHP新書）など蔣介石と日本という問題にスポットをあてたものが刊行されている。また、段瑞聡『蔣介石と新生活運動』

（慶應義塾大学出版会、二〇〇六年）、家近亮子『蔣介石の外交戦略と日中戦争』（岩波書店、二〇一二年）など、すぐれた研究書も相次いで刊行された。

そのなかで、注目すべき書籍が二〇一三年四月に刊行された。山田辰雄・松重充浩編『蔣介石研究——政治・戦争・日本』（東方書店）である。日本の中国近代史の研究者がここ数年積み重ねてきた研究の集大成とも言えるもので、内容的にも非常にレベルが高い論文がそろっており、当分、日本でこれを超える蔣介石に関する研究書は出ることはないだろう。

中国、台湾について言えば、蔣介石と日本との関係をまともに扱った著作は皆無に等しい。一般的に言えることだが、中国の偉人が日本に留学したり、日本人と交流したりしたことを、中国側では過小評価したがる嫌いがある。逆に言えば、日本側も過大評価するところがあるわけだが、とりわけ中国の革命史観において、革命で打倒された勢力のひとつである「日本」という国から、新しい中国の指導者が多くのことを学んでいたというストーリーはあまり好まれない。また、台湾においては、民主化以前は蔣介石と日本の関係について深入りして研究するのは政治的リスクがあった。

「愛憎」という紋切り型をこえて

蔣介石と日本との関係について書かれたもののなかで共通するのは、蔣介石が、立身出世をとげた政治家として日本に向かって語っていた内容にもとづいて日本観が語られている、ということだろう。

その結果、蔣介石が日本にたいして、「アンビバレントな思い、つまり、愛憎を抱いていた」という解釈が広まることになった。

たしかに、蔣介石は日本のよさをしばしば強調する一方で、抗日戦争のなかで常に日本と敵対して日本と戦う役割を負ってきた。

しかし、私は蔣介石の「対日愛憎論」は、間違いとまでは言わないが、必ずしも正確に蔣介石の対日観を反映しているものではないと考えている。

「愛憎」と書いてしまうと、まるで男女関係のように愛情と憎悪が整理できずに混然一体であるかのような印象を与える。しかし、蔣介石自身の論述において、日本への評価と批判ははっきりと整理されたうえで使いわけられており、その点においては蔣介石のなかで「愛憎」に悩むような葛藤はほとんど見受けられない。

蔣介石は時に応じて、清華学校、振武学校、高田第十九連隊などでの日本生活について、その苦しい生活によってみずからの政治家、軍人としての基盤が築かれ、人間として成長することができたと主張してきた。

山田辰雄によれば、蔣介石は「留日の記憶のなかに日本人ならびに日本軍の強さの根源を見出そうとした。それは中国の弱さを認識し、その強化を願う気持ちから出たものであった」ということになる。

つまり、蔣介石のなかで自分が体験した日本軍の強さ、日本民族のよさを中国は学ばなければならない、という論旨に転換されているのである。

先に紹介したように、蔣介石は日本において「滅満興漢」の思想を発見し、革命をめざす軍人としてのスタートを切った。蔣介石にとってなによりも優先すべき目標は、近代化に後れを取って欧米や日本に蹂躙《じゅうりん》された「恥を雪《すす》ぐ」ため、中華民族の復興を果たすことだった。その意味で、近代化を先んじて成しとげた隣国の日本に学ぶことは当然の選択であった。

蔣介石はたしかに日本の食事や風習も嫌いではなかったが、李登輝のような「親日派」というものではなく、むしろ「知日派」というふうに位置づけられるだろう。

蔣介石の人生において、日本は切っても切れない「縁」があった。そして、それは蔣介石という個人に限定されたことではなく、あの激動の時代を生きた中国人の一人ひとりが、たまたま隣にいた日本という国と否応なくかかわらざるをえない「時代の要請」があったのである。

　そしてとりわけ蔣介石の人生には、日本と中国との当時の関係があまりにわかりやすく顕著に投影されており、蔣介石と日本との関係を探ることは、とりもなおさず、中国と日本との関係を探ることになると私は考えている。

　そして、その蔣介石と日本とのあいだに横たわる「受容と克服」というテーマが体現されているのが、本書で取りあげる日本人軍事顧問団——白団なのである。

第二章

岡村寧次はなぜ無罪だったのか

岡村寧次

1　支那通軍人として

黄金への執念

蔣介石は、共産党に敗れて「中華民国」を台湾にそっくり運びこんだ。戦争に敗れた国家が首都を捨てて逃れることは歴史上、珍しいことではない。だが蔣介石ほどみごとな「逃亡」を成し遂げた指導者はそうそういるものではない。

台湾という場所が「中国」の辺境に存在していたことが蔣介石にとって天佑だった。台湾は中国大陸から台湾海峡をはさんで太平洋に浮かぶ絶海の孤島。守るにはもってこいの地理的環境にあった。面積は日本の九州とほぼ同じぐらいあり、当時で住民は八百万人ほどでそれほど人口密度も高くない。日本時代に築かれた農業や産業のインフラもしっかりしていた。

もうひとつの撤退候補地であった海南島と比べ、決定的に違うのは、大陸からの距離である。海南島は対岸の広東省雷州半島までもっとも近い場所で一八キロメートルほどしかない。これにたいし、台湾は対岸の福建省までもっとも近い場所で一三〇キロメートルもある。これは対上陸作戦の早期警戒において、また、上陸を試みる相手の装備や艦船の準備において、どれほど大きな違いがあるか計り知れない。台湾ほど逃げこむ先として適した場所はなかった。

台湾への撤退で、蔣介石は大陸から台湾に、多くのものをもちこんだ。そのなかでもとくに高い価値をもっていたのが黄金、そして故宮の文物だった。

蔣介石の日記には、蔣介石の黄金への執着がよくあらわれている。

蔣介石は軍人政治家だったが、一時期、上海で「革命資金」のために株投資に夢中になったこともあり、経済的観念は強いほうだったと思われる。

黄金への執念は、共産党との内戦の敗北とみずからの辞任を覚悟し、一九四八年十二月から猛烈に資金の確保に動いたところからよく伝わってくる。

日記によれば、蔣介石が中央銀行総裁の兪鴻鈞《ゆこうきん》や代理総裁の劉攻芸《りゅうこううん》に面会したのは十二月二十七、二十九日。さらに翌四九年一月にも、四、五、十四、十五、十八日に会っている。

日記に書かれている内容はけっしてくわしくはないが、いずれも「資金の移動」や「外貨と現貨（金塊）の処理」などと書かれている。黄金はまず、福建のアモイ（廈門）に運ばれ、その対岸の台湾に続々と運びこまれた。蔣介石は一月二十一日に総統辞任を表明したのだが、後任の総統代理、李宗仁《りそうじん》が黄金の資金を狙っていると警戒、側近の周宏濤《しゅうこうとう》を中央銀行に派遣した。

「宏濤が上海から戻ってきた。中央銀行にある黄金の大部分はアモイと台湾に運ばれた。残っているのは二十万両の黄金だけで少し安心した。人民の血と汗の結晶（黄金）を守る方策を講じ若輩（李宗仁）に浪費させてはならない」（二月十日）

黄金運搬の責任者にはもっとも信頼する息子、蔣経国を任命していた。

蔣経国も自分の日記に「中央銀行の金銀を安全地帯に運搬するのは重要な作業である」と書いている。

海峡を渡った故宮の文物

黄金と並んで、蔣介石が台湾に必死になって運び出したのが故宮の文物だった。

故宮の文物はもともと北京の故宮博物院に置かれていた。

故宮の歴史は清朝の崩壊とともに始まった。故宮とは「オールド・パレス」の意味だ。清朝の皇宮・紫禁城《しきんじょう》を使った博物館が故宮であり、その収蔵品もまた、清朝皇帝の所有物が大半を占めている。

一九二五年、その紫禁城に故宮博物院が誕生し、「革命の象徴」として多くの庶民

台北故宮に立つ蔣介石の銅像（著者撮影）

が詰めかけて人気を博していたが、一九三一年に日本で柳条湖事件、中国で九・一八事変と呼ばれる満鉄爆破事件が起き、満洲国の建国など日本の東北（満洲）進出が本格化したため、国民政府は故宮文物の南方移送を決定。一九三三年に上海、そして南京へ文物は運ばれた。ところが日中戦争が始まり上海事変の勃発などで南京もあやうくなり、文物は西方に運ばれ、四川省などに保管された。そして終戦後、文物はふたたび、南京に集結していた。

蔣介石は、この文物までも台湾に運んでしまおうと考えたのだった。それも、一箱や二箱というのではない。約三千箱を、一九四八年末から一九四九年二月に、三便の船にわけて台湾に運んだ。本来はもっとたくさんの文物を七便にわけて運ぶ予定だったが、戦況の悪化によって途中で運搬中断を余儀なくされた。故宮職員たちは、文物を貴重なものから箱に詰めて台湾に送り出していたので、中華文明の精髄である品々の多くは、中華人民共和国が再建した北京の故宮ではなく、台湾で蔣介石が建てた台北の故宮に納められている。

蔣介石が戦争のまっただ中であえて軍船を動員してまで文物を運んだことには政治的な理由が隠されていた。それは、中華文明において権力の継承者は常に文物も継承しているという歴史を知っていたからだった。

中国は「万世一系」の天皇制がある日本と違い、権力は常に新しく台頭した勢力によって古い勢力が打ち倒され、新しい王朝が形成されることをくりかえしてきた。新王朝が国政の安定とともに真っ先に手をつけたのが、前王朝が集めて戦乱によって散逸した文物をふたたび、王朝のもとに集めることだった。農民出身や異民族の血を引く者が少なくなかった中国の権力交代において、権力の正統性を文物によって確立させるというDNAが中華民族のなかには埋めこまれており、蔣介石は軍人であっても文物の価値にたいして鋭い感性をもっていた。

蔣介石が台湾に運ぼうとした最後のもの

結果として、黄金と故宮文物は、台湾撤退後の蔣介石に多大な貢献をもたらした。国民党の資料などによると、運ばれた金塊は二百二十七万両（一両＝三七・五グラム）あった。現在の相場で約二千五百億円。当時の相対的価値はもっと高かった。日記には、台湾撤退後の一九五二年には予算の不足で「十万両の黄金を裏付けに（債券を）発行した」（一月十一日）とある。共産党は「中国人民の財産を盗んだ」と非難したが、蔣介石が台湾で再起するための貴重な「軍資金」となったのである。

一方、故宮文物もまた、一九六一年のアメリカ展や一九六五年の台北故宮完成を通じて、「中華文化を守っているのは国民党・蔣介石総統であり、正統政権は中国大陸ではなく、文物をもっている台湾である」という政治宣伝に存分に活用された。

その意味では、東北地方と華北地方で次々と共産党軍に大敗北を喫し、首都南京の陥落も不可避となってすべてを失いかけていた一九四八年末のあの状況下で、国民党のなかでおそらくただ一人、将来を見とおして黄金と文物の台湾運搬を強行した蔣介石の戦略眼は、たしかに他人には及ばないものがあった。

台湾政治研究者の東京大学教授、松田《まつだ》康博《やすひろ》は筆者の取材に「蔣介石は常に負けた後にどうするかを考えていた政治家。その能力がもっとも発揮されたのが台湾撤退だった」と指摘している。

その蔣介石が大陸から台湾にもち去ろうとしたものに、黄金と故宮文物だけではなく、「日本軍人」を加えるべきではないかと、私は考えている。

日本はアジアにおいて近代化をいちはやく進め、唯一欧米の列強と互角に戦った。第二次世界大戦ではアメリカの物量作戦の前に敗北を喫したものの、日清戦争、日露戦争、第一次世界大戦などで勝利を収めた日本軍の実力を、若き日に日本で軍事留学した蔣介石は、知りすぎるほど知っていた。

日本軍人の作戦能力や勤勉さ、統制能力をどうやって取りこみ、来るべき大陸反攻の際に共産党軍を打ち破るのかを蔣介石はひたすら考えつづけた。政治的に日本は国民政府のかつての敵であり、中国人民のなかの反日感情は根強い。おおっぴらには進められないが、戦況がここまで悪化したなかでは、優先すべきは生き残り。撤退先の台湾において日本軍人の協力を得ることが蔣介石の秘策中の秘策となったのである。

「閣下」への手紙

手紙は、こんな書き出しで始まっていた。

我が国の反共同志は皆、閣下が台湾を絶対に確保し、長期持久に耐え、そして好機に乗じて（筆者註：中国大陸に）進攻するであろうことを確信し、その成功を祈念してやみません。

「閣下」と書かれた受取人は蔣介石。当時六十二歳。書いたのは岡村寧次《おかむらやすじ》。当時六十五歳。旧帝国陸軍大将であり、かつて「支那派遣軍総司令官」として中国大陸で百万の日本軍を率いた男である。

日付は一九四九年十二月三十一日とある。この日、東京では雪が降ったと、当時の新聞は報じている。

岡村にとって、ほんとうに久々に祖国で静かに迎えた大晦日だった。幕臣の末裔として代々暮らしてきた四谷の自宅で、庭に積もりはじめた雪をみながら、脳裏に去来したのは「よく日本に戻ってこられた……」という万感の思いだったかもしれない。連合国軍にたいする日本の無条件降伏から四年四カ月、共産党が国民党との国共内戦の勝者となって北京で中華人民共和国の成立を宣言してから三カ月になろうとしていた。

共産党は破竹の勢いで、国民政府は十月十四日に広州が陥落すると重慶に移り、十一月三十日に重慶が共産党の手に落ちて、成都に逃げた。そして、十二月七日、中国大陸より完全に退き、台湾に撤退していた。

国民政府に残されたのは、台湾のほかには、海南島と舟山《しゅうざん》諸島しかなかったが、ここも共産党軍の攻勢にさらされ、陥落は時間の問題と思われていた。

蔣介石は敗者として撤退した先の台湾で、岡村の手紙を受け取っていた。日本語で書かれていたが、日本の陸軍にいた「留日組」の蔣介石は難なく読めたはずだ。

岡村は「小生たちの現下の方策」として、蔣介石に擬装商社の設立を提案している。陸軍が地下工作のために商社を使う手法は中国戦線でもしばしば用いられた。阿片から武器まであらゆる危険な物資を扱ったとされる上海の伝説的商社「昭和通商」を思い起こさせる。情報将校出身の岡村にとって覆面組織としての商社設立はすでにノウハウをもっている手段だったのかもしれない。

「反共団体親蔣分子の結集」「日共の破壊活動の防止」「将来の工作の擬装」などを目的とし、日本側と台湾側で五百万円ずつ資金を出しあうことなど、商社設立に向けた具体的なプランを、岡村は手紙のなかで詳細につづっていた。

この商社設立のアイデアはのちに蔣介石サイドでも内部で検討されたが、最終的には実現にいたらなかった。

ただ、この手紙からは、中国大陸で血みどろの戦いをくりひろげた日中両軍の最高責任者同士が「反共同志」として手紙を交換しあう関係になり、岡村という旧陸軍の超大物が蔣介石支援のために動いていた事実が、きわめて鮮明にわれわれの眼前に浮かびあがるのである。

この手紙は、台湾の「国史館」のなかに眠っていたものを筆者が見つけた。

敗軍の将から蔣介石への手紙。なぜ、岡村は蔣介石にここまでの協力を申し出ることになったのか。本書の主役である白団はすでに台湾で活動を始めていた。岡村は「次の一手」まで打とうとしていたのだ。

ここに大きな歴史の「謎」が横たわっている。なぜ、岡村は戦犯として訴追されず、日本で蔣介石に手紙を書くことができたのか。

この謎を解くには、一九四九年からさらに五年ほど時間をさかのぼり、一九四五年八月十五日、日本降伏の日から、岡村と蔣介石の動きを追わなければならない。

陸軍支那通の系譜

支那派遣軍総司令官。

一九四五年、日本が戦争に敗れた時点で岡村は中国における日本軍の最高ポストにあった。日中戦争の開始に岡村は深くかかわっていたわけではなかった。それでも岡村は紛れもなく戦争遂行における主要人物のひとりであり、戦争終結時点において、中国大陸にいる日本軍人で岡村以上に戦争の責任を負える立場の人間はひとりもいなかった。

岡村は、本来ならば戦犯裁判にかけられ、絞首刑にはならなくても、収監されてしかるべき戦争犯罪人となっていたはずであった。

岡村はもともと、いわゆる陸軍支那通と呼ばれる中国通の軍人である。陸軍支那通は、日本の対中進出という必要性から育成された、中国情報の収集・分析を得意とする一群の軍人たちを指すものである。中国語や中国についての知識を学び、現地に駐在して情報収集や人脈の獲得に励み、日本においては中国情勢の分析にあたった。その職歴のほとんどを対中業務に捧げるというスペシャリスト集団だった。旧日本陸軍についてのすぐれた研究者である戸部良一《とべりよういち》は著書『日本陸軍と中国』（講談社選書メチエ）で、支那通の実力について、こう書いている。

……戦前の日本で中国に関する情報を最も広くかつ組織的に収集し、その情報の質と量の面で圧倒的優位を誇っていたのは、ほかならぬ陸軍であった。外交の一元化を主張し対中関係に軍が関与することを嫌った外務省でさえ、情報収集に関しては陸軍にかなわなかった。中国情報については外務省を圧倒しているという自信が、しばしば陸軍を二重外交と呼ばれる外交介入に走らせたのでもあった。

戸部の指摘のように、明治以来、日本陸軍は軍事作戦にとどまらず、日中関係全体の展開に重大な影響を与えた。彼らは中国の軍閥に密着し、日本の権益につながるよう軍閥を操縦した。そして、謀略で中国政治まで動かそうとした。張作霖《ちょうさくりん》の爆殺しかり、満洲事変しかり、である。

そんな支那通軍人の大物のひとりが岡村だった。岡村と同様に中国問題に深入りした軍人たちが一九四五年以降に迎えた末路は、じつに悲惨なものだった。

岡村と陸士同期の土肥原賢二《どいはらけんじ》、板垣征四郎の二人は、極東国際軍事裁判で死刑判決を受け、刑場の露と消えた。

関東軍司令官として満洲事変を主導した本庄繁《ほんじょうしげる》は逮捕状が出ると、陸軍大学校内で自決した。香港攻略戦を指揮した酒井隆《さかいたかし》は、中国の戦犯法廷で死刑判決を受けて処刑された。

張作霖爆殺の主謀者とされる河本大作《こうもとだいさく》は中国共産党に捕まり、収容所で病没した。

なぜ、彼らと岡村の運命は、こうも違うものになったのか。当然、脳裏に浮かぶ素朴な疑問である。

そして、台湾への白団の派遣は当時の日本の法令やGHQの占領政策などにたいする重大な違反行為であり、きわめてリスクの高い行動だった。

支那通軍人のなかで「常識人」と自他ともに認めた岡村が、なぜ白団を創設し、指揮するという行為を二十年間近くも続けたのか。

こうしたさまざまな謎は、岡村の経歴を掘り下げるほど、逆に深まっていく。

2　「以徳報怨」演説と国民党への協力

花の十六期

岡村という軍人は、私の目には非常につかみどころのない人物に映る。

生まれ育った四谷の自宅では、近くにある市ヶ谷の陸軍士官学校から聞こえるラッパの音を聞きながら育った。

日露戦争が始まった一九〇四年、岡村はその陸士に入学を果たす。卒業後は陸軍大学校へ進学し、典型的な陸軍エリートの道を歩んだ。

岡村は頭が切れ、交渉に長け、事務処理能力も高かった。かといって怜悧《れいり》な参謀タイプというのではなく、「おれは江戸っ子だ」が口癖で、酒も飲めば、部下のために涙を流す熱血漢的なところもあった。

岡村の若いころにはこんなエピソードがある。

山中峯太郎《やまなかみねたろう》という軍人出身の作家がいた。陸大に学んでいながら、単身中国に渡って孫文らが打倒袁世凱で発動して失敗に終わった第二革命に参加。朝日新聞の記者として日中戦争の戦場報道などに従事した人物だが、岡村は陸大時代、山中とは同期の間柄だった。

当時、日清、日露戦争などで活躍した井戸川辰三《いどがわたつぞう》という軍人がいて、陸大一年の岡村と山中は井戸川が帰国していることを知ると、二人で井戸川の自宅を訪ねた。

山中の自伝によれば、井戸川にたいして、陸大を辞めて中国に渡って井戸川とともに働きたいということを訴えたのだが、井戸川は猛烈に怒って二人を一喝したという。

「私はかつて陸大で学ぶことができず、英国に留学したが、それでも理想とする職務にはつけないでいた。陸大を出なければ、いいポストにはつけず、自分の能力を最大限発揮することはできない。貴様らは現在、学校で勉強し、先に欧米に行って研鑽を積み、十分な準備をしてから支那問題にかかわればよい」

岡村は山中を連れて井戸川邸を早々に逃げ出し、結局、二人は陸大にとどまった。

陸士での岡村の同期は「花の十六期」と呼ばれる秀才ぞろいで、とくに永田鉄山《ながたてつざん》、小畑敏四郎《おばたとしろう》と岡村は三人で「三羽ガラス」と称された。前出の土肥原賢二、板垣征四郎など、中国を志す者も多くいた。岡村も中国への関心を抱き、陸大卒業後、すぐさま重要な意味をもつポストに配属されている。陸士に中国から留学に来ていた学生

（清国学生隊）の教官を一九〇三年から一九〇六年にかけて三年間にわたって務めた。

中国ではひとたび師となった者にたいしては生涯、尊敬をもって接するものである。当時の生徒たちはのちに中国の軍事と政治で要職を歴任した者が多く、岡村にとっては彼らとの出会いは師弟の交わりを超えた意義をもった。岡村は一九〇〇年に制度が導入された同学生隊の第四〜六期を担当、当時の学生には閻錫山や孫伝芳ら未来の大物軍人の卵が含まれていた。

その後、岡村は参謀本部の外国語戦史課を経て、山東省青島に配属され、辛亥革命後の中国の混乱ぶりもじかに目撃している。

常識人タイプ

一九一九（大正八）年、少佐に出世した岡村は陸軍省新聞班に配属される。その二年後には欧州出張を命じられ、各地で駐在武官と会った。そのなかで、同期の永田、小畑とドイツのバーデン・バーデンで意気投合し、陸軍内グループ「一夕会《いっせきかい》」の創設にとつながっていく。この一夕会は、軍内を壟断《ろうだん》する薩摩・長州の二大藩閥排除を掲げ、陸軍大学校卒業生の佐官クラスを中心に結成されたもので、のちに二・二六事件を起こす母体となる。

皇道主義を唱えたので「皇道派」と呼ばれ、独伊の全体主義の影響を受けており、軍部主導の国家総動員体制による国防国家を建設しようとした。小畑はこちらに入った。一方、皇道派から分派して、政府機構を通じた合法手段によって国力の増強を図ろうという「統制派」も生まれ、たもとを分かった永田はそのリーダー格となっていく。岡村は両派と一定の距離を保ちながらどちらにつくか態度を明確にせずに対立の収拾に苦慮するような立ち位置だったようだ。

一九二三（大正十二）年に岡村は参謀本部支那班に配属されると、そこには土肥原、板垣らがすでに働いていた。中国では軍閥同士の争いが活発化し、日本の対中政策もどの軍閥を支えるかで二転三転しながら、支那班は諜報・謀略活動に没入していく。岡村自身も、軍閥の孫伝芳の顧問に就任したこともあった。

岡村は情報将校出身だが、土肥原のように諜報や破壊活動を指揮したわけでもない。司令官としても民間人殺害を禁じるような指示を厳しく徹底したと言われる。

従軍慰安婦創設のアイデアを出したのも岡村だったという「秘話」を、岡村の没後の一九七一年、岡村夫人が明かしている。

佐藤和正著『将軍・提督　妻たちの太平洋戦争』（光人社、一九八三年）での岡村夫人のインタビューによれば、上海への派遣軍参謀副長だった岡村は自分の部隊で民間人へのレイプが続発することに頭を悩まし、「長崎県知事に頼んで慰安婦団を送ってもらった」のだという。

岡村という軍人について、前出の戸部はこう説明する。

「支那通軍人の多くが各地の特定の軍閥と深い関係を結んで秘密工作などに奔走するなかで、岡村は軍閥とも一定の距離を置き、支那通軍人のあいだでは比較的珍しい常識人タイプ」

岡村の業績としてよく知られているのが、一九三三年の塘沽《タンクー》協定である。関東軍が万里の長城を越えて北京に迫ったところで、蔣介石の意をうけた将軍の何応欽が停戦の提案をおこない、当時少将だった岡村と熊斌《ゆうひん》中将とのあいだで協定が結ばれた。この協定によって満洲国と中国との境界が明確になり、満洲事変はひとつの区切りを迎えることになる。その後、日本は満洲国の建国に奔走し、国民政府は共産党の掃討作戦に全力を注いだ。

岡村は一九三二（昭和七）年に上海派遣軍の参謀副長となり、翌年には関東軍参謀副長を務めた。一九四一（昭和十六）年には陸軍大将となって北支那派遣軍総司令官を任命され、中国戦線の重大作戦の指揮を執るようになって、幾度かの大きな作戦を経験した。一九四四（昭和十九）年には支那派遣軍の総司令となっている。

そんな岡村と蔣介石は、戦前、戦中においてとくに接点はなく、お互いの名前は知っているという程度にすぎなかった。それが、日本の降伏によって中国側の最高指導者と、日本側の派遣軍最高指揮官として戦後処理の大仕事にともに向きあうことになったのである。

「これは日本にたいする大引導だ」

ポツダム宣言の受諾が正式に連合国に申し入れられた一九四五年八月十日。日本からは、支那派遣軍総司令の岡村にたいして、いっさいの連絡もなかった。翌十一日になってようやく阿南惟幾《あなみこれちか》・陸軍大臣から降伏受諾の知らせが入った。岡村からはちょうどその日、阿南にたいして戦争継続の決意を示す電報を打ったばかりだった。

「皇軍七百万の皇士及び大陸に健在するありて、派遣軍百万の精鋭はいよいよ闘魂を振起し……敵の和平攻勢および国内の消極論に惑わされることなく、断乎として全軍玉砕を賭し、戦争目的の完遂に邁進すべき秋《とき》なりと確信す」

岡村は最悪の場合には陸海兵力を山東省の東部に集結し、半独立の占領地域を形成して母国の運命の決着を待とう、などと周囲の部下たちと話しあっていた。そんななかで降伏受諾の天皇の玉音放送の内容が届けられた。十五日早朝のことだった。

日本からは、岡村に電報を打った阿南の自決も伝わってきた。岡村自身もみずからの生命について、覚悟を決めたであろう。ただ、敗軍の将としてもっとも重く感じたのは、当時中国全土に二百三十万人いたとされる日本人軍人と民間人をいかに日本に帰すのか、という一事に尽きていた。暗澹《あんたん》たる思いにとらわれる岡村の眼前に、衝撃的なかたちで、救いの神があらわれた。それが蔣介石である。

蔣介石は十五日の玉音放送に先だって南京から演説をおこなった。

もしも、暴行をもって過去の暴行に報い、汚辱をもって従来の彼らの優越感に応うるならば、怨と怨と相報い、永く止まるところはない。これけっしてわれわれ仁義の師の目的ではない。

有名な蔣介石の「以徳報怨」演説である。実際には演説のなかに「徳を以て怨みに報いる」という言葉はない。この演説の内容を端的にまとめた言葉が「以徳報怨」なのである。

岡村のところには、参謀の小笠原清から、傍受した蔣介石演説の文字起こしが送られてきた。小笠原の前で岡村はしばらく黙って読みあげた後、「これは日本にたいする大引導だ」とつぶやいた。蒋介石の度量に胸を打たれた、というふうに小笠原は受け取った。

岡村の日記によれば、十六日には、こんなことを考えていた。

日華関係はどうすればよいか、と考えた。漠然ではあるが、東亜振興のためにはさしあたり中国の強化繁栄を期待するしかない。没落した日本がこの際協力できる道としては、ただ技術と経験だけであろう。接収などについても、この趣旨で誠実に引き渡すべきである。

ここにすでに「技術と経験」という発想が見られることに注目すべきであろう。日本軍人の技術と経験を伝えたのちの白団の活動は、このときの岡村の思いと一致するものだった。

六項目の降伏原則

台湾・台北にある総統府。かつて、日本統治時代の台湾総督府として植民地に君臨した建物の真裏に、国史館の分館がひっそりと建っている。本館は少し中心から離れた新北市の郊外にあるので、通常は便利な分館を利用する。ただ、データベース化されていない一部の資料は本館にあるので、本館に行くこともたまにある。

国史館では現在も蒋介石、蒋経国、李登輝ら歴代総統が残した膨大な文書をデータベース化する作業が進められている。そのなかで二〇一〇年に公開された『蔣中正総統檔案』（別名・大渓檔案《だいけいとうあん》）は、情報の宝庫として期待が寄せられている。中正とは蔣介石の別名である。

筆者は二〇一一年から二〇一二年にかけて、この国史館になんども通い、「蔣介石と岡村」を結びつける史料を探した。二〇〇七年から二〇一〇年まで朝日新聞の台北特派員として台湾に暮らしたときには国史館には一度も足を踏み入れることがなかったのに不思議なものである。

『蔣中正総統檔案』に岡村関係の文書が残されているとにらんで、文書のデータベースに「岡村寧次」と入力すると、百四件の文献がヒットする。本章冒頭に紹介した蔣介石への手紙もこのなかのひとつである。

文献は最初、「敵」としての岡村から始まっていた。日中戦争で岡村はなんども大規模な作戦を発動し、中国軍を悩ませてきた。それでも蔣介石が岡村について言及することはほとんどなく、岡村はまだ蔣介石の視界にほとんど入っていなかった。

岡村の名前が突然増えたのは一九四五年八月の日本の降伏以降だった。

支那派遣軍トップである岡村の動向に、蔣介石は強い関心を払った。八月十五日の日本降伏の日、蔣介石は岡村にたいして「六項目の降伏原則」を指示している。

一、日本政府は正式に無条件降伏を表明した。

一、当該指揮官（筆者註：岡村を指す）はいっさいの軍事行動を停止し、玉山に使者を派遣し、何応欽・中国陸軍総司令官の命令を受ける。

一、軍事行動を停止した後、日本軍は当分武装および装備を現状のまま保持し、現地での秩序と交通の維持にあたり、何応欽の指示を待つ。

一、あらゆる航空機および船舶は現地にとどまるが、長江内の船舶は宜昌、沙市に集結させる。

一、いかなる設備や物資も破壊してはならない。

一、以上の命令にたいし、当該指揮官および所属官員は速やかに回答し、責任をもって実行に移すべし。

当時、蒋介石の念頭にあったのは、きたるべき共産党との最終決戦のことだった。一時は崩壊寸前まで共産党を追いつめた。しかし、日中戦争の勃発によって国共合作を組んだことで力をたくわえ、息を吹きかえした共産党は、日中戦争中も主要戦線はなかば蒋介石の国民政府軍に任せながら、じっくりと力を温存していた。

蒋介石は、手強い共産党との戦いに備えて、日本軍の装備、弾薬そして人材までも吸収することによって優位に立とうとこの時点から思考を深めていた。

「終始笑顔で、温厚胸に迫るものがあった」

岡村は蒋介石の指示を全面的に受け入れ、国民党への協力を確約する。蒋介石から「中国戦区徒手官兵善後連絡部長官」に任命され、日本軍民二百万人の帰還任務の責任者となった。

「徒手官兵」とは武器をもたない兵士という意味だ。「捕虜」ではないという位置づけで日本側の面子《メンツ》を立てたのである。

国民党の岡村への配慮は一九四五年九月九日午前九時、南京の中央軍校大礼堂でおこなわれた降伏式典にもあらわれていた。ちなみに「9」は中国では縁起のよい数字とされる。

蔣介石は、中国戦区総司令官の何応欽を中国側代表に立てた。何応欽は日本の陸軍士官学校を卒業し、岡村とは旧知の間柄だった。何応欽は式典前々日に岡村の宿舎を訪ね、帯刀をして式典に参加していい旨まで伝える気のつかいようだった。それもそのはずで、岡村は八月十八日の時点で「対支処理要綱」を作成し、国民政府には武装解除や武器・弾薬の接収などで全面協力し、逆に共産党には抵抗するように各地の部隊には通知していたのだ。

南京に留め置かれた岡村との連絡役に起用されたのは、国民党軍内の知日派たちだった。鈕先銘《ちゅうせんめい》少将、陳昭凱《ちんしょうがい》大佐、王武《おうぶ》大佐といった名前が記録に出てくる。彼らの多くは日本の陸士卒業組で日本語にも日本事情にも通じており、岡村ら戦後処理にあたった旧支那派遣軍の幹部たちとも容易に心を通じあいやすい人材ばかりだった。

そのなかに、曹士澂《そうしちょう》という陸軍将校がいた。曹士澂はのちに白団の台湾側窓口となり、とくに設立の前後には獅子奮迅の働きを見せた。この段階で岡村を通じて日本軍人を反共作戦に利用する国民党の策略の種は蒔かれていた、と見るべきだろう。

南京にあった支那派遣軍総司令部は一九四五年十一月、近くの旧日本大使館建物に移転を命じられ、年内には移転を完了させている。その移転から一カ月ほどが経過した一九四五年十二月二十三日の朝、岡村にたいして蔣介石が突然、会見を申し入れてきた。それまで岡村は蔣介石と会ったことはなく、二人の面会はこれが初めてだった。
この日の岡村の日記によれば、二人のあいだにはこんな会話が交わされたという。

蔣介石　ご健康ですか。ご不便があれば、遠慮なく私か何・総司令に申し出られたい。

岡村　ご厚意を謝す。満足の生活を続けています。

蔣介石　接収が順調に進捗している状況は同慶に堪えません。日本居留民ももし困ることがあれば訴えられたい。

岡村　いまのところありませんが、もし困ることがおこれば、ご厚情に訴えましょう。

蔣介石　中日両国は、わが孫文先生のご遺志にもとづき、固く提携することが緊要だと思う。

岡村　まったく同感です。

会談は十五分ほどにすぎなかった。日中両方から通訳がついたとすれば、ほとんどこのやりとりで時間を使いきったはずである。

文面の印象は、あくまで儀礼的なもので、蔣介石と岡村とのあいだに、この時点で多くを語る必要性がなかったようにも感じる。岡村は蔣介石について「終始笑顔で、温厚胸に迫るものがあった」と書き残している。蔣介石にとっては、岡村は依然として旧日本軍のトップであり、親しく接したり、なにかを頼んだりすることも困難だったかもしれない。

岡村はこの会談まで蔣介石との直接の接点はなかったが、一九三九（昭和十四）年、岡村は日記のなかで日本が蔣介石を敵として甘く見すぎていたことを悔い、「蔣介石の人物、実力に関する認識の誤り」があったと書いている。これは、支那通軍人の間にかねてから蔣介石を軽く見る傾向があり、その点を反省したものだったが、その六年後に敗者として勝者の蔣介石に向きあうとは想像もしていなかっただろう。

岡村は事実上の戦犯の身でありながら、蔣介石・国民党への協力を惜しまない態度を貫いている。岡村の日記には、一九四六年五月十三日、『敵陣より観たる中国軍』という文章を脱稿し、同じく中国にとどまっていた宮崎舜一《みやざきしゆんいち》・作戦主任参謀らに「回覧・補正せしむ」とある。

岡村の日記にはこう書かれている。

私は少佐時代から頻繁に中国に来り、中国軍の内情にも相当通暁しており、また、縷々中国軍と交戦してその欠陥も十分に認識しているので、せっかくの依頼でもあり、中国軍の改善のためと思い、忌憚ない批判を加えておいた。

ここでの中国軍とは、国民政府軍のことである。岡村は国民政府軍についてのみずからの見解をまとめていたのである。それから五日後、岡村は何応欽を訪ね、『敵陣より観たる中国軍』を二部提出している。岡村はこの報告を計三部作成し、残り一部は自分で保管したが、のちに焼却したと記している。また、この報告を目にしたのは、蔣介石、何応欽ほか一名のみだった。

常に我が方と接触している中国側参謀たちは、全部日本陸軍士官学校出身者の親日家であるため、この頃はお互に大に親密となり、ときどき内情を漏らしてくれる。

日中間に存在した不思議な「友情」をうかがわせる、一九四六年五月二十一日の岡村日記の記述である。

一見、穏やかな日々を送っていたかに見えたが、戦犯追及の影は常に岡村を脅かしつづけていた。

岡村は日本の陸軍において、開戦の決定などにかかわることはなかった。ただ、日中戦争が始まったあとは、師団長、軍司令官、方面軍司令官、最後は総司令官と、常に中国の最前線にあったため、岡村自身「極刑は免れないもの」と覚悟していた。最初に岡村を戦犯に指定したのは共産党だった。共産党は、国民党だけに協力の姿勢を貫いている岡村に業を煮やし、憎悪していた。

延安の共産党指導部は、日本人の戦犯二万人を発表し、その筆頭に岡村を置いた。第二位は、北支那方面軍司令官の多田駿《ただはやお》だった。多田はたしかに満洲、華北の日本軍で中枢の地位にあったが、対中戦線不拡大を唱えて解任されていた。筆頭戦犯の岡村もそうだが、日本人からすると多田が戦犯第二位と言われてもやや違和感がある。

一九四六年六月から七月にかけて、国民政府内で「岡村を逮捕し、国際法廷の戦犯として日本に送還すべきかどうか」という問題が議論されたことがあった。会議の席上、何応欽は強硬に岡村無罪を主張した。岡村の逮捕の可否を問う行政文書に、蔣介石は最終的に「否」というサインを記し、こうコメントを添えた。

岡村は（筆者註：帰還などの）任務完遂後に逮捕すればよろしい。ただし、この件は国際法廷がなんらかの手続きを求めてくるか調べてから進めるように。

（『蔣中正総統檔案』）

このころの国民政府は、対外的には岡村をあくまでも戦犯として取り調べている姿勢を見せながら帰還任務などを理由に訴追を先延ばしし、無罪放免の機をうかがっていた、ということになるだろう。

一九四六年九月二十七日の国民党機関紙、中央日報には記者と軍のやりとりを紹介する記事がある。

「岡村をいつ拘禁するのか」

「岡村は日本人戦犯だが、日本降伏以来、南京の治安を維持し、政府の接収に協力して、連絡班長を担任してその工作未だ終了せず。戦犯に加えて拘禁を加え審理することは、戦犯処理委員会において考慮研究中である」

一九四六年十一月、ＧＨＱは中華民国駐日代表部を通じて国民政府にたいし、岡村を東京裁判での証言のため帰国させるよう求めた。

『蔣中正総統檔案』には、当時、外交部が岡村の帰国容認の方針を示したが、最終段階で蔣介石が覆した経緯が残っていた。

日本軍民の事後業務がまだ終わっておらず、任務の困難さを増す恐れがある。

（『蔣中正総統檔案』）

蔣介石は帰還業務をタテに、GHQの帰国要請を拒んだのである。

岡村が帰国すれば、証言だけではなく、戦犯として訴追される可能性は十分にあった。ここでも、岡村は蔣介石に守られた。

3　もし彼に死刑を与えたら……

日本軍民の帰還業務が進むほど……

国民政府が軍船や民間の船、鉄道などを全面的に動員したこともあって、日本軍民の帰還任務は予想をはるかに超えてスムーズに進み、当初三～四年かかると見られた帰還は終戦からたった十カ月の一九四六年夏ごろにはほぼ完了した。東北地方でソ連に捕えられたシベリア抑留の凄惨な情況と比べれば、天と地ほどの違いだった。

この時点で国民政府国防部は小林浅三郎《こばやしあささぶろう》総参謀長など旧支那派遣軍総司令部のメンバーの大半を上海経由で日本に送還する手続きを進めた。

一方で、岡村をはじめ、宮崎舜一中佐、小笠原清少佐ほか通訳や軍医など十四人が残ることになり、民家二棟を借りあげ、残留組の住居兼執務場所とした。そのチームは南京連絡班として、各地の戦犯にたいする差し入れや裁判弁護、未帰還者の帰国推進などの業務にあたった。

しかし、日本軍民の帰還業務が進めば進むほど、国民政府は岡村を逮捕しない理由を見つけにくくなり、国民政府内にも岡村の逮捕を主張する意見が出てきた。

台湾の国史館には、軍の実力者で、国防部長だった白崇禧《はくすうき》が一九四七年六月、「岡村寧次の処理方法案について」と題して蔣介石に送った文書が残っていた。

岡村は中国侵略のトップであり、戦犯にも指定されていい人物で、法に則った処理をすることで国内向けの宣伝にもなる。有罪判決を下し、特赦で減刑することで法を守る態度と、中国式の寛大な政策を同時に示すことができ、一挙両得である。（『蔣中正総統檔案』）

しかし、蔣介石は白崇禧の提案も受け入れることはなかった。岡村が長官を務める「中国戦区徒手官兵善後連絡部」の解散を年末まで延期したのである。

共産党の岡村攻撃は激しさを増す一方で、業を煮やした国民政府の宣伝担当たちは一計を案じた。

「毛沢東の売国行為」と題して、一九四三年八月十七日、山西省における対国民政府軍の共同作戦で岡村と毛沢東が手を結んだというニュースが国民政府系の新聞にいっせいに掲載された。

これは完全な捏造記事で後に取り消しの手続きが取られたというが、国民政府側がしかけた逆プロパガンダといえるもので、岡村をめぐる国民党と共産党の虚々実々の宣伝工作戦の激しさをうかがわせる。

一九四七年に入ると、岡村のいた連絡班はいよいよ帰還任務が完全に終わったことを見届けて解散となり、岡村に寄り添っていた小笠原清らまでが帰国することになった。このころ、岡村は、肺炎をこじらせて体調を崩していた。その際、湯恩伯《とうおんはく》、曹士澂、陳昭凱ら国民政府の軍人らが見舞いに訪れて岡村を感激させている。彼らはいずれも日本留学組である。

国民政府も岡村への対処をこれ以上宙に浮かせておくことはできなくなり、一九四七年秋に岡村は戦犯監獄に入れられた。ただ、監獄での処遇はきわめて良好なものだったという。

東京裁判の判決を知る

そんな岡村のもとに一九四七年十一月二十五日、東京裁判の最終判決が届けられた。岡村は日記にこう記している。

土肥原、板垣共に死刑であることを知る。青年時代同期中大陸にあこがれた同志盟友として共に歩んできた四人。土肥原、板垣は死刑、磯谷《いそがい》と私は大陸の戦犯監獄に、感慨無量ならざるを得ず。今日は磯谷と対座して運命観を語りあった。

この磯谷とは磯谷廉介《れんすけ》のことで、南京軍人法廷で一九四七年七月二十二日、終身刑の判決を受けて日本に送還された。巣鴨プリズンで一九五二年まで服役している。

その後、岡村は体調を崩して南京から上海に身柄を移され、民間人の家で治療を受けながら、その所在は機密扱いにされた。岡村のもとには変わらず国民党軍の知日派軍人らが訪れては対共産党軍の作戦の立てかたなどのアドバイスを受けている。

たとえば、湯恩伯将軍は一九四七年十二月七日、「長江下流地域防備に関する意見を聞きたい」として、岡村を自宅に招いた。岡村は「壮年時から研究していた長江下流域兵要地誌の知識にもとづき対北方長江防備に関する所見を陳述した」と日記に書いている。

当時、国民党と共産党との内戦は国民党の不利に傾きはじめていた。国民政府内では共産党との和平交渉と、対共産党強硬派の筆頭だった蔣介石の総統下野を迫る声が高まり、共産党側も和平交渉のテーブルにつく条件として蔣介石の下野を求めていた。

一九四九年一月二十一日、北京を共産党軍に奪われて追いつめられた蔣介石はとうとう退陣を表明し、副総統の李宗仁を代理総統に任命して後事を託すると表明する。岡村は日記で李宗仁について、「後者（李）は私に対して前者（蔣介石）のように好意的ではないが、私の運命はどうなっても致し方無いなどと思う」と書いている。岡村が感じ取っていたように、対共産党内戦の戦局悪化と国民政府内の権力構造の変化のため、岡村の運命は崖っぷちに立たされていた。

救出オペレーション

国民政府で蔣介石の影響下にあった知日派グループは、時間との勝負とみて、「岡村救出」のオペレーションを発動する。

「極機密」の印が押された国民政府陸軍の便箋がある。

タイトルは「処理岡村寧次政策之意見」。

これは、一九四八年十一月二十八日に、国民政府国防部において、岡村の処遇について議論する会議が開かれた際、曹士澂が提出した意見書である。

意見書では、曹士澂は「わが国の戦犯処理は最後のひとり、岡村寧次を残すのみであるが、戦雲が漂い共産党の戦いが佳境に入るなか、岡村の審理について意見を述べたい」と切り出し、岡村を戦犯として処理するように求めている共産党の思惑を次のように分析した。

中国共産党は岡村がわが軍の顧問となり、徐州会戦を指揮したというデマを流しているが、その目的は以下の三点である。

①岡村が投降するときに中央（筆者註：国民党側）の命令に服し共産党には対抗した

②国民政府が戦犯を利用したというプロパガンダ

③人民の国民政府への不満を高める

そして、曹士澂は結論として、岡村無罪を提案している。

この会議には、国防部からは曹士澂のほか、司法部、外交部、行政院軍法局などから代表者が出席した。

会議中、各代表者は岡村にたいする有罪を主張し、死刑あるいは無期懲役を妥当とする意見が大勢を占めた。しかし、曹士澂は立ちあがって強硬に無罪を主張した。

「岡村寧次が中国で作戦指揮をとったことは大本営の命令であった。岡村はその間、虐殺の命令を出したこともなく、みだりに殺人をおこなわないよう命令している。岡村は直接、中国人の殺害をおこなっておらず、それを告発した者もいない。戦後、岡村はよく中央政府の命令に服従し、武器を中共に渡すことなく、終戦処理にも功労があったではないか」

曹士澂は「政治上、岡村を無罪にすべき理由もある」と続けた。

「岡村は反共の立場であり、もし彼に死刑を与えたらちょうど中共の思うつぼにはまることになる。むしろ彼を釈放して日本に帰らせたほうがよい。彼は必ずその恩義に感じ、日本において反共の立場を堅持して、将来反共戦争のうえで中国を支援する力となる可能性がある」

この演説により、参加者はすべて岡村無罪に意見を転じた。

決定的だったのは、「政治上」という部分であろう。そこには蔣介石の意向、国防部の意向という意味がこめられていることは、出席者の誰もが感じ取ったにちがいない。戦時下の政府内において、「政治上」もしも不正確な判断をとれば、その者の地位すら危うくなる。

会議はいったん中断となり、戦犯処理委員会の主任委員である何応欽将軍が呼びこまれた。曹士澂はあらためてみずからの主張を説明し、会場の賛同が得られたとして議論は打ち切られ、何応欽は曹士澂に公式文書を作るように指示。その文書を曹士澂はその日のうちに書きあげ、蔣介石の決裁を仰いだという。

石美瑜裁判長

上海の戦犯法廷で岡村の審理を担当したのは、石美瑜《せきびゆ》という裁判官だった。石美瑜は一九〇八年生まれの福建省出身で、司法試験をトップで合格して「福建才子」の異名を取ったほど若いころから優秀な法曹人材として嘱望されていた。日本軍が上海を支配したときは法廷を離脱して潜伏。終戦後は、日本軍に協力した中国人を指す「漢奸《かんかん》」裁判で厳格な裁きを徹底したことで名を上げ、上海の戦犯法廷の裁判長に抜擢された。

石美瑜は酒井隆、谷寿夫《たにひさお》、向井《むかい》敏明《としあき》や野田《のだ》毅《つよし》などがおこなった、日本軍の残虐行為を中心に死刑を含む厳しい判決を次々と下していった。その石美瑜が裁判長として岡村を審理するのだから、当時の中国人社会には必ず厳しい判決が出るものだとの観測が広がっていた。

しかし、判決はすでに決まっていたのである。

岡村の最終審理がおこなわれた一九四九年一月二十六日、午前中に審理は始まった。

岡村には三人の中国人弁護士がついた。検察の求刑は死刑だった。

石美瑜　被告は検察官の主張になにか反対弁論をおこないますか。
岡村　弁護人による弁論に同意します。
石美瑜　弁護人は弁論をどうぞ。
銭龍生弁護人　弁論はすでに終わっており、岡村寧次は無罪とされるべきです。
石美瑜　被告はなにか言いたいことはありますか。
岡村　本法廷の判決にはなにも意見はありません。日本兵の罪状について多くの中国国民に物質的、精神的な損害を与えたことは、深くお詫びいたします。また私の健康問題を理由に裁判が遅れてご迷惑をかけたことにお詫びいたします。

正午のため休廷し、判決は午後となった。石美瑜はほかの陸超《りくちょう》、林健鵬《りんけんほう》、葉在増《ようざいぞう》、張身坤《ちょうしんこん》の四人の裁判官たちを裁判長室に呼びこみ、「無罪」と書かれ、すでに国防部長・徐永昌《じょえいしょう》の判まで押された判決書を取り出した。
「ほんとうのことを言う。この案件はすでに上層部は決定済みだ。私もどうにもならない。みなさんはいま判決書にサインをしてほしい」

場は凍りついた。石美瑜は話を続けた。

「みなさんの気持ちもわかる。無理強いはできない。ただ、隣の部屋には国防部から派遣された軍事法官が待機している。われわれが署名せずとも彼らがすぐにこの案件を引き継ぎ、結果は同じことになる。そして、われわれは警備司令部の地下室に連行されるだけだ」

ここまで言われれば、ほかの裁判官たちも黙って判決書に署名を書きこむしかなかった。

これぞ「天の声」ならぬ……

開廷した法廷で石美瑜は判決を言い渡した。

主文　被告人岡村寧次を無罪とする。

法廷に大きなどよめきが広がった。

被告は民国三十三年十一月二十六日に中国派遣軍司令官となったが、長沙、徐州の会戦における日本軍の暴行や、香港での酒井隆の暴行、南京大虐殺での松井《まつい》石根《いわね》、谷寿夫の暴行などはいずれも着任前に発生しており、被告とは関係がない。また、日本投降時には命令をよく聞き、百万の軍の投降を導いた。在任中の各地の日本軍にわずかな暴行はあったが、すでに責任者が罰せられており、被告との連帯責任は認められない。これらの理由から被告は戦争法や国際公法の違反をおこなっておらず、無罪となるべきである。

戦犯として起訴された岡村に、きわめて異例の無罪判決が出されたのである。あまりの意外さに欧米の通信社は至急電を流し、法廷内は騒然として裁判長に傍聴人が詰め寄った。国民政府と戦っていた共産党が岡村を中国における「頭号（第一位）戦犯」（筆頭の戦争犯罪人）に指定していたことは前述したが、共産党は怒り狂ったような非難声明を発し、再審を要求した。中国内外の世論も反発一色となった。岡村が日本で戦犯の被告になったとしても死刑には該当しないと判断されたかもしれないが、日中戦争の最終時点における日本軍の最高責任者としてなんらかの罪に問われる可能性は高かった。それをひっくり返すだけの「天の声」ならぬ「蔣の声」があったのである。

中国ではいまでも超有名人

岡村有罪の立場だった共産党が政権を取った中国では、岡村はいまになっても「超」がつく有名人である。

歴史教科書にも岡村の名前が載っており、「ガンツン・ニンツー（岡村寧次の中国語読み）を知っているか」と知人の中国人五～六人に聞いてみたが、世代を問わず全員が知っていた。

やや古い調査になるが、二〇〇二年に朝日新聞と中国社会科学院が共同で世論調査をおこない、「日本人で思い浮かべる人」を中国人に尋ねたところ、岡村は十位にランクされている。

一位は小泉純一郎《こいずみじゅんいちろう》、二位は田中角栄《たなかかくえい》で、旧日本軍人では東條英機《とうじょうひでき》（四位）、山本五《やまもとい》十六《そろく》（五位）に次ぐ知名度だった。また、二〇〇六年に中国の新聞『環球時報』が掲載した「近代中国にもっとも影響を与えた外国人五十人」のなかで、岡村はランク入りした日本人六人のうち唯一の軍人で、「侵略戦争を指揮し、中国人民に巨大な災難をもたらした」と断罪されている。

岡村の中国における知名度は、日本でのそれをはるかに上回っており、岡村という人間にたいするイメージと評価は、日中で完全に非対称になっている。共産党は、国民党に協力して日本に戻ったことで、岡村のマイナス・イメージを強めて宣伝しているのだろう。

対照的に、台湾では蔣介石に協力して白団を立ちあげた岡村の名前を知る人はほとんどいない。歴史というのは、かくも皮肉なものである。

晴れて日本の土を踏む

無罪判決の後、国民政府の手回しで帰国の船が岡村を待っていた。一九四九年一月三十日、船内に前日から潜んでいた岡村は街中に「日本戦犯を逃すな」とビラの貼られた上海から出航した。乗った船は、米国籍のジョン・W・ウィークス号だった。一九四四年に建造された駆逐艦で、海軍出身の米連邦議会議員の名前にちなんだ船名だ。ここには岡村のほかにも二百六十人の戦犯が乗せられていた。

横浜港に着いたのは一九四九年二月四日だった。港には日章旗が掲げられ、岡村にたいし、GHQのG2（参謀第二部）のリミーという中佐が「ゼネラルのためにわが上司が掲げさせた」と説明したという。

有末機関長こと有末精三《ありすえせいぞう》の著書『政治と軍事と人事』（芙蓉書房、一九八二年）には帰国後の岡村についてこう書いてある。

参謀副長のウィロビー少将を派遣して「何でも希望を申し出ろ」との伝言をさせた。これに対して、将軍は率直に「中共軍の南下を揚子江の線で食い止めるため、米軍二個師団を中支に派遣されたい」と申し出られた。翌日「ウ」将軍を通じて「何でも聞いてあげたいが、これぱっかりは」と断りの伝言とともに米軍将官用食糧ケアボックス一箱とペニシリン少量をくれた。私は早速これを若松町第一国立病院の将軍の枕頭に届けたのであった。

有末によれば、岡村はベッドの上で切々と、「なんとか蔣介石軍救済の方法がないものかと、嘆かれた」という。

興味深いのは有末と岡村の接点である。有末は陸士出身の陸軍参謀で、戦後も暗躍した旧陸軍関係者のひとりである。GHQとの連絡役である委員長に就任すると、G2のウィロビー少将の庇護のもと、有末機関と呼ばれる秘密組織を作った。のちに創設された「河辺機関」にも幹部として参加し、旧軍人や日本共産党の動向を調べる役割を担った。

なぜＧＨＱが岡村に格別の配慮をしなければならなかったのか、その理由はいまのところ定かではない。ただ、旧陸軍の情報将校たちが、この後、しばらくして岡村の白団結成に参画することを考えれば、ＧＨＱ―旧陸軍参謀―岡村―蔣介石という反共オペレーションのためのラインはこの段階で引かれていたと見るべきかもしれない。

帰国した岡村は体調悪化のためすぐに牛込の国立東京第一病院に入院し、白団の結成に向けて先に帰国していた小笠原清などを動かして工作を始めた。一九四九年六月二十五日、その病院のベッドから、こんな手紙を蔣介石にしたためている。

拝啓　入院養病中につき乱筆おゆるし下さい。赤浪（筆者註：共産党）がどんどん南下し、情勢はますます厳しさを増しておりますが、この事態をくつがえし得るのはただ閣下をおいて他にありません。自重自愛をしつつ、所信に邁進なさって下さい。小生も病を冒して貴国駐日代表団各位に協力することでご恩にむいたいと欲しております。つつしんでご健康を祈ります。

六月二十五日

岡村寧次

蔣総統中正閣下

このとき、蔣介石の「密使」がすでに岡村の身辺で動きはじめていた。白団の黒子、曹士澂である。

第三章 白団の黒子たち

曹士澂（左）と小笠原清（右）

1　曹士澂ファイル

黒子といえども、自負はある

　時代を動かす大きな仕事をしながら、歴史の闇に埋もれ、忘れられていく人びとがいる。それぞれの運不運もある。ただ、本人が表に出ることを望まない場合も少なくない。そういう哲学を、仕事のなかで身につけるのだろう。彼らは「黒子」や「裏方」と呼ばれる。

　曹士澂《そうしちよう》と小笠原清。台湾側と日本側の二人の軍人も、白団の誕生に決定的な役割を果たしながら、黒子に徹し、黒子で終わった人間だった。こういう黙って下支えしてくれる人物がいたからこそ、白団のような秘密のプロジェクトが実現し、二十年間も続けることができたに違いない。

　曹士澂という人物は軍の最終階級が少将で終わっている。必ずしも軍における立身出世をきわめたわけではない。白団誕生において、もっとも功績があった人物が誰かと言えば、曹士澂であることは、日本、台湾双方で白団にかかわった人びとのあいだで一致する。それが少将で止まりというのはいささか腑に落ちないが、黒子役らしいと言えなくもない。

しかし、黒子といえども、自負はある。「自分がいなければ、事は成らなかった」という気持ちは残っている。そんな思いを胸に抱いた曹士澂が、国民党きっての知日派と呼ばれた陳鵬仁《ちんほうじん》のもとを突然訪ねてきたのは、一九八〇年代の末だった。

東京大学で博士号を取得した陳鵬仁は国民党党史委員会の主任などを務め、台湾の駐日大使館にあたる台北駐日経済文化代表処での勤務経験もあった。陳鵬仁は退官後、台湾の「中国文化大学」の教授を経て、現在は台北市内で著作活動に専念している。著書は台湾、中国で数百冊におよび、近代史研究の大家として知られている。

二〇一二年の春、台北の西門町という繁華街にある陳鵬仁の仕事場を訪ねた。陳鵬仁は会うなり初対面のあいさつもほどほどに、机の引き出しから一冊のファイルを取り出した。

表紙のタイトルは「倫渡赴台捨命報恩之無名英雄―日本將校團白團」。日本語で「命を捨てて密航で台湾に赴いて恩義に報いた無名の英雄―日本将校団白団」という意味である。筆者は曹士澂。以下、この文書について、「曹士澂ファイル」と呼ぶことにしたい。

手渡されたファイル

「ある日、曹士澂さんがふらっとオフィスにあらわれて、この文書を私に託していきました。白団の歴史を後世へ伝えていってもらいたいと言ってね」

陳鵬仁は曹士澂とそれまで面識はなかった。台湾で知日派の歴史研究者として知られていた陳鵬仁のことを、曹士澂はどこかで聞きつけたのだろう。

陳鵬仁も曹士澂の名前に聞き覚えがあった。任務を終えて日本に帰国した白団の元メンバーは台北駐日経済文化代表処幹部らと定期的に会合をもっており、同処で勤務していたとき、彼らの口から曹士澂の名前がしばしば提起されていたからだった。

曹士澂ファイルは十七の章と五つの付帯文書から成っている。

第一章の「なぜ、命を捨てて密航で台湾に赴き、恩義に報いた無名の英雄と呼ぶのか」から始まり、最後の第十七章まで、白団の全容、白団成立の背景、白団活動の実態、エピソードまでがすべて手書きで詳細に記されている。

読み進めるほどに、曹士澂の執念が一文字一文字から伝わってくる。

十四章「白団の文献と団史」にはこう書いてある。

白団の結成と来華の経緯と仕事の状況のすべては機密に属し、公開文書の記載はない。ただ、すべてのメンバーが命を冒して恩義に報いた事実が人びとを感動させ、不滅の成果の豊かさがあるのみだ。ただ、今日にいたるまで公的の詳細で完全な記録がなく、この重要なできごとと関係人員の貢献が埋没して見えなくなってしまっていることはまことに遺憾である。ここ数年、中日両国で何人かが記述を残しているが、多くは断片的かつ一部分のみで、白団のすべての経緯を書いたものではない。

陳鵬仁さん（著者撮影）

自分が打ち立てた白団の歴史が埋もれてしまうことは許せない。そんな思いから、曹士澂はこの報告を書き残し、陳鵬仁に託したのであろう。

陳鵬仁はその後、白団のことを断片的に取りあげることはあったが、曹士澂ファイルの内容のすべてを対外的に発表することはなかった。

「私にとっても白団は秘密に包まれた部分が多すぎるテーマです。とくに日本側の資料が私の手元にはない。簡単に世のなかに発表してしまうことにはためらいがありました。日本人のあなたにぜひ書いてほしい」

陳鵬仁はそう言ってファイルを私に手渡した。

曹士澂ファイルが白団結成のキーパーソンによる直筆の第一級史料であることはまちがいない。本書のなかでも、蔣介石日記や総統檔案と並んで、重要な参考資料になっている。

息子は元石川島播磨副社長

曹士澂は一九九七年に亡くなっている。家族からその人となりを聞くしかない。長男の曹道義《そうどうぎ》に会えたのは、陳鵬仁への訪問から三カ月ほどがすぎた二〇一二年の初夏だった。

曹士澂の家族はすべて日本にいると聞き、八方手を尽くして曹道義が暮らす東京都港区の自宅住所を手にいれたが、電話番号がわからなかった。しかたなくアポなしで訪れ、ベルを鳴らした。インターホンごしに妻らしき女性から身元を訪ねられ、「曹道義さんのお宅でしょうか、突然申しわけありません……」と切り出すと、「表札に書いてありますから。どちらさまですか」とぴしゃりと指摘され、思わず赤面してしまった。

取材の趣旨を話すと、あっさりなかに招き入れてくれ、曹道義から父・曹士澂について話を聞くことができた。

曹道義は子ども時代、中国・南京や湖南省で育った。父の曹士澂が日本に赴任した一九四九年から家族で日本に住みはじめた。

慶應義塾大学工学部を卒業後、石川島播磨重工業に入社。ボイラーなどエネルギー設備畑一本で実績を積み、最後は副社長になって数年前に退職した。技術者的な寡黙さを漂わせているが、質問には的確に答え、求めにはしっかり応じるタイプだ。

「父・曹士澂は上海人、母は湖南人です。子どものころは日本との戦争で国民党が重慶政府を作っていた関係で、私の周囲には四川人がたくさんいました。ですから四川語も話せます。いまでも中国語の本を読むときは四川語の発音で読んでいます」

曹道義の日本語は、日本人のものとまったく変わらない。戦争には「人を育てる」という否定できない一面がある。動乱で人間の流動性が高まれば、振り落とされる人間も多い半面、豊富な経験や語学の才をもった人間を生みだすのである。

曹道義が押し入れから運び出してくれた資料箱には、曹士澂の遺品が一山、しまわれていた。そのなかに、中国語で縦書きの原稿用紙二十ページほどをびっしりと手書きで埋められた一文を見つけた。「我的自伝（私の自伝）」というタイトル。

曹道義も「こんなものがあったんだ……。遺品を整理しているときは気づきませんでした」と目を疑っていた。

この「我的自伝」を読むと、曹士澂の一生が手に取るように眼前に浮かんできた。激動の近代に生きたひとりの人生が、そこにあった。

上海から日本へ留学

曹士澂は上海の裕福な家庭で育った。英文商業書院という有力家族の子弟が通う学校を卒業、英国のバーミンガム大学で土木を学ぶための留学が決まっていたところで父親が急逝する。母の強い願いで、中国から遠くない国への留学に変更した。ちょうどそのころ、学友の何人かが日本に軍事留学するための政府の試験を受けることを知り、試しに受けてみたところ合格。もともと第一志望だった軍人の道を、思わぬかたちで歩むことになった。

曹家は上海で多くの不動産を所有しており、父の死後も母親は曹士澂を含め三人の息子に「働かなくていい。お母さんが一生食べさせてあげる」と言い聞かせていたという。しかし、曹士澂の兄は医者となり、弟は銀行に入った。のちに上海が共産党の手に落ちていっさいの資産が没収され、曹家は台湾に落ち延びたが、台湾でも職に困らなかったのは、兄弟たちがしっかりと自分の人生を築く努力を怠らなかったからだと言える。

一九三一年に日本の陸軍士官学校を卒業した曹士澂は中国に帰国。北伐による軍閥の打倒を達成して中国全土を平定した蔣介石が、中国で初めての「国家の軍隊」を築きあげようとする時期にあたった。

曹士澂は南京にできた兵科学校で若い兵隊たちに軍学を教えた。そして上海事変の勃発によって前線に投入され、甘粛省や東北地方にも参謀として派遣された。

終戦直前の陸軍人事が曹士澂の運命を変えた。

一九四五年、陸軍総司令部に異動し、同じ留日組の何応欽将軍の下で高級参謀になり、しばらくして陸軍総司令部第二処処長に任命され、八月十五日の日本投降のあと、その投降儀式から武装解除、日本人の移送業務、戦争犯罪人の事務など、日中戦争の事後処理を一手に引き受ける役目を任された。

その時期、岡村寧次、小笠原清ら後の白団発足の日本側キーマンとなる人びとと交流を深めたことは、すでに第二章で書いたとおりである。

曹士澂「我的自伝」はきわめて淡々とした筆致で己の一生をふりかえっているが、日本軍民の移送業務については「日本軍民二百三十五万人をわずか十カ月の短い時間で完全に日本に送り返したことで、蔣総統と、美国ルーズベルト大統領から勲章を授けられた」と、行間から曹士澂の誇らしさが漂ってくる文章で書き記している。

「裏任務」

日本軍民の帰還が一段落を告げ、曹士澂が日本に赴任したのは、一九四九年四月だった。身分は中華民国駐日代表団第一処処長。第一処は駐在武官の部署である。曹士澂の日本派遣には、表に出せない「裏任務」が与えられていた。

当時の国民政府は危急存亡の危機に瀕していた。蔣介石は総統退任を強いられ、代理総統の李宗仁が主導する共産党との和平交渉も、すでに勝利をなかば手にしていた共産党に足元を見られていっこうに進まない。蔣介石は国民党総裁の身分で台湾に拠点を移していたが、台湾にいるのは一万人程度の学生兵が中心で、海空軍の一部が移転されていたとはいえ、共産党軍の襲来にもちこたえるにはまったく不十分な戦力しかなかった。

曹士澂ファイルで、曹士澂はこう書き記している。

日本に派遣された私の主要任務は、日本軍および各界との連絡をおこない、日

卒業證書
中華民國陸軍將校候補生
曹士澂
大日本帝國陸軍士官學校本科ノ課程ヲ履修シ正ニ其業ヲ卒ヘタリ茲ニ之ヲ證ス
昭和六年七月二十二日

曹士澂の陸軍士官学校卒業証書（著者撮影）

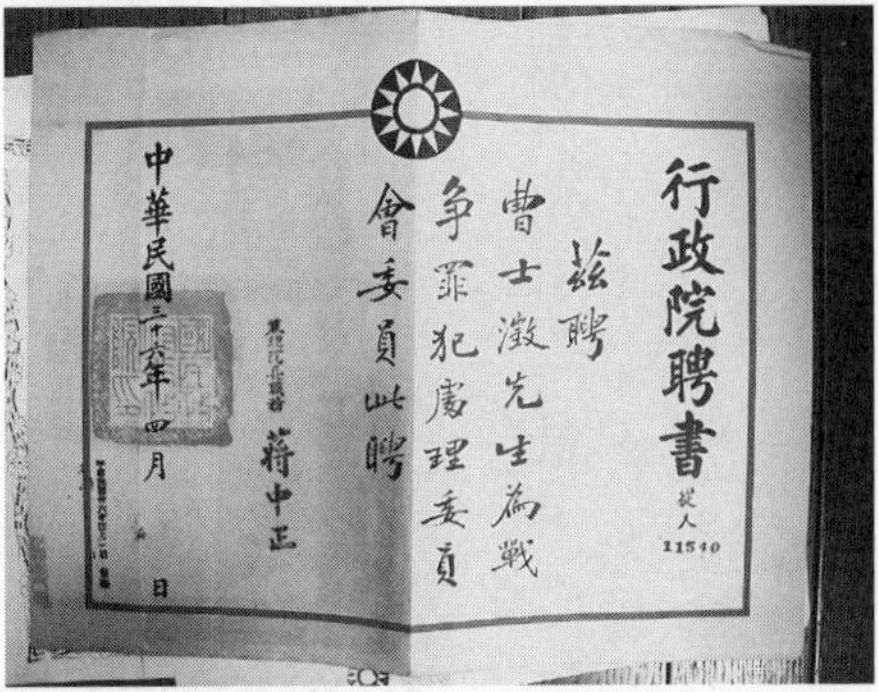
行政院聘書
11540
茲聘
曹士澂先生為戰爭罪犯處理委員會委員此聘
蔣中正
中華民國三十六年四月　日

曹士澂の「戦争罪犯（犯罪）処理委員会」委員の任命書（著者撮影）

本が隠しもっている武器を探し出すなど各種のさまざまな方法で我が国政府の助けとなるチャンスを見つけることだった。当時、日本の浪人たち（たとえば横山《よこやま》雄偉《ゆうい》）は義勇軍を集めて中国を助けるという名目で財物を違法にだまし取るなど状況ははなはだしく混乱していた。そこで私は、日本の正規兵を集め、国際反共連盟軍を結成し、共産党軍にたいして反攻を発動する計画を立て、日本において は軍事顧問団を結成して台湾に赴いて助戦させることを計画した。

文中に出てくる「横山雄偉」は、福岡県生まれの玄洋社社員で、戦時中は国粋主義活動家として日本政界や諜報機関とのつながりをもっていた人物のことだろう。ちょうどこの時期、台湾義勇軍がらみの金銭スキャンダルにかかわったとして世のなかを騒がせていた。

台湾義勇軍の話は、ほとんどがでっちあげか飛ばしの類いの報道ではあったが、「火のないところに煙は立たない」との諺《ことわざ》どおり、曹士澂はこの時期、火をあちこちにつけるべく、奔走していた。

東亜国際反共軍を立ちあげるべし

一九四九年五月三十日、曹士澂は、蔣介石にたいして重要な報告を打電している。上海の戦犯法廷で無罪判決を受けて日本に帰国し、病気で療養中だった岡村と密議を重ねた末にまとめた構想「東亜国際反共軍の組織」だった。この文書は台湾の「国史館」から見つかったものだ。曹士澂は当時の国際情勢をこのように分析していた。

マッカーサー将軍はアメリカの政策と矛盾するかたちで極東の確保と反共を望んでおり、わが国はこれを利用して反共同盟を発動し、国際軍を組織し、アジアでの長期作戦によって最後の勝利をつかめる。東京は東アジアの各国代表部が集まる場所であり、マッカーサーの反共精神の下、聯合を組みやすいなど利点が多い。

そして、「実施のための要点」として、

一、戦時政府を作って軍事第一の体制にすること。
二、外交方針は東アジア反共大同盟を発動し、東京をその拠点にする。

三、東亜国際反共軍を立ちあげる。手はじめに東アジア反共インテリジェンス組織を作り、本部を東京、支局をマニラかシンガポールに置く。聯合参謀団も作り、台湾かフィリピンに置く。

この時点で、白団は軍事顧問団というよりも「義勇軍」の位置づけだった。この文書を読むかぎり、曹士澂の視野は通常の参謀や情報将校のレベルを超えて、国際情勢を含めた国家戦略のレベルまで踏みこんで語っているように思える。

蔣介石はこの曹士澂のレポートにたいへん興味をそそられた。

当時、蔣介石は総統ではなかったが、軍の主導権を握っていた。共産党軍の勢いに国民党軍の敗色は日々濃くなり、各地での敗北の知らせが毎日のように届けられ、蔣介石は焦燥を深めていた。台湾からフィリピン、韓国へ飛び、日本やインドを含めたアジア反共連合の結成を呼びかけ、反共義勇軍への各国の出兵を期待していたが、実現にはほど遠かった。

加えて、国民政府の後ろ盾であったアメリカの姿勢も、この時期には完全に転換点を迎えており、事実上、蔣介石を見かぎっていた。もともとアメリカはルーズベルト大統領が米英ソとならんで国民政府が参画した戦後の世界秩序を思い描いていた。しかし、ルーズベルトの死後、トルーマン政権は蔣介石と国民党の執政能力に疑いの目を向けるようになり、台湾防衛の必要性を再検討していた。一九四九年八月、一千五百十四ページにおよぶ報告書『中国白書』がアメリカ政府より発表された。事実上、これはアメリカと蔣介石・国民政府との関係を清算するもので、内戦における共産党の勝利を想定して書かれたものだった。

蔣介石のゴーサイン

内憂外患に直面し、焦慮と絶望のなかにあった蔣介石は一九四九年夏、日本から台湾に来ていた曹士澂を二度にわたって呼び出し、この問題について真剣に討議を重ねた。蔣介石は「アメリカは頼りにならない。日本しかない」という思いだったのかもしれない。

蔣介石日記には、こんなふうに書かれている。

曹士澂からその日本調査の報告を聞く。日本軍の人材の運用に関する具体的な方法はいいが、やや金がかかりすぎるかもしれない。その内容はきわめて詳細である。（一九四九年七月十三日）

蒋介石はその日のうちに曹士澂にたいし、当時国防部の主力が置かれていた中国・広州へ台北からそのまま飛び、国防部第二庁の侯騰《こうとう》・庁長と会って計画を詰めるように命じた。

七月二十二日、曹士澂は侯騰との協議の結果を、蒋介石に報告した。

結論は「この計画の目的と方針は正しいが、日本はまだアメリカのコントロール下にあり、もし軍隊を組織するとなればアメリカとのあいだに矛盾を来すこともありうるので、当面は優秀な日本軍人による顧問団を組織してはどうか」という内容だった。

蒋介石は熟慮を重ねた末に七月三十日、曹士澂にゴーサインを与えた。

台湾の「国史館」で、このときに蒋介石が発した「日本軍官を利用する指示にもとづく計画綱領案」という文書が見つかった。

冒頭の「一、綱領」にはこう書かれている。

「中国陸軍の改善および東亜反共連合軍のため、優秀な日本軍官を中国に招き、教育や訓練、制度設計に協力させ、必要に応じて反共作戦に参加させるものとする」

つづいて「二、組織」として、中国側と日本側の共同で幕僚団を発足させるとし、日本側から二十五人を派遣させ、中国軍から二十五人を選び出し、日本軍人を中国軍人の顧問として配置することを計画している。

「三、経費」においては、詳細に日本軍人への給与を提示している。日本軍人には一人につき出発時に一時金として二百米ドル（日本円八万円相当）を支払うとして二十五人分で五千米ドルの経費を想定。さらに日本軍人にたいして、毎月の生活費および家族との連絡費として百十五米ドルを支払うものとしている。この支出は二十五人分で二千八百七十五米ドルとしている。

まさに破格の待遇である。

共産党との最終決戦のために

蒋介石は七月三十一日の日記「今月の重要日程」のなかで、こう書いている。
三、日本軍の技術人員を運用する方法と準備の人選　張岳軍《ちょうがくぐん》　朱逸民《しゅいつみん》　湯恩伯《とうおんはく》　鄭介民《ていかいみん》。
四、日技術人員収容地点（舟山金門平潭玉環《しゅうざんきんもんへいたんぎょくかん》）。
張岳軍とは、蒋介石の側近中の側近で、日本陸軍高田連隊時代の同期でもあった張群である。岳軍は張群の字《あざな》だ。湯恩伯は、南京拘留時代の岡村とも気脈を通じていた留日派の将軍。鄭介民は諜報機関「軍事統計局（通称・軍統）」出身の軍人だった。

ここで日本の軍人を「技術人員」としているのは、曹士澂が日本軍人を派遣する際に「技術者」という名目で派遣することでＧＨＱなど諸外国の目をごまかせるのではないかと考えていたからだと思われる。

また、日本軍人の上陸地点とされた四つの地点「舟山、金門、平潭、玉環」はいずれも共産党との最終決戦において最前線となりそうだった場所だ。舟山は舟山諸島、金門はアモイに面した金門島、平潭は福建省の福州の向かいにある島で、玉環は浙江省台州の半島に位置している。

ここからわかるのは、この時点において蔣介石にとって日本軍人の活用とは、共産党との戦いの最前線で日本軍人を「助っ人」として国民政府軍のアドバイザーにつけ、土壇場で共産党を撃退することを意味していたことである。

曹士澂の活躍ぶりはその足跡を追うだけでも、すさまじいものだったことがわかる。東京、台湾、大陸をまたにかけて飛び回った曹士澂は、まさに軍人生涯のピークを迎えていた。

2 『蟻の兵隊』をめぐって

人選の条件

蔣介石のゴーサインを受けて、日本側ではさっそく人選に入った。
蔣介石は、曹士澂に人選に際して次の条件を授けていた。

一、陸軍士官学校および陸軍大学卒業
二、実戦経験を有する
三、正しい人格の持ち主
四、堅い反共の意志の持ち主

陸士、陸大を挙げているあたり、日本の陸士へのあこがれをもち、手の届くところまで行きながら辛亥革命の勃発でその願いを果たせなかった蔣介石らしい。

台湾派遣の人選にかかわったメンバーは、曹士澂ファイルによれば、以下の四人だった。

岡村寧次
澄田《すみた》睞四郎《らいしろう》
十川次郎《そがわじろう》
小笠原清

岡村、小笠原は別にして、十川と澄田について少し説明を加えておきたい。

十川は山口県出身の陸軍軍人で、陸士、陸大とエリートコースを歩み、中将まで着実に出世を重ね、支那派遣軍第六軍司令官として軍のキャリアを終えた。岡村、小笠原との接点はいまのところ不明である。

一方の澄田であるが、ここに名前があることに驚きを禁じえなかった。澄田は、中国に多くの日本兵を置き去りにして見殺しにした「裏切り者」として、いまも一部の元兵士たちから憎悪されている人物だからである。

『蟻の兵隊』

白団の取材を深めるなかで、手に取った映画のＤＶＤがあった。『蟻の兵隊』というドキュメンタリー映画である。白団とかかわりがありそうな予感がして購入してみたが、かかわりがあるどころか、旧日本兵山西省残留問題は、白団問題と表裏一体とも言えるような構図であることに気づかされた。

『蟻の兵隊』は、山西省で抑留生活を送った旧日本軍人たちが、軍人恩給の支給を求めて国を提訴したことを題材としたもので、各方面で高い評価を受けている。監督である池谷薫《いけやかおる》とは以前、別の取材で知りあっており、気軽にコンタクトが取れる間柄だった。さっそく朝日新聞本社近くの築地市場で寿司をつまみながら、二時間にわたって、『蟻の兵隊』のバックグラウンドを教わった。

日本の降伏によって、中国から日本に速やかに引き揚げるべき旧日本兵が、山西省において残留し、共産党と国民党の内戦の最前線で死闘をくりひろげる異常な事態が起きた。旧日本兵のなかで五百五十人が戦死し、生き残った者のうち七百人が共産党側の戦争捕虜となり、一九五五年ごろまで長い抑留生活を送ることになった。

この旧日本兵たちの戦後の行動は、日本において軍人の働きとして認められてこなかった。

「みずから望んで帰国せず、国民党に加わった」という解釈が、旧厚生省によって定められたからだ。

「だが、現実には現場の兵士たちには選択権はなく、上官の命令によって残留するしかなかったのです」と、多くの元山西兵たちと交流を続けてきた池谷は言う。

「留用」という名の兵士提供

戦後も中国において日本人をなんらかのかたちで用いることを「留用」と呼ぶ。長い戦乱によって社会全般がマヒし、教育も荒廃してしまった中国において、元軍人だけでなく民間人も含め、日本人がもつ高い教養、知識、技術は、どれも喉から手が出るほどほしいものだった。将来予想された内戦に備え、当時中国を二分していた国民党、共産党とも、日本人の留用には活発に手を伸ばした。

山西省では国民党で「山西王」と呼ばれた閻錫山《えんしやくざん》将軍が、日本の降伏直後から、日本軍側に留用を求めるアプローチをかけた。山西は鉄や石炭などの天然鉱物資源に恵まれ、閻錫山は「山西モンロー主義」を唱えて独立勢力たろうとする、軍閥色の強い人物だった。

閻錫山は日本の陸軍士官学校（六期）に留学経験があり、陸軍士官学校に設けられた中華民国からの留学生班で教官を任ぜられていた岡村寧次の教え子でもあった。

この閻錫山との留用交渉の相手役となり、最終的に閻錫山への全面協力を決めた人間が、澄田睞四郎だった。ちなみに、元日銀総裁の澄田智《すみたさとし》は息子だ。澄田は『私のあしあと』という自伝を残しており、山西兵留用についても比較的くわしく記述している。そのなかで日本兵を対共産党作戦に用いたい、という閻錫山の申し出があったことを明らかにしている。

（閻錫山は）技術者は勿論、軍人も当面家庭の事情が、これを許す限り、成るべく多人数残留して中国の再建に協力して欲しいと、広く同胞に呼びかけていたし、また、私に対しても、上述の方針で部下を指導するよう、強く要請して来た。

これにたいし、澄田は「理屈は兎も角として、この残留問題は、飽くまで個人の自由意志に委すべき性質のもので、多少なりとも、上官などの圧力が加わってはならぬとの強い信念を曲げず」に、閻錫山の要請を退けたと自ら記す。

しかし、部下には山西の地で共産党と戦うことを望む者が後を絶たず、今村方策《いまむらほうさく》大佐、岩田清一《いわたせいいち》大佐などが中心となって兵たちに残留を勧誘し、澄田は「最早、指揮権のない私の力には、自ら限度があって、結局は、時の勢いに抗し得ず」として、数千人の残留希望者が出るにいたったのだとしている。

このくだりを読んでいて、強烈な違和感を覚えた。

果たして現地司令官の意向を無視してまで、故郷でもない中国の地に残って戦いつづける者がそれほど多数いたのだろうか。日本は敗れたとはいえ、軍人たちは除隊して指揮系統からはずれたという意識はなく、澄田の帰国命令ならば聞かないはずがない。池谷も私と同じ意見だった。

囲碁、釣り、麻雀三昧

澄田はその後も戦犯容疑者として山西の地にとどまり、閻錫山から、かつてドイツ人が暮らしていた立派な住居を与えられ、運転手もつき、囲碁、釣り、麻雀三昧の生活を送っていた。南京の国民政府が各地に分散収容されていた戦犯を上海に移送するよう求めると、閻錫山は澄田が「脳溢血で重体、当分長距離の移送に堪えない」という完全に虚偽の理由を伝えてまで、澄田を手元に置いた。閻錫山も生死を賭けた共産党との戦いのなかにあり、澄田の協力が必要だった。

やがて戦況が悪化してくると、閻錫山は澄田に直接、留用日本兵の指揮を執るように求める。澄田は迷いながらも申し出を拒否するが「ならば総顧問として作戦指導を補佐すべき」との再度の要請は受け入れ、「総顧問上将」という肩書の辞令を受けている。澄田はその後、閻錫山の部下を補佐しつつ、陣地の改変強化を急がすなど「連日連夜、戦区司令部内の与えられた一室に詰め切って、作戦指導に犬馬の労をつくした」という。

一九四八年の暮れ、澄田は上海の岡村らの戦犯が東京に移送されるとの情報に接し、焦りを感じて、閻錫山に「いつまでも戦犯に関する黒白が明かとならず、生半可の状態のままで、一生を終えることは、何としても堪えられない」と伝えた。事実上、無罪・帰国の打診である。

そして閻錫山は翌年一月に澄田にたいし、「自分が全責任を負って、君を不起訴にすることに決めた」として帰国を認めた。

部下や仲間を残して帰国

数千人の部下が共産党と死闘をくりひろげるなか、澄田は「誠に、願ってもない有難いこと」と大喜びし、同じ山西で企業経営をしていた張作霖爆殺の首謀者、河本大作に、いっしょに帰国しようと相談した。河本は軍を追われ、その後、山西省で軍の口利きで石炭の採掘会社を経営する仕事に就いていた。

だが、河本は「太原《たいげん》に日本人のいる限り、自分独り帰国することはできない」と断った。そのため、澄田はひとりで太原に着陸した米軍の輸送機に便乗し、帰国を果たしている。

太原は間もなく陥落し、今村方策は自決、岩田清一や河本大作も戦犯として獄中で死亡した。太原に留用された日本兵のなかには最大で二十年以上も中国に戦犯として留め置かれた兵士もいる。これらの人びとはのちに澄田が日本でおこなった「部下たちは自主的に残った」という証言によって、軍人恩給などの受給資格まで失った。澄田の山西日本兵留用における問題点をこれ以上書くことは本書の趣旨とは外れるので控えておくが、澄田という人物の人間性には大いなる疑問符をつけたい。

その他の反共工作ライン

岡村―蔣介石・何応欽という南京・上海ライン、澄田―閻錫山という山西ライン以外にも、終戦前後の「ごたごた」の時期に戦後処理のなかに組みこまれた日本と国民党をつなぐ反共工作のラインは存在していた。

二〇一一年に刊行された湯浅博『歴史に消えた参謀　吉田茂の軍事顧問　辰巳栄一』（産経新聞出版）には、元陸軍参謀・駐英武官で、戦後は白洲次郎《しらすじろう》と並んで吉田茂の片腕として「辰巳機関」を率いて警察予備隊の結成などで決定的な役割を演じた辰巳栄一《たつみえいいち》もまた、国民党から反共工作を依頼されていた、という話が書かれている。

同書によると、一九四五年十二月末、支那派遣軍第三師団で終戦を迎えて官兵の帰還任務にあたっていた辰巳にたいし、湯恩伯将軍が面会を求めた。湯恩伯は日本の陸士留学組で、蔣介石の子飼いの軍人であり、日本びいきで知られていた。岡村寧次の無罪判決、根本博《ねもとひろし》の金門島での支援活動（第四章参照）にもかかわっていた。

辰巳との面会で湯恩伯は土居昭夫《どいあきお》という陸軍参謀をともなってあらわれた。土居は関東軍情報部の部長も経験した対ソ連インテリジェンスのエキスパートだった。土居は終戦後、湯恩伯のもとで「留用」されていた。一九四六年一月二日、三人は夕食をともにした。

辰巳の日記などにはくわしいことは書かれていないが、米国立公文書館にある中央情報局（CIA）の辰巳関連のファイルによると、辰巳がこの時期、国民党国防部から対ソ諜報網構築の協力要請を受けたという記述があったという。辰巳がその申し出を受け入れた理由は、第三師団が上海から早期に引きあげるためだったとCIA文書は指摘している。

十川次郎・第六軍司令官や師団長ら辰巳の上官が戦犯収容所に抑留されていたが、

れていたという。

辰巳は土居の取りはからいで上海東地区の露営司令官という肩書をもらい、抑留を免

土居は上海に残って国民政府国防部の顧問となり、帰国した辰巳は対ソ諜報にかかわってきた旧陸軍幹部に接触した。辰巳はソ連専門家に活発に接触を図る一方で、ソ連に暗号解読の専門家である大久保俊次郎《おおくぼしゅんじろう》を送りこんだという。この秘密工作は、窓口になった駐日代表部の金銭トラブルなどで資金が途絶え、一九四七年秋には辰巳と国民政府の接触は終わったという。

辰巳と国民党との関係は、基本的に岡村、澄田のそれと類似している。

白団に話を戻すと、澄田は『私のあしあと』のなかで、白団への協力についてもこんなふうに書き残している。

太原出発にあたり、閻将軍により帰国後も引き続き中国援助を依頼されていたので、偶々当時国立第一病院に入院加療中だった岡村寧次を見舞った時、両者の意見忽ち一致を見、協力して国民政府軍教育のため、優秀な旧日本陸海軍将校を物色、これを台湾に送り込むことにした。

澄田によれば、勧誘は岡村を中心に数人がヘッドとなっておこない、「戦前における共産活動に似て、全て地下に潜って行った」という。転々と知人宅などをアジトにして相談を重ね、目をつけた陸海軍将校を呼び寄せたり、自宅を訪ねたりして、白団参加を勧誘した。

3　キーマン・小笠原清

生き残り、瀧山和は語る

二〇一二年の冬、田園調布の高級住宅街の一角にある喫茶店で会った元陸軍少佐、瀧山和《たきやまやまと》は九十六歳という高齢とは思えないほど、記憶は日付にいたるまで正確だった。糸賀公一に続き、私が会った二人目の白団生き残りである。

瀧山は陸軍の戦闘機乗りだった。一九三九（昭和十四）年のノモンハン事件で航空戦に参加し、百回を超える出動を経験しながら生き残ったベテランパイロットだった。

瀧山はノモンハンについてこのように語っている。

「最後のほうは、ソ連の圧倒的な物量の前に手も足も出なかった。正直、戦争が終わり生き残ったのだと思い、ホッとした」

日本側が当初優勢だった航空戦も後にソ連軍が新鋭戦闘機と優秀なパイロットを投入し、物資弾薬も増援するようになると、弾の節約を課せられている航空隊はどうしても敵機に接近して戦うしかなく、逆に狙い撃ちにされて同僚の多くがモンゴルの大地に落ちていった。

終戦は高松の航空部隊で迎えた。

参謀だったので、米軍への物資や燃料の引き渡しを、いまいましいという思いをこらえながらこなし、一万人いた隊員の帰還を最後まで見届けて、一九四六年にすべての残務処理から解放されていた。

軍人の再就職は厳しい時代だった。やっとのことで日本橋の薬屋で働き口をみつけて働いていた瀧山のもとに、小笠原清があらわれたのは、一九五〇（昭和二十五）年の秋だった。

この男ならばやりかねない

小笠原の表情には決意をもって会いに来ている迫力があった。面識はないが、追い返すこともできないような気がして、薬屋の近くにある喫茶店に入った。

小笠原から聞かされた「支度金二十万円」という台湾行きの条件は、当時月給が七千円だった瀧山には魅力的なものだった。

しかし、それは危険と引き換えという意味でもある。同時に、ノモンハンや満洲で軍の嫌なところをたっぷりと感じてきた瀧山にとって、もう一度、軍人生活に戻ることにはためらいがあった。妻とも再び、離ればなれにならなくてはならない。

瀧山は訊《き》いた。

「外国暮らしはきつい。もし断ったら、どうしますか」

小笠原は表情を変えず、こう語ったという。

「いま朝鮮戦争が起きていて、元軍人が機雷除去の目的で派遣されているのは知っているはずだ。君が断ったら、マッカーサーのほうに手を回して、君が派遣されるようにしてしまうよ。同じ外国に行くなら、台湾のほうがよほどマシではないか」

常識で考えればそんなことはできないことはわかっていたが、しかし、この男ならばやりかねないと思わせるなにかが小笠原にはあった。

「一カ月ください。私にもお客さんがいる。仕事の引き継ぎをきちっとしてから、台湾に行きます」

小笠原だけではなく、白団の実質的なトップであった岡村寧次元陸軍大将とも面識はなかった。陸軍士官学校は出ていたが、航空畑を歩んだこともあって、「参謀の連中とはとくにつながりはなかった」という。逆に、日本を対中戦争の泥沼に巻きこんだのは陸軍参謀たちだという反感もあった。ノモンハンでのつらい経験も、瀧山をいっそう「反参謀」の気分にさせていた。

それなのに、どうして自分に白羽の矢が立ったのか、不思議でしかたなかった。台湾に発つ前、「保証人」になるという岡村の四谷の自宅を訪ねたことがあった。岡村は「君のような若い人に任せたい。ぜひ蔣介石を助けてほしい」と言うだけで、くわしい事情は教えてくれなかった。

兄弟げんか

台湾に到着したのは一九五一年春だった。真っ先に、国防部が歓迎会を開いてくれた。そこで、ひとりの将校が歩み寄ってきて、瀧山にこんな話をした。

「瀧山さんの招聘をお願いしたのはわれわれなのです。瀧山さんの「兄弟げんか」という演説のことを蔣介石総統が耳にして、ぜひ台湾に来てもらえと指示されました」

瀧山はすぐに思い出した。南満洲の鞍山の飛行場で飛行第百四戦隊の隊長をしていたとき、近隣の鎮（町に相当）から漢人や満人を含めた幹部をいっせいに温泉地に集め、大宴会を開いたことがあった。

そこで瀧山はこんな大演説をぶった。

「蔣介石の国民党といまは戦っているが、これは兄弟げんかみたいなもので、われわれのほんとうの敵は、ソ連とアメリカなんだ」

この演説が人づてにいつのまにか国民党に伝わっていた。

この日中兄弟げんか論は、日中戦争中から、日本、中国それぞれの中国通や日本通のあいだで語られていたものだが、その淵源は孫文にあると言ってもいい。

孫文は「中国なくして日本なし、日本なくして中国なし」と述べ、日本の明治維新などの近代化の成果に着目して日中連携、大アジア主義を説いた。

その孫文の弟子である蔣介石もまた、一九四五年の日本の無条件降伏において、「以徳報怨」（徳を以て怨みに報いる）という有名な演説をおこなう。「以徳報怨」という概念は、その後、白団活動の基本理念にもなっていくのだが、蔣介石が演説で強調したのは「日本の好戦的軍閥を敵として、日本人民を敵とは認めない」という日中連携論だった。

「日中は兄弟」であるから、戦争《けんか》が終われば、助けあうのは当然である。そのひとつのかたちが白団である――そんな蔣介石のロジックに、瀧山の演説はぴったりと合致したのであろう。

瀧山は「なにがきっかけで人生が変わるか、わからんものだなあと感心しました」とふりかえる。瀧山はその後十年間にわたり、台湾で空軍の強化に尽力した。

要するに何でも屋の当番兵だ

瀧山のケースのように、日本側の黒子役である小笠原のリクルーティングは、白団が発足した一九四九年秋以降も継続的に続いていた。

台湾からは「ひとりでも多くの優秀な日本軍人を送りこんでほしい」という悲鳴にも似たような要求が届いていた。中国大陸を共産党に奪われ、台湾海峡にいつ人民解放軍が押し寄せてくるかわからないなかで、日本軍人によって国民党軍を立てなおすというプランに、蔣介石は望みをつないでいたのだった。

小笠原は、白団について、一九九二（平成四）年に「『白団』の記録を保存する会」の求めに応じて、自分の黒子としての役割についてこんな一文を寄せている。

ところで、（筆者註：岡村寧次の）当番長・蕭立元たる私の役目だが、岡村将軍の秘書、連絡係、調査係……要するに何でも屋の当番兵だ。その仕事のうちで初めのころの印象に残っているのが、前にちょっと触れたGHQの呼び出しである……。

日本にいたものの、小笠原にも蕭立元という中国名が与えられていた。

小笠原は、ある意味で、白団のなかでもっとも興味深い人物である。岡村寧次は象徴的な存在として、富田直亮は現地の責任者として、それぞれわかりやすい「定置」があった。しかし、小笠原については、特別な役職もなく、教育にも調査にも主体的に参加することはなかったが、白団の存在のもっとも肝心なところを握っていたという印象が消えない。

その小笠原への印象について、白団のメンバーや家族に聞いてみたが、

「とにかく面倒見のいい人」
「台湾からのお金や手紙を家までもってきてくれる人」
「進路の相談に乗ってくれて、就職先まで探してきてくれた」
「不動産投資に長けていて、いい投資物件についてアドバイスをくれた」

という話が次々と出てきて、誰の目にも「黒子」としての役割を徹底的にこなそうとした人物像が浮かびあがるのである。

なにをして稼いでいたのか、最後までわかりませんでした

小笠原の自宅は東京・高田馬場の早稲田大学キャンパスに接した一角にあった。いまは中型のマンションに建て替えられ、その一角に小笠原の妻・絢《あや》は暮らしていた。二人が結婚したのは一九五〇（昭和二十五）年だった。すでに戦争は終わっていた。戦時中、小笠原は「いずれ戦地で死ぬから」と結婚をしなかった。年齢差はあったが、お見合いからとんとん拍子で話が進んだ。

絢が不思議に思ったのは、小笠原の職業だったという。

「結婚するときは著述業の仕事をしていると言われて、それでも食べていけるのかしらと不思議に思ったのを覚えています。それでも結婚しちゃうんだから、いいかげんな時代だったんですね。自衛隊からはなんども誘われたようですが、絶対に首をたてには振りませんでしたね」

小笠原は九州・小倉の出身で、父親も軍人だった。腹ちがいの子どもが小笠原を含めて七人おり、小笠原はもっとも年長だった。絢によれば、下の弟妹たち全員に分け隔てなく面倒を見て、全員に家を建ててあげた。

小笠原は戦争中のことはほとんど話さず、写真や勲章を飾ることもなかった。軍人

時代の自慢話なども一度もしなかった。

妻の絢と結婚した一九五〇年は白団の送り出し活動がまさに佳境に入っている時期だった。小笠原は絢に「戦前は兵隊さんたちを中国から日本に帰す仕事をしていた」とも説明していた。結婚してしばらくは四谷にある岡村の自宅にいつも通い詰めていたと、絢も記憶している。その後、自宅で文書を書いたり、資料を整理したりしている時間が増えた。

絢はお嬢さま気質のあっけらかんとした性格の持ち主だったようで、小笠原の秘密主義についてもとくに腹を立てるわけでもなく、疑問をもつことすらなかった。

「でも、とにかく頭のいい人で、なにを聞いてもちゃんとわかりやすく説明してくれたんです。岡村さんの下で、台湾に行っている方々の給料を管理していたことは知っていましたが、彼自身の給料はどこから入ってくるのか、そんな話もいっさいなく、こちらもあえて聞くことはしないほうがいいという時代でしたので、けっきょくどうやって稼いでいたのか、最後までわかりませんでした」

二十年近く、黙々と

当時、小笠原は、白団のことでかなり忙しかったはずである。

小笠原の役目でもっとも重要なのは、日本の中華民国大使館（一九七二［昭和四十七］年までは国交があった）とのパイプ役だった。

白団メンバーの給料は現地で支給される現地手当以外は、東京の大使館から小笠原に現金のかたちで手渡されていた。

小笠原はそれを外交便で台湾から日本に送られてくる手紙といっしょに年に数回に分けて各メンバーの家のある土地に足を運んで配るわけだが、考えてみれば、各メンバーの留守家族は、北は東北から南は九州まで違ったところに暮らしているので、常に全国を飛びまわっていなければならないことになる。

小笠原はこれを二十年近く、黙々と続けたのである。

その訪問のあいだに各家庭の状況をそれとなく調べ、問題が起きているときは台湾にいる夫たちに通知していた。また、子どもたちの進路や進学の相談にも応じており、小笠原を父のように慕っていた白団メンバーの子弟も少なくなかった。

一方で、岡村に定期的に状況を報告して、岡村の指示を台湾に伝えるという「伝令役」も果たし、本書第七章で詳述する白団の日本側の調査機関「富士倶楽部」の運営も任されていたというから、小笠原は単なる黒子ではなく、日本側で欠かせないキーマンだったと言っても過言ではない。

第四章　富田直亮と根本博

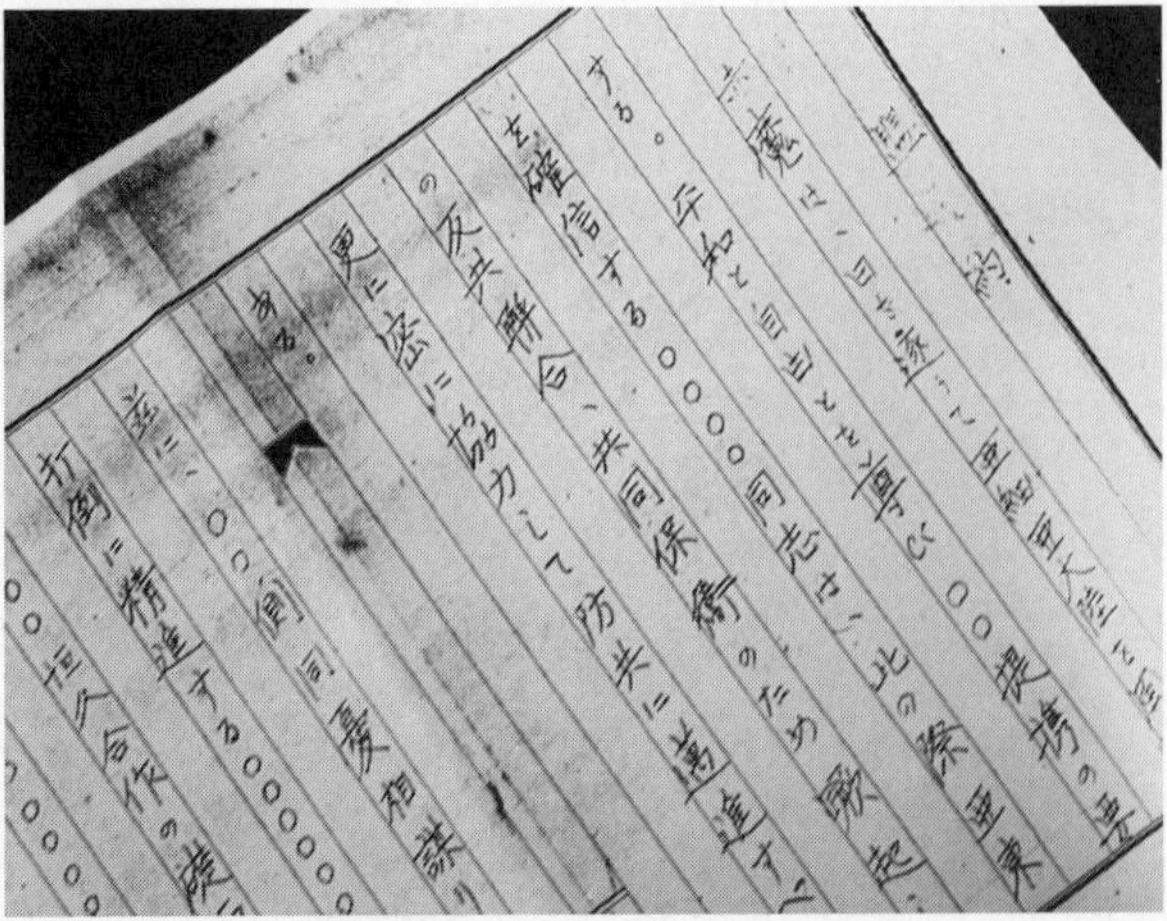

白団の「盟約書」（著者撮影）

1　一九四九年九月十日

赤魔打倒

「日本軍人の力を借りて共産党に対抗する」

その蔣介石の秘策が結実した日付は一九四九年九月十日として記録されている。日付までわかっているのは、「盟約書」が交わされたからである。

東京・高輪《たかなわ》で、日本と中華民国国民政府の関係者がひそかに集まった。GHQや日本共産党の目を逃れるため、選んだ場所は小さな旅館だった。集まった人間たちは、畳敷きの狭い部屋に向かいあった。玄関の外には、王亮《おうりょう》という中華民国日本代表部の駐在武官が立ち、万が一の事態にたいする警戒にあたっていた。

日本政府が受諾したポツダム宣言は、その第六項において「軍国主義者の権力および勢力を永久に排除する」という方針を定めている。GHQは日本政府に職場からの戦犯・元軍人・戦争協力者の追放を指示し、一九四六年、日本政府は公職追放令を発令した。

元軍人が外国政府に雇用されることは、日本における公職とは言えないが、ポツダム宣言の精神に反する行為に等しかった。

さらに、当時の日本では海外渡航が厳しく制限されており、政府派遣など特別な理由がないかぎり、民間人が外国に行くことは認められていなかった。

白団の結成は、当時、あらゆる意味で、違法性がきわめて濃厚だった。

「赤魔は、日を逐《お》うて亜細亜大陸を風靡する」

旧日本軍人たちが決死の覚悟で署名した「盟約書」の冒頭部分は、現代に生きる私たちからすると、いささか滑稽に感じる大げさな言葉で始まっていたが、当人たちはきわめて真剣だった。中国大陸喪失という土壇場に追いこまれている危機感が、筆を握る者たちのレトリックを過剰にしたのはまちがいない。

「赤魔」とは共産主義、あるいは中国共産党を指している。中国大陸の覇権をめぐる「国共内戦」の趨勢は決していた。国民政府の首都・南京や上海などは占領され、共産党が中華人民共和国の建国を宣言するまで三週間に迫っていた。

盟約書には、国民政府代表と旧陸軍軍人の手によりサインが書きこまれ、存亡の危機にあった国民政府の命運を救おうとするプロジェクトが始動したのである。

私の手元には、この盟約書の原文コピーがある。

冒頭の盟約書の署名欄には、次の順にサインが残っている。

中華民国国民政府の駐日代表者　曹士澂《そうしちょう》
応聘者の代表　富田《とみた》直亮《なおすけ》
保証人　岡村寧次《おかむらやすじ》

白団結成に向けて準備に奔走してきた曹士澂の名前が最初にあった。

そして保証人は、岡村寧次。

日本側の「応聘者の代表」に名前を連ねた富田直亮は、のちに白鴻亮と呼ばれ、白団の名称の由来となった男である。

盟約書の原文は、縦書きで二十六行の原稿用紙一枚のみ。冒頭は、こんな書き出しで始まっている。

盟約
一　赤魔は、日を逐うて亜細亜大陸を風靡する。平和と自由とを尊び○○提携の要を確信する○○○同志は、此の際亜東の反共聯合、共同保衛のため蹶起《けっき》し、更に密に協力して防共に精進すべき秋《とき》である。

茲《ここ》に、○○側同憂相謀り欣然として赤魔打倒に邁進する○○○○○○○○の招聘に応じ以て○○恒久合作の礎石たらんことを期する。
二　之が為○○○○○○○○は、喜んで左記の通りの契約をなし、もって応聘者の家族の安定を図る。

各所に○○で伏せ字がしてあるのは、この文書が流出しても誰が作成したのかわからないようにするための機密保持措置だった。

最初の○○は「日中」、次の○○○○は「日中両国」。二つ目の○○は「日本」、次に八個並んでいる○は「中華民国国民政府」。三つ目の○○は「日中」、最後の○の八つ並びはふたたび「中華民国国民政府」と読み解くことができる。

まるで傭兵の契約書
「盟約書」の付帯文書として「契約書」も作成された。

第一条は「乙は甲の○○顧問とする」。

第二条は「契約期間は、一年とする」。

そして第三条は、「乙の勤務地は、〇〇〇〇とする」。〇〇は「軍事」、〇〇〇〇は「台湾本島」である。

第四条には、国民政府側は白団メンバーにたいし、日本における旧階級相当の待遇（給与）を与えるとし、日本を出発した日から日本に帰国する日まで衣食住を提供するとしている。

第五条は、国民政府側が出発手当（支度金）や留守宅手当、離任手当などを支給することを定め、第六条は国民政府側が日本軍人たちの「心身の安全を図る」こと。第七条では、事故その他勤務に起因して死亡するか、重度の障害を負った場合、家族にたいして「相当の補償を行う」と定めている。

最後の第八条では「連合国軍最高司令官総司令部及び日本政府の諒解について」、国民政府側がその交渉の任にあたる、と定めている。

さらに、この契約書には、白団メンバーにたいする具体的給与の金額、家族へのケアなどを定めた「附属諒解事項」まで存在している。まるで傭兵の契約書である。「附属諒解事項の第二条」では、契約の締結に際して、白団メンバーは台湾側から出発手当として日本円で団長は二十万円、団員は八万円が支給される、とある。さらに第三条では、留守宅手当として「契約締結の日から日本内地帰還の日まで」、一カ月につき三万円が払われ、契約満了時には離任手当として五万円が保障されている。当時（昭和二十五年）の大卒平均初任給が三千円であるから、抜群に好待遇であることは明らかだ。手厚さを感じさせる記述はほかにもいろいろある。

附属諒解事項の第五条では、勤務を原因とする病気や負傷については台湾側が金銭的負担も含めて治療をおこない、日本に移送することも責任をもつとし、日本帰還後の治療費および治療中の家族の生活費まで、台湾側が面倒を見ることになっている。同じく第六条には、戦闘その他によって心身に危険が生じる恐れがある場合には、台湾側は白団メンバーを「原則として日本内地、已む得ない場合には、その他の安全地帯に待避させる」としている。これは、台湾が共産党軍の攻撃を受けて戦場となることを想定していたことをうかがわせる内容である。

明治三十二年生まれの陸士三十二期生

この盟約書が交わされた場所に出席していたのは、日本側は、岡村寧次、小笠原清、富田直亮のほか、以下の十一名だった（なお、瀧山三男が台湾に渡航した記録は残っていない）。

佐々木伊吉郎《ささきいきちろう》・元陸軍大佐（陸士三十三期）
瀧山三男《たきやまみつお》・元陸軍大佐（陸士三十四期）
鈴木勇雄《すずきいさお》・元陸軍大佐（陸士三十六期）
守田正之《もりたまさゆき》・元陸軍大佐（陸士三十七期）
杉田敏三《すぎたとしぞう》・元海軍大佐（海兵五十四期）
酒井忠雄《さかいただお》・元陸軍中佐（陸士四十二期）
内藤進《ないとうすすむ》・元陸軍中佐（陸士四十三期）
伊井義正《いいよしまさ》・元陸軍少佐（陸士四十九期）
河野太郎《こうのたろう》・元陸軍少佐（陸士四十九期）
藤本治毅《ふじもとはるき》・元陸軍大佐（陸士三十四期）
荒武国光《あらたけくにみつ》・元陸軍大尉（陸軍中野学校卒）

私がもっているコピーでは、全員の印鑑が押されている。過去に白団を紹介した文章のなかには「血判」との記述もあるが、そういうことはなかったようだ。

この場の主役は、岡村でもなく、曹士澂でもなく、これから台湾に赴く富田だった。富田については、日本軍人の現地のトップであり、白鴻亮という中国名が「白団」

といういささか神秘的な名称の由来にもなっていながら、あまりくわしく語られることがなかった。

富田は一八九九（明治三十二）年熊本県生まれで、陸士三十二期生。同期のあいだで「天才」と呼ばれるほど軍略に通じ、アメリカに留学して駐米武官にもなった。いわゆる中国語を学んだ支那通軍人ではなかったが、中国戦線に派遣され、広東方面に展開した第二十三軍の参謀長で終戦を迎えた。中国南方の情勢に通じていることが、団長任命の理由のひとつでもあった。

日本に復員してからは知人といっしょに会社経営をしていたが、白団のトップとして白羽の矢が立ち、台湾行きを決意することになった。白団のトップには当初、別の人物を推す声もあったが、さまざまな事情で実現しなかったとされている。

富田はヒゲをはやしていたが、中国ではヒゲが日本人の代名詞になっていたので、曹士澂から剃るように頼まれたという。白という名前は共産党の「紅」に対抗する意味も含まれ、鴻亮の「亮」は有名な中国の軍師、諸葛亮（諸葛孔明）とも重なるので中国側には好評だった。

富田の息子の重亮《しげあき》は、現在、ニューヨークに暮らしている。

一九三七（昭和十二）年生まれで、日本の大学を卒業後、台湾の名門・台湾大学で修士を取り、その後、ニューヨークのコロンビア大学を卒業。国連に入り、国連人口基金などでキャリアを重ね、国連開発計画（UNDP）の事務局長まで務めた。国連を離れると、北京大学で五年間、国際関係論を教えた。台湾大学でマスターした中国語が役に立ったかたちだ。いまは富田財団の理事長を務めながら、水戸の自宅にもときどき戻ってきており、私も水戸を訪ねて話すことができた。

物心ついたときから父親は中国戦線で戦っていた。帰国後もすぐに台湾に飛んだため、父親についての記憶は成人して台湾大学に通うようになり、台湾で顔を合わせるようになってからだという。

重亮は父親に記録を残していないのか尋ねたことがあった。富田は「記録は中国人の十八番だ。彼らに任せておけばいい」と答えたという。基本的に、ロープロファイルに徹する人物だったのであろう。

先遣隊

最初の段階で盟約書を交わしたのは十七人に達した。そのなかに荒武国光という男がいた。中国名は林光である。

富田は、先遣隊としてこの荒武と十一月、「GHQの情報員」という怪しい渡航許可を手に香港経由で台湾に向かった。身分詐称の書類は、中華民国日本代表部が整えてくれた。香港までは飛行機で飛び、香港に台湾から船が迎えに来ていた。

一九四九年十一月三日の蔣介石日記には、たった一行、こう書かれている。

十時に富田直亮らと会い、その任務を指示し、慰労する。

この記述が、白団のリーダー、富田直亮と蔣介石の最初の出会いを証明するものだ。富田らは台北・陽明山にある蔣介石の執務室を訪れた。

富田に与えられた任務とは、中国西部に向かうことだった。蔣介石日記によれば、十三日にはふたたび蔣介石は富田を呼び、お茶を飲みながら歓談している。

そして富田は荒武をともなって台湾から軍機で重慶に向かい、同じく重慶入りしていた蔣介石に再会する。共産党との西南戦線の指揮を頼まれ、最前線に赴いた。

荒武は宮崎県三股町出身で、陸軍中野学校を卒業した筋金入りの情報将校だ。中国戦線で、富田といっしょに働いたこともある。白団唯一の中野出身者でもあり、白団での任務を終えたのちには自衛隊に加わっている。

荒武は、みずからの重慶行きについて、長文のメモを残している。かぎられた知人だけに渡していたらしい。筆者はある自衛隊関係者から入手した。以下荒武メモと呼び、これにもとづいて、富田と荒武の重慶での作戦参加のようすを再現してみたい。

重慶に向かう

富田と荒武は十一月十五日、重慶に向かうため、台北の松山空港を飛び立った。しかしこの日は天候が悪く、台北に引き返した。

翌日、ふたたび二人は軍用機に乗りこみ、天候の悪い福建省沿岸を迂回して南下し、広西省の柳州に向かった。

機中の心情を荒武はこんなふうに記している。

「第二次大戦中多くの中国民衆に与えた苦痛と被害に対する償いの一端として働いておるのだという自慰の思いに更けった」

柳州の町は桂林方面の戦線を放棄した白崇禧《はくすうき》将軍の軍隊車両であふれていた。町には「戦火の迫る圧迫感」が漂い、敗色濃厚の国民政府発行の紙幣は通用せず、銀貨のみが使えた。

富田と荒武は柳州で一泊し、翌日重慶に向かった。重慶の空港に着くと、総統府差し回しの乗用車が待っており、宿舎となる重慶郊外の洋館に案内された。翌日、二人は蒋介石に会う。

荒武メモによると、この場で蒋介石とは「温和な如何にも慈愛あふるる顔をされ絶えず好々（HAO、HAO）と小声で言われて握手」を交わし、二人にたいするねぎらいの言葉をかけられ、同席している参謀から軍事情勢について説明を受けた。

蒋介石日記にも、このときの富田との会話の一端が記されている。

白鴻亮と面会した。彼の西部戦線における敵性と地形の判断は甚だしく正確だ。

（一九四九年十一月十八日）

翌十九日、富田は最前線の敵情視察のため、偵察機に乗って出発したが、四川特有の濃霧のため、視界不良に陥って引き返した。二人の居室の隣には作戦室があり、蒋介石が臨席しながら富田の意見を聞いた。

二十日には早朝に起きて、二人の武官にともなわれ、重慶東方にある南川の最前線部隊を視察・指導するため、車に乗った。南川の軍司令部に着き、羅広文《らこうぶん》という軍長（司令官）に会う。羅軍長も日本の陸士出身者で、日本語も多少話せたという。そこで軍の配備状況や作戦計画などを聞いたのだが、多くの点で荒武は悲観的な感想をもたざるをえなかった。

司令部の作戦室はきわめて貧弱で、さらに敵情の情報があまりにも不十分で幼稚な内容だったからだった。

富田らは翌日最前線を視察したうえで、今後の作戦構想を考え抜いた。ところが夜が明けると情勢が一変していた。重慶の国防部より後方への撤退が指示され、羅軍長は戦線を放棄して、重慶に戻ることを決めていた。

荒武は「軍隊士気の著しく低下した事」と、「指揮官の意志のもろさ」について強い不満を感じた。富田も荒武も「天然の地形は守りに有利なもので、戦おうとすれば戦えたはず」と思ったが、どうすることもできなかった。

二十三日に重慶に戻った後、富田は戦況についてひとつの結論を出した。共産党軍は東からは長江に沿って迫り、南からはビルマルートを通じて北上し、北からは漢中より南下してきていた。富田はこの状況下では「一度四川盆地（重慶、成都地区）に敵を入れては勝算がなく四川盆地に入る前に攻勢に出なければ駄目だ」という意見だった。

こうした観点に立って、富田は睡眠もあまり取らずに作戦構想をまとめて書面にしたため、蔣介石に具申している。

富田の指摘にたいして、国民政府軍の参謀たちは感銘を受け、富田の宿舎まで頻繁に訪ねてきて意見を求めるようになった。荒武は「隣国の日本人が生死を超越して参加してくれた厚い友情で感銘を与えた事で重大な意義があった」と記す。そして、その後の白団プロジェクトの推進についても、この体験は大きく役に立ったとしている。

国民党の大陸喪失

しかし戦況は悪くなる一方で、重慶の防衛線の一部が共産党軍に突破され、近づいてくる砲撃の音が重慶の運命を予言していた。二十七日、二人は蔣介石によって呼び出される。告げられたのは、明朝の飛行機で台湾に帰るようにという指示だった。このとき蔣介石のようすはやつれたように映り、心労の大きさを感じさせた。

「重慶まで来ていただき、まことにご苦労をおかけした」

「お役に立てず、申しわけありませんでした」

蔣介石と富田とのあいだではこんなやりとりが交わされた。

すでに戦況は手の打ちようがない状況で、重慶の放棄を蔣介石は決意していた。多くの部隊の寝返りもあって国民政府軍は崩壊し、十二月十日には蔣介石自身も含め、国民政府は中国大陸から完全に撤退し、富田らも早々に台湾に戻っている。

富田と荒武は国民党の大陸喪失の最後の瞬間を目撃した数少ない日本人となった。貴重な体験だとは言えるが、当初白団結成の目的であった国共内戦における国民党軍の救世主となるには遅きに失した。この時点で、白団は、大陸での戦闘から、台湾の防衛や大陸反攻のサポートへと、その存在理由が切り替わったのである。

当然の帰結として、富田と荒武を除いた残りの十五人は神戸から台湾に直接向かうことになった。十二月七日、岡村から蔣介石への手紙を携え、バナナボートの〈鉄輪号〉に乗って横浜港を出発した。当時、台湾から日本に運ばれるバナナは戦後日本においてあこがれの贅沢品として愛好されていた。

白団の盟約書が結ばれてから、富田やその他のメンバーが出発するまでに二カ月の時間が過ぎていた。通常ならば渡航準備などでその程度の準備期間は設けられて当然だが、土俵際に追い詰められた国民政府にそのような余裕があったとは思えない。

そこには、ひとりの日本軍人の台湾渡航問題が絡んでいた。

2　古寧頭の戦いの謎

伝説的存在

その人物は元陸軍北支那方面軍司令官・根本博《ねもとひろし》中将。大きな身体、イガ栗頭に丸い眼鏡をかけ、人なつっこい笑顔を浮かべて誰とでも打ち解ける性格。謹厳実直で抑制された感情表現を典型とする陸軍軍人のなかでは異質の人材だった。

根本の知名度はほかの白団メンバーよりも高い。それは、根本自身がみずからの体験を戦後の日本で積極的に語ってきたことによるところが大きく、その意味では、終始、沈黙を守ってなにも書き残さなかった富田直亮とは対照的である。

過去、根本についての著作としては小松茂朗『戦略将軍　根本博――ある軍司令官の深謀』（光人社、一九八七年）があるほか、最近では、作家の門田隆将《かどたりゅうしょう》が二〇一〇年四月に出版した『この命、義に捧ぐ――台湾を救った陸軍中将根本博の奇跡』（集英社）でもその活躍はくわしく取りあげられている。

根本については、白団と同一のものとして位置づける誤解もあったが、基本的に白団と根本は台湾渡航の経緯から人脈にいたるまで、別系統のものである。白団の渡台は高レベルでの組織的計画だったが、根本は個人的、ゲリラ的なものだった。ただ、苦境にあった蔣介石を助けるために台湾に渡ったという動機は同じである。

根本は一八九一（明治二十四）年、福島県須賀川市仁井田に生まれた。会津藩の旧領地であり、戊辰戦争で敗軍とされた人びとが暮らす土地だった。父は教員だったが、家では農業も営んでいた。陸士二十三期を卒業し、陸大を経て、陸軍内の支那通として養成された。

北支那方面軍司令官兼駐蒙軍司令官として終戦を迎え、一九四六年八月に日本に復員していた。終戦直後、日本軍の武装解除をあえて遅らせることによって北支方面にいた三十五万将兵と四万民衆の生命をソ連の参戦から守った勇敢な行動は、根本の伝説として語り継がれている。

以下は、主に根本自身の手記や、台湾から帰国後に受けたメディアのインタビューなどにもとづいて、根本の台湾渡航の状況を再現したものである。

「釣りに行ってくる」

東京で晴耕雨読の生活をしていた根本の元に李《り》銓源《せんげん》と名乗る若者がひょっこりとあ

らわれた。国民政府の傅作義将軍の使者と名乗り、「台湾に渡って戦争の指揮をしてほしい」と頼まれた。傅作義は根本と直接戦ったこともある敵将だったが、戦後処理のなかで交流を重ねた経験があり、根本もその人間性については信頼を置いていた。ただ、傅作義の依頼という話自体が虚偽だったことがのちに明らかになる。

一九四九年五月八日、根本は釣竿を肩に「釣りに行ってくる」と言い残して自宅を去り、陸士二十四期の吉川源三ら八人で東京駅から九州に向かった。六月に入って宮崎から小型漁船で台湾に渡ろうとしたが、途中で遭難しかかり、米海軍に沖縄で救助されるなどしたが、けっきょく、台湾の北部にある基隆《キールン》に上陸することができた。

しかし、台湾側になんの連絡も入っていなかったため、根本ら一行は警察に拘束されてしまう。一カ月後、湯恩伯将軍の仲介でようやく解放されるが、突然の来訪者である根本たちをどのように扱うべきなのか、台湾側でも困惑が広がり、根本以外のメンバーは日本に帰国させられた。このとき事態の収拾に動いたのが曹士澂だった。

根本の問題は渡航のトラブルが報じられて一九四九（昭和二十四）年十一月十二日の参議院本会議で取りあげられた。日本では多くの雑誌に推測を交えた「台湾義勇軍」のストーリーがあふれ、白団計画が表に出ないよう関係者たちはしばらく神経を使わざるをえなくなる。

根本はこの年の八月から湯恩伯将軍の個人顧問となったが、すでに国民党は崩壊局面に入っていた。上海からアモイまで次々と大都市が共産党軍に陥落させられ、台湾以外で残すところは金門《きんもん》、馬祖《まそ》などの島々しかなかった。大陸反攻のための足場を残しておくには、とくにアモイに近接する金門を蔣介石は失うわけにはいかなかったが、金門陥落は誰の目にも時間の問題と映った。

十月二十五日深夜、共産党軍は金門島古寧頭《こねいとう》海岸への上陸作戦を開始した。防衛作戦は当初、水際において上陸を阻止することが検討されたが、根本の手記などによると、正面衝突となることを不利と考えた根本の助言によって、上陸させてから殲滅《せんめつ》する作戦に変更されたという。

国民政府軍は海岸から少し離れた高台に陣取り、共産党軍が上陸したのを待ち受けていっせいに火力を集中した。これまで連戦連勝だった共産党軍にも気のゆるみがあったのだろう。共産党軍は混乱に陥り、上陸に使ったジャンク船は焼き払われ、数万人が捕虜になるという、国民政府軍の大勝利に終わった。

この戦いは、国民党にとっては、干天の慈雨どころではない意味をもった。連戦連敗だった国共内戦において、久々の大勝利を収めることができ、低落していた士気の鼓舞に役立った。同時に、この金門島での勝利によって共産党は台湾攻撃へ態勢立てなおしを余儀なくされて国民党は時間を稼ぐことができ、結果論ではあるが、朝鮮戦争の勃発によって米軍が台湾海峡へ介入することで、中台分断が固定化される。もしこのときに金門が共産党の手に落ちていれば共産党の「台湾解放」は朝鮮戦争前に実現していたかもしれない。

現在も、金門は、台湾の支配領域に入っており、緊張は緩和したとはいえ、中台の最前線としての地位は変わっていない。その意味で、この古寧頭の戦いの歴史的意義はきわめて大きい。

なぜ記述がないのか？

台北から飛行機で一時間ほどの金門に飛ぶと、いまもこの古寧頭の戦いをふりかえる記念館を見学することができる。蔣介石がジープに乗って兵士たちの勝利をねぎらう巨大な宣伝画が掲げられている。

この記念館には、根本についての紹介がいっさいない。それどころか、指揮官で、根本が補佐していた湯恩伯将軍にかんする記述すらないのである。

この不思議な状況からひとつの疑問が浮かびあがる。それは「ほんとうに根本は古寧頭の戦いにおいて、決定的な役割を演じたのか」という問題である。

台湾の国防部の正史においても根本の事績は記載されていない。そのため、国防部の関係者は総じて金門戦役での根本の功績を高く評価することに消極的である。白団が国防部の公式文書に記述され、歴史のなかで「定位置」を確保していることと比べると、大きな違いである。

門田はその著書のなかで、根本の功績が「消されている」として、その原因を湯恩伯将軍がライバルの陳誠《ちんせい》将軍との権力闘争に敗れたことに求めている。湯恩伯をサポートした根本の貢献までが湯恩伯といっしょに歴史の闇に葬られてしまったという見解である。

たしかに湯恩伯は陳誠との出世レースで後れを取って左遷されている。ただ、その原因は陳誠との権力闘争というよりも、湯恩伯みずからの軍事的、政治的失敗にあったとする見かたが台湾の学界では一般的だ。

中国大陸喪失の際に湯恩伯が連戦連敗だったことはすでに述べたが、その失脚を確定的にしたのは台湾省行政長官を務めた陳儀《ちんぎ》との関係であった。陳儀は湯恩伯の同郷の先輩で、行政長官に就任したのも、湯恩伯の推挙があったからだと言われる。陳儀

金門にある「古寧頭の戦い」の記念館
兵士たちをねぎらう蔣介石の姿を描いた画と彼が乗ったジープ（著者撮影）

も湯恩伯と同じ日本留学組で、日本通として軍内では知られていた。

　この陳儀は一九四七年、いわゆる「二・二八事件」を起こす。二・二八事件は、台湾人の抗議行動にたいし、国民党政権が逮捕状もなく多数の台湾人を連行し数万人を虐殺したとして、台湾の民衆から現在も国民党が憎悪される最大の理由となっている。

　ただ、蔣介石日記のなかで、蔣介石は二・二八事件をめぐる台湾情勢の悪化について頭を悩まし、くりかえし台湾の混乱を招いた陳儀への不満を書き記している。蔣介石は陳儀が共産党への寝返りをはかっているとの情報をもとに陳儀を更迭し、湯恩伯にそのことを告げる。湯恩伯は蔣介石に陳儀の助命を嘆願するが、蔣介石は「見せしめ」として陳儀の処刑を決めた。

その間、湯恩伯への蔣介石のいらだちは頂点に達し、「二度と顔をみたくない」と蔣介石に思われるほど、湯恩伯は嫌われてしまう。

軍内での生き残りの道を絶たれた湯恩伯は日本への病気治療による渡航を蔣介石に求めるが、「国内で治療せよ」と相手にされず、病状がかなり悪化した時点でようやく日本での治療が認められた。しかし、日本で入院したが時すでに遅く、五十五歳の若さで死去している。


それが勝利に直結するような献策だったのかといえば……


そんななかでも湯恩伯と根本の友情は続いており、日本の入院先で根本は連日のように病床の湯恩伯を見舞っていた。

これだけ親しい二人なのだから、金門で湯恩伯がほんとうに指揮を執っていれば根本の貢献も本物であった蓋然性が高くなる。湯恩伯が指揮を執っていなければ、根本の貢献も根本自身の想像の産物か、あるいは誇大化されている可能性が出てくる。

湯恩伯の軍隊は軍紀が乱れて統制が取れておらず、戦闘が弱いことで知られ、国共内戦でも連戦連敗だった。それでも蔣介石は湯恩伯への温情を失わず、上海防衛戦を任したがここでも手ひどく敗北を喫する。さらに福建省の拠点、アモイを放棄したあと、湯恩伯は蔣介石にたいしてみずから司令官の交代を申し出たが、蔣介石からは叱責に近い調子で「最後まで司令官の交代は許さない。金門を死守せよ」と命じられた。

金門防衛の司令官となった湯恩伯だが、金門の戦闘のクライマックスとなる古寧頭の戦いの直前、湯恩伯は司令官の地位を胡璉《これん》という将軍に交代させられた。

金門戦役に関する『無法解放的島嶼』という歴史ノンフィクションを書いた、金門在住の作家・李福井《りふくせい》によれば、湯恩伯と胡璉の任務引き継ぎの時期にちょうど古寧頭の戦いが重なり、その結果、指揮権のありかたが曖昧になった可能性がある、という。

李福井の見かたでは、戦役の前半は湯恩伯がまだ指揮を執っていたが、その最中に胡璉が指揮権を引き継いだのだという。のちになって胡璉サイドでは、金門戦役の功績は自分たちにあると主張し、湯恩伯のかつての部下たちは激しく反論するなど、双方で言い争いとなって現在まで定説が定まっていないというのである。

ただ、胡璉の部下も回顧録では、胡璉が任務についたときに戦場で「湯恩伯将軍の日本人顧問・根本博に会った」と書いていることから、根本が戦場にいたことには疑いをはさむ余地はない。しかし、どこまでの貢献があったかについては証明できる資料の手がかりは見あたらない。

二〇一三年に金門を訪れた私にたいし、李福井は根本の問題にこんな見解を語った。

「この問題は、湯恩伯将軍の影響力をどう見るかで判断が変わってきます。当時、湯恩伯はまだ指揮官の立場にありましたが、すでに実権は部下に渡されており、象徴的な立場にすぎませんでした。根本という日本人が、蔣介石総統の恩義に報いるために馳せ参じてくれたのは事実でしょう。そのなかで、古寧頭の戦いでなんらかの役割を果たしたとしても、それが勝利に直結するような献策だったのかといえば、当時の湯恩伯の影響力を考えれば、必ずしもそのようには思えません」

民主化されて情報が公開されている台湾で、もしも明確な史実であるなら、当時の軍内の派閥対立がどのようなものであったとしても、完全否定することはむずかしい。私自身も、根本の役割については、この李福井の見解が、妥当な線ではないかと感じているが、よりくわしい歴史史料の発掘による事実の確定を期待したい。

3　さながら「軍師」

軽生楽死こそ武士道の真髄なり

白団の活動が始まると、蔣介石はみずからも足繁く、授業に通っている。

白団リーダーの富田もしばしば教壇に立つことがあった。

富田の戦術に関する授業を受けたことがある元台湾軍人が語ったところによれば、こんなことがあったという。

「富田さんは突然、聴講生の襟首をつかみ、殴る真似をしたんです。みんなびっくり呆然としていると、『戦争とは、敵を拘束し、攻撃することだ。敵を逃げられないようにしてから攻撃すれば大打撃を与えることができる』と富田さんは説明しました。それでわれわれは作戦の根本的概念を理解することができました。これまで、これほどわかりやすいかたちで、戦争というものを教えてくれる教官は国民党の軍のなかにいませんでした」

富田の講義が蔣介石に深い影響を与えていたことが、一九五〇年の日記の記述から読み取ることができる。

四時に軍訓団に行き、白鴻亮が武士道の歴史について講義するのを聴いた。はなはだ有益だった。（一九五〇年九月二十六日）

続く二十八日、そして三十日にも、蔣介石は軍訓団に通い、武士道の講義を聴いた。

午後十四時に圓山《まるやま》に行き、武士道の歴史を聴く。はなはだ良い。学生と面会する。（九月二十八日）

午後二時に圓山で二時間にわたって武士道のクラスを聴く。はなはだ良い。（九月三十日）

武士道について、蔣介石は日記にこんなことも書いている。

日本武士道と中国の正気の関係について。

武士道（安部正人編）を読む。（ともに一九五〇年十月五日）

白鴻亮総教官が武士道について講義したことは、学生たちにとって暗闇の世界における光のようなもので、慰めとなった。（一九五〇年十月七日）

そして、武士道について自分なりに考察を加えた結果、ひとつの結論にたどりついたようで、蔣介石は十月九日の日記にこう書いた。

軽生楽死こそ武士道の真髄なり。（一九五〇年十月九日）

「軽生楽死」は読んで字のごとく、生にこだわらず、死をおそれない、という意味だ。

「ほんとうに愉快だった」

富田は、しだいに蔣介石にとって「軍師」のような存在になっていった。

午後に軍訓団に行き、白鴻亮の戦争科学の講義を三時間聴く。

白鴻亮の戦争科学と戦争哲学の講義を、計六時間聴いた。

（一九四九年十月十八日）

（一九四九年十月十九日、先週の反省録）

さらに、日記には蔣介石と富田との、こんなやりとりが頻出する。

白鴻亮こと富田が定めた各種方法と計画について承認した。

（一九五〇年三月十八日）

「各種方法と計画」とは、人民解放軍の台湾攻略に抵抗するための抵抗作戦であろう。

白教官（筆者註：富田直亮）と単独で話しあい、今後の国防の重要施策と陸海軍の建設のやりかたを討論する。装甲兵を建軍の重点とすることを決意する。

（一九五〇年九月十四日）

若い軍官たちの前で、富田を手放しで称賛することもあった。

午前、訓話で日本軍教官の白鴻亮は朱舜水《しゅしゅんすい》のようなものだと称賛した。さらに呉
樹にたいし、教官に特別の優遇・尊重をするよう命令した。
（一九五〇年六月二十七日）

朱舜水とは、中国・明時代の儒学者で日本にも渡って尊敬を集めた人物だ。

正午、亮晴（筆者註：富田直亮とのまちがい）と時局を議論す。
（一九五〇年七月二日）

苗栗《びょうりつ》で白鴻亮教官の演習にたいする講評を聴く。その誠実さはじつに感動的だ。
一般の軍官の学業にとっておおいに益となる。
（一九五〇年八月十六日）

富田が一時的に帰国してから戻ってきたときなどは、いかにも安心したようすで、

白鴻亮が日本より戻ってきたので呼び出して面会する。(一九五一年五月一日)

などと書いているところはほほえましく感じる。富田は、事実上、蔣介石の個人的な軍事顧問、あるいは軍師的な役割を負わされていたのだろう。

蔣介石は非常に短気な人間であり、部下や側近は蔣介石が突然、「発脾気(癇癪を起こす)」することに恐れおののいていた。だが、旧日本軍人たちの蔣介石にたいするイメージはきわめてよく、「穏やかで人格者」というふうに映った。

蔣介石も富田ら白団の旧日本軍人と会うときはリラックスしており、「三十二師団の日本人教官三人とお茶を飲み、おおいに笑って、ほんとうに愉快だった」(一九五二年一月三日)などと書き残している。配下の将軍たちと面会した際に「ほんとうに愉快だった」などと書いた記述は、私が日記に目をとおしたかぎり、一カ所もない。

特攻隊?

富田は一九五〇年一月、日本の特攻隊を想像させる提案を、軍訓団教育長の彭孟緝《ほうもうしゅう》に提出している。「国史館」に保管されている彭孟緝から蔣介石あての「空軍突撃隊の編成に関する意見」と題した文書は、富田が立案した内容を具体的に紹介している。

一、空軍で三十一機を用意する（二十五機を作戦機、六機を予備機に）。
二、各機五百ポンドの爆弾一個、百ポンド爆弾六個を搭載し、百発百中であるので、一機につき七隻の共産党の船を爆破できる。二十五機が出動すれば、百七十五隻の船を爆破できることが可能である。
三、全体は、佐官と士官八十二名からなり、必要に応じて、日本で募集もできる。
四、当該チームは空軍総司令部に属する。

このチームは、「突撃によって敵艦船を爆破するためのもので、すなわち第二次大戦末期、日本が用いた『神風特攻隊』である」とされており、「白団長（筆者註：富田）が言うには、中国空軍の能力はきわめて優秀であり、あくまで参考として採用を検討してもらいたい」と結ばれている。

けっきょく、この神風特攻隊案は用いられることはなかったが、富田が日本で応募者が集まるかもしれないと考えていたところも興味深い。

リーダー交代で大激論

ところで、白団の運営が軌道に乗り、朝鮮戦争の勃発によって共産党軍の台湾攻撃が遠のくと、根本を富田にかわって白団のリーダーにつけるかどうかという話がもちあがり、白団内部で大激論となった。

根本は実戦指揮官として力を発揮するタイプの軍人だ。すでに共産党との戦闘がほとんどなくなるなか、根本の取り扱いについては、台湾側も頭を悩ましていた。根本の白団起用のアイデアは台湾側から打診があったと見られる。

陸軍における最終軍歴は根本が中将だったのにたいし、富田は少将。年齢的にも根本は一八九一年生まれで、富田は八つ年下の一八九九年生まれ。こうした点を考慮すれば、当然、根本が富田の上官に就くことは自然なことに思える。

しかし、曹士澂ファイルによると、白団内部で会議を開いたところ、複数の人間から反対の声が上がり、とくに強硬だったのが、本郷健（中国名・范健《はんけん》）だった。

「根本中将は、われわれと台湾に来た理由も状況もまるで違う。白団のリーダーにはふさわしくない。白団のリーダーは富田少将であるべきだ」

会議の席上、本郷は大声で怒鳴ったという。

なぜ本郷がここまで強硬に根本リーダー案に反対したのか不思議であった。本郷はすでに物故しており、確かめようがない。

ただ、本郷の経歴を洗ってみると、曹士澂ときわめて近い関係にあったと推測できる。二人は陸軍士官学校の同期のうえ、陸士卒業後はともに兵庫県の篠山《ささやま》連隊に配属されている。長期にわたって衣食住をともにした二人は深い友情で結ばれたにちがいない。本郷が白団に呼ばれたのも、曹士澂の推薦だった可能性が高い。

根本の派手な行動で、台湾への旧日本軍兵士の派遣という曹士澂が進めた計画が危機にさらされた。曹士澂としては自分が心血を注いで動かそうとしている白団プロジェクトを根本に台なしにされそうになったという思いはあったはずだ。

曹士澂と本郷は深いところでつながっており、曹士澂が本郷に頼みこんで根本排除の発言をしてもらったと考えるのが自然だ。

根本帰国

いずれにせよ、白団参加を白団の総意として拒まれたことにより、台湾残留の道がなくなった根本は、帰国を決意する。

国史館が保管する『蔣中正総統檔案』によれば、一九五一年九月、蔣介石側近の軍人・張群が根本について蔣介石あてに一通の文書を送っている。

湯恩伯将軍によれば、今月二十五日に根本は日本に帰る予定です。まだ公職追放が解けていないので、帰国は秘密にしています。根本は純粋な軍人であり、総統を敬愛し、自由な中国を愛して守ろうというその熱意はまことに得がたきものがあります。これには、適切な温情と慰労を与えるべきではないでしょうか。最後にあなたさまの元に招いてお会いいただくとともに、旅費あるいは生活費を賜りますよう、どうかよろしくお願い申しあげます。

この要望を受けて、蔣介石は一九五二年五月二十三日、根本にたいして、蔡孟堅《さいもうけん》・駐日大使を通じて、一千米ドルを支払うように決めている。

一方で、根本もまた張群を通じて、帰国後のみずからの行動について「帰国後における努力の腹案」と題して、蔣介石にたいして以下の献策をおこなった。

第一期　自由中国と日本との和約を促進し日台菲（筆者註：フィリピン）の連防組織を結成する目的を以て、

一、国府軍改造の実績及実力を要路に説明す
二、在内地遊撃隊の状況を朝野に知らしむ
三、兵工政策、克難運動及美援（筆者註：アメリカの援助）と財政経済の実情を要路に説明す
四、反共抗戦の気勢及男女学生の軍中服務の状況を朝野に知らしむ
五、内地軍民の反攻熱意及之に対する台湾省民の支援は共匪の宣伝を圧倒しあることを朝野に知らしむ
六、日、台、菲の連防組織結成の急務を要路に進言す
七、日本が国民政府と正式和約を結ぶ場合の精神的、道義的影響と実際問題、之に反し国府と中共に対し不即不離の態度を取る場合の精神的道義的影響と実際問題に関する意見を要路に進言す
八、中共の宣伝及第三勢力の雑音を封殺する為中央通信社及華僑発行の新聞を活用す

第二期　中日和約の確信を得たる後は留日学生の保護管理を周到にし共匪側の策動を防止する為め

一、日本政府の文部省、留日中国学生の在学する学校及日華文化協会の援助を受け中国代表団（大使館）を中心として中日協同の留日学生後援会を作る
二、後援会本部を東京に設置したる後留日学生の居住する各地に支部を設置す
三、後援会は単に学生の保護管理のみならず更に進んで卒業後の帰国就職等をも援助す

第三期　留日学生後援会事業を更に飛躍せしめ人種平等、民族平等、国家平等の観念に基き東亜各国人を平等に教育する目的を以て東亜各国協同出資と協同管理の下に先ず日本に東亜国際大学を設置して中国安定せば中国にも之を設立す
一、本大学に於て鼓吹する思想の基本理念は東亜諸邦は絶対平等の立場に於て政治的には相互扶助を目的とし内政は完全独立なるも外交は協調支援を為し　経済的には交換応需を本則とし諸邦人に居住営業の平等待遇を与え資本、技術及減量《ママ》の超国境的合作を為し　軍事的には対外連合を本首《ママ》と集体保安、協同防敵の理想を実現するに在り

ただ、第一期～三期にわかれたこの献策の実現に向けて、根本が積極的に動いた形

跡は見られない。日本に戻った根本が励んだことは、マスコミに向けたパフォーマンスだった。

一九五二（昭和二十七）年八月号の『文藝春秋』は、「蔣介石の軍事指南番」というタイトルで根本の手記を載せた。

密航の経緯から、台湾に渡った苦労、そして、台湾到着後に蔣介石と会い、湯恩伯の軍事顧問に任命されたことなどがドラマチックに描かれている。その豪放磊落《らいらく》な性格もあってか、根本はメディアから追いかけられ、その後も週刊誌の「あの人はいま」的な取材でたびたび取りあげられ、最後まで世を騒がせるタイプの軍人だった。

第五章　彼らの成しとげたこと

向かって右から糸賀公一、岩坪博秀、蔣緯国、富田直亮、大橋策郎、立山一男（大橋一徳氏提供）

1　敗北を奇貨として

軍内の反発

「これまで東洋の国々のなかで、もっとも早く軍事的な進歩を遂げたのが日本であり、努力し、苦労に耐える精神や、勤勉、倹約の生活習慣など、わが国と共通するものがある。そのため、われわれは日本人の教官を招くことにしたのだ。必ずや過去の君たちの欠点をあらためてくれるだろう」

「日本はわれわれと八年間も戦った。われわれを侵略し、われわれの敵だった。われわれが勝った相手を教官にするのは納得がいかないと考えていないか。もしそんなふうに考えているなら、誤った考えかただ。だから開校前に、みなにこの点をはっきりさせたい」

「日本人教官はなんの打算もなく、中華民国を救うために台湾にきている。西洋人の作戦は豊富な物量を前提としており国情に合致せず、技術重視で精神を軽んじるのでダメである」

これらは白団が教官を務める革命実践研究院圓山軍官訓練団の開校にあたり、蔣介石が「訓練団成立の意義」と題して訓示で述べた言葉である。

なぜ、白団を台湾に招かなくてはならないのか。なぜ、敗戦国の日本人に、戦勝国の中華民国が頼らなければならないのか。軍内には当初、そんな不満がうずまいた。かりにも中国大陸で日本軍と抗日戦争を戦い抜いてきた兵士たちだ。昨日の敵を突然、師と仰ぐことにたいし、現場で戦ってきた軍人が簡単に納得できるはずもない。

蔣介石を含め、日本に留学経験がある将校たちは日本の軍事制度や軍人の資質、軍事教育などのすぐれたところを理解していたが、日本経験がない軍人たちにとっては受け入れがたい面があった。陳誠や孫立人《そんりつじん》など中央の軍人たちにも反発が拡がった。

蔣介石はその必要性について重ねて軍の幹部に向けて説明をしなくてはならなかった。冒頭の演説も、その一環だと見ることができる。

蔣介石日記にも、軍内の反発について言及がある。

正午に日本教官を用いることについて、将軍クラスから意見を聴いたが、八年間の抗日心理を忘れ去るのはむずかしいようだ。それもまたいたしかたないところである。そうであるなら、日本人の活用についてはさらに検討を進めなければ

ならない。（一九五〇年一月十二日）

陳誠、孫立人ら軍内でも大物の将軍たちを含め、日本軍人の起用について不満がる部下たちにたいし、蔣介石は地道な説得を重ねていった。

一時間かけて、中国なくして日本は生存できず、日本なくして中国も独立の道を歩めないことを説明した。（一九五〇年二月二十二日）

六時に圓山革命実践院に行き、軍官への点呼で訓話。日本教官を雇うことの重要さと、中日は将来、協力団結しなければならないこと、大アジア主義の必要を説いた。（一九五〇年五月二十一日）

蔣介石の師事する人物は、中国革命の父とされる孫文である。孫文は血の気の多い一青年将校にすぎなかった蔣介石を信用し、軍の指導者に引きあげ、中国のトップに導いてくれた最大の恩人である。その孫文の持論は「日中連携による大アジア主義」だった。

日本とも非常に縁の深い孫文は、一九二四年に神戸で大アジア主義の有名な演説をおこなった。孫文のこの理念が、日本人を用いることについて道義的な正当性を示す際、蔣介石にとって非常に有力な思想的な根拠となっていることが日記の記述からよくわかる。

軍官訓練団（のちの実践学社も）は「地下国防大学」と呼ばれることになり、ここで学んでおかないと将校として出世する望みがなくなるということが定説となったため、入学志願者が殺到したのだが、それは白団の教育の効果が共通認識となった後のことである。

真の国民軍の建設へ

台湾に撤退したとき、国民政府の軍は悲惨な状態にあった。

空軍はまだよかった。敗北を見越して戦力の温存を早期にはかったため、作戦機三百機をほぼ無傷のかたちで台湾に引き揚げることができていた。海軍にしても、アメリカから供与された駆逐艦や日本から接収した海軍艦船などが中心でけっして強力ではなかったが、相手の共産党軍にはまだまともな海軍がなかったため、大きな脅威にはならなかった。

一方、主力である陸軍は敗北を重ねながらの撤退であったため、人員、装備、士気ともに深刻な打撃を受けていた。ところが、蔣介石にとってこの台湾撤退が、従来頭を悩まされてきた陸軍の派閥と腐敗という問題を解決する乾坤一擲《けんこんいってき》のチャンスになったことは、白団の活用という点から考えても、非常に重要なポイントになる。

国民政府の陸軍は、国民党軍が地方軍閥を糾合しながら成長していった経緯から、東北軍、西北軍、桂（広西）軍、山西軍など、地方軍閥の勢力が解消されないまま残った編成となっており、蔣介石でも手を出せない「聖域」ばかりだった。とくに、国共内戦末期に下野した蔣介石の後を総統代理として継いでいた李宗仁、白崇禧などの大物を擁する桂軍系には、蔣介石はなんども煮え湯を飲まされてきた。

蔣介石が権力基盤とした黄埔軍官学校卒業組を中心とする「黄埔系」については、陳誠、胡宗南《こそうなん》、湯恩伯の三大将軍を中心に蔣介石に忠誠を誓う勢力ではあったが、他の旧軍閥勢力を圧倒するところまでは育っていなかった。

加えて、最大の問題は軍の腐敗だった。兵糧を売り払ったり、兵士の数を水増しして手当を懐に入れたりする士官が多く、一九四七年まで続いたアメリカの援助が打ち切られる一因になった。

ところが、台湾撤退によって、弱りきった軍をいちどバラバラに解体して再編し、軍規を徹底するチャンスが訪れたのである。李宗仁はアメリカに逃れ、白崇禧は名誉職のポストに追いやられた。まず蔣介石は各部隊の武装解除をおこなったうえで台湾に撤退したあと、各地方軍閥の兵士を再配置し、再度の結束をはばんだ。

そして、派閥解体の第二段階として蔣介石が導入しようとしたのが、白団による中央集権的な軍事教育だったのである。

蔣介石の念頭にあったのは、近代国家における国民軍の概念であることはまちがいない。

フランス革命によって国民国家という概念が世界に広がり、同時に、国家のために命を投げ出す国民軍が誕生した。日本では明治維新によってこの世界の潮流にどうにか追いついたが、中国は辛亥革命以降も「中華民国の軍隊」の構築がなかなか達成されずに苦しんだ。

蔣介石は台湾への撤退のなかで、真の国民軍の建設に着手しようと考えたのである。そのなかで、軍再建の決め手として利用されたのが白団だった。

蔣介石の凄みとは

日記のなかでは、国共内戦での敗北にたいし、蔣介石が沈思黙考を重ね、反省点を書き連ねている。その多くは軍の能力と統制についてのものだ。

一九四八年九月、すでに共産党にたいして敗色濃厚となっていた状況下、蔣介石は日記にこのように書いた。

軍事、経済、党がすべて失敗を重ね、取り返しがつかない状況にあるのは、政治、外交、そして教育に原因がある。（一九四八年九月一日）

済南《さいなん》戦役の敗北の各種原因を国防部が検討しているが、最大のものは高級司令部の人事と組織にたいして、中央がコントロールと指導ができなかったことにある。（一九四八年九月二十八日）

このころ、すでに蔣介石は敗北の可能性をかぎとり、台湾撤退に向けて、空軍の移転などの準備を進めていた。蔣介石はかつて日中戦争において、中国の奥地に引きずりこみ、「空間によって時間を稼ぐ」という発想で持久戦を展開して、日本軍を苦しめた。

蔣介石は台湾という拠点を使って、共産党にたいして最後の戦いを挑むことを考え、日記にも「終日、苦痛と沈痛と恥辱のなかで時間を過ごし、空間と時間を用いた最後の戦いのことを考えた」(一九四八年十一月七日)と書いている。

蔣介石の凄みとは、徹底した自己反省能力にあると、日記を読んでいて痛感する。苦境において、けっしてマイナスの感情に身を委ねず、起死回生への一歩を踏み出そうとする粘り強さは、敬服に値する蔣介石の長所だと言えるだろう。

一九四九年三月二十八日の日記で、蔣介石は「このたびの失敗の重要な原因について箇条書きとして、今後の反省と改革に生かしたい」というタイトルをつけた。

甲「外交失敗を最大の近因とする」(アメリカの支援中断を指すと思われる)
乙「軍事教育と高等教育の失敗が最大の基因とする」
丙「党内分裂と組織崩壊の失敗が最大の総因とする」
丁「経済金融政策の失敗が実のところの軍事崩壊の総因とする」

以下、十数項目にわたって、失敗の原因を徹底的に蔣介石は列挙しているのだが、二番目の「軍事教育の失敗」という部分が、蔣介石の白団誘致の動機になった。

同じ年の十月にも「われわれの今日の失敗の原因はたくさんあるが、主要な原因は軍の崩壊である。崩壊した理由は、われわれの軍事制度の教育や人事、経理などが不健全であったことにある」と語っている。

尋常ならざる期待と信頼

それにしても、白団結成以後の蔣介石の日記を読んでいると、蔣介石の白団への期待は尋常ではないと感じる。常軌を逸した信頼感といってもよい。

蔣介石はまるで学生のひとりのように、足繁く軍訓団や実践学社に通い、日本人教官による軍事教育授業を夢中になって「聴講」した。

軍訓団で白鴻亮の戦争哲学の講義を聴講した。（一九五一年七月二十四日）

九時五十分に実践学社に行き、日本が太平洋戦争の作戦指導を失敗した原因について聴講した。（一九五三年四月二十三日）

十時に実践学社でアレクサンダー大王の戦史を聴講したが、自分の学識の貧しさと学問の重要性をいっそう自覚した。

（一九五三年九月三十日）

とにかく蔣介石日記には、白団の人びとや活動についての言及がきわめて多い。白団が誕生した一九四九年から一九五四年までの五年間において、私が読んだ蔣介石日記のなかで白団関連への言及は百回以上に達した。この言及の多さこそ、白団への、日本への蔣介石の強い関心を裏づけている。

国民党には当時、有力な将軍たちが何人もいた。陳誠、湯恩伯、孫立人、閻錫山、白崇禧……。いずれも北伐、日中戦争、国共内戦を生き抜いた猛者たちだ。人民解放軍との戦闘経験もあり、蔣介石とのつきあいも長い。しかし、日記を読むかぎり、これらのベテラン大将軍たちと蔣介石が面会することはめったになく、面会しても大半が事務的な協議や報告にとどまっていた。

蔣介石は、日本でも中国でも最高レベルの軍人教育を受けることはできなかった。日本では陸士に入る前に辛亥革命で中国に帰国していた。中国でも蔣介石の若い時代には、すぐれた軍人教育の機関は存在しなかった。そんな劣等感が、アメリカや日本でしっかりとした軍事教育をたたきこまれた将軍たちへのコンプレックスとなり、彼らとの距離を作っていた可能性はある。

実際、蔣介石は、基本的に身内の国民党軍の将軍たちに親近感を抱いておらず、台湾に移って権力基盤を強化した戦後は、こうした将軍たちを徐々に排除していった。対照的に、白団のメンバーたちとは日常的に会い、議論し、食事し、じつにこまめに意見を聴いている。富田直亮とは、蔣介石日記の記述などから判断するかぎり、一九四九年から一九五〇年代前半にかけて毎週のように一対一で話しあっている。富田は、台湾と蔣介石が非常に危険な状況にあったこの時期、蔣介石にきわめて近い軍事アドバイザーのひとりだった。

2 圓山の日々

最初は公的組織

白団の台湾での活動を紹介する本節では、まず、二十年近くにおよぶ白団の歴史を以下の四段階にわけてみたい（本書で言及するのは主としてI期およびII期である）。

Ⅰ期　革命実践研究院圓山軍官訓練団時代……一九五〇～一九五二年
Ⅱ期　実践学社時代……………………………一九五二～一九六三年
Ⅲ期　実践小組時代……………………………一九六三～一九六五年
Ⅳ期　陸軍指揮参謀大学時代…………………一九六五～一九六八年

Ⅰ期の革命実践研究院圓山軍官訓練団時代は、白団の草創期であり、同時に最盛期でもあった。革命実践研究院とは中国大陸における「革命の失敗」の反省のため、国民党幹部の再教育を目的に、一九四九年に陽明山に設立された機関で、政府の公務員や党の中堅はここで一カ月の訓練を受ける義務があった。院長は蔣介石自身であり、「蔣介石の学校」だった。白団による軍人の再教育は当初、この革命実践研究院の軍事部門という体裁を取ったのである。

白団はのちに米軍の警戒の目から逃れるために「覆面」の地下組織となったが、革命実践研究院傘下の圓山軍官訓練団は公的な組織だった。圓山とは、台北のランドマーク、圓山大飯店の名称にもなっているが、台北北部にある地名である。最初は「訓練班」という名称だったがすぐに「訓練団」に改名され、団長には蔣介石みずからが就任した。

尉官以上のすべての将校クラスを再教育する、という徹底した目標が掲げられたのは、中国での失敗が軍人の能力と規律に起因するという蔣介石の痛切な反省があったからだ。

蔣介石は訓練団の教育長に信頼を置く将軍の彭孟緝を、副教育長に王化興《おうかこう》を任命した。彭孟緝は黄埔軍官学校を卒業した若きエリートで、白団の教育長経験を通じて、のちに陸軍総司令、駐日大使などを歴任していく。

普通班と高級班

訓練団は「普通班」と「高級班」にわかれた。普通班は少佐、大尉、中尉、少尉クラスを対象として、歩兵操典をもとにした教練や師団レベルの戦術についても教育をおこなった。基本的には日本の陸軍士官学校をイメージしたものだったとされている。教育実施期間は一期につき三十五日あり、日曜日を除くとちょうど三十日あった。一日が午前八時から十二時まで四時間を学び、昼二時間休憩して、午後は二時から四時までで、一日に六時間を学んだ。

第一期は一九五〇年五月二十二日に開講し、百五十六名が学んだ。その後、一九五二年一月二十四日に卒業した第十期生まで続き、好評のため、人数もしだいに増えて第十期生は七百二十九人に達した。

一方、高級班は、大佐や少将以上の階級で、師団長や軍司令官も多く入っており、教育内容も当然、普通班とは大きく違った。軍団や師団レベルの戦術について学び、日本における陸軍大学レベルの内容だった。また、図上演習や戦史教育、兵站《へいたん》（ロジスティックス）についての教育も実施された。期間はやや長く、一期につき三カ月以上を費やした。

こちらは三期まで続き、参加者は第一期が百五人、第二期が二百五十八人、第三期が二百七十七人だった。ここには、空・海軍の将校も入校している。当時台湾にいた師団長や軍司令官の大半が参加したと言っても過言ではない人数である。

松田《まつだ》康博《やすひろ》『台湾における一党独裁体制の成立』によれば、蒋介石はこの高級班を利用して、ライバルの陳誠系の抑制をおこなった。陳誠直系の胡璉将軍は一カ月の訓練終了後、蒋介石に「不合格」を告げられて一カ月の追加訓練を受けさせられ、その間に胡璉麾下の師団長はすべて系統の違う軍人と入れ替えられてしまった。

高級班で兵站について教えたとき、「兵站軽視」の発想に、日本の教官たちは驚かされたという。兵站軽視によってアメリカに敗れたと言えなくもない日本の軍人たちがそう感じるのであるから、よほど問題が大きかったのだろう。

『「白団」物語』(「白団」の記録を保存する会・編述、偕行社)で、岩坪博秀《いわつぼひろひで》(中国名・江秀坪《こうしゅうへい》)は「後方無視、後方軽視は日本より更にひどいという感じがした。後方なんか問題にしてないわけ。司令部演習で後方参謀を命ずると、文句言いに来て、『私は、そんなに劣等か?』というわけ。『作戦参謀は軍人なら誰でもできる。後方参謀は、後方というものをよく理解してなくちゃできないんだ。貴官は優秀だから命じたんだ』というと安心するんだけど(笑)」とふりかえっている。

この二年間の軍官訓練団時代に、普通、高級両班あわせて四千六百九十六人という大量の軍人が学んだ、という計算になる。軍官訓練団の開校からしばらくして蔣介石がその効果の大きさに驚き、白団の増員を日本側に要請している。

一九五一年には日本人の教官の数は白団の二十年の歴史のなかでも最大規模となった。『「白団」物語』によれば、この時点で総勢七十六人が在籍した。当時、毎週月曜日の朝に「会報」という全員参加の会議が開かれるときは、台北以外で教育にあたっている人びとも集まって、北投の宿舎を二間ぶちぬきで会場としていた。

人事訓練班と聯合後勤班

普通班と高級班では基本的に受講者は原隊から一時的に任務を離れて、宿舎に泊まりこんで集中的な研修・訓練をおこなった。一方、それ以外にも現職のままで通って講義を受けるクラスもあった。それが「人事訓練班」と「聯合後勤班」である。

「人事訓練班」は、それまで軍閥出身者による恣意的で地域色の強い人事が国民党軍内ではまかり通っていたことから、蔣介石が軍の再建にあたって人事制度の大改革のために立ち上げたものだ。実施されたのは一九五一年の五月と六月の二回で、一カ月の期間にそれぞれ五百人が学んだ。これを担当したのは、白団の中島純雄《なかじますみお》少佐（中国名・秦純雄《しんじゅんゆう》）が中心だった。中島は陸士四十六期で、熊本出身。近衛第三師団の参謀を経て、参謀本部人事局員として終戦を迎えたこともあり、人事を任された。中島は長く台湾にとどまり、一九六四年十二月に帰国している。

「聯合後勤班」は一九五一年八月下旬から十二月末まで週一〜二回の割合で午後の三時から五時までの二時間を使って実施された。軍の後方任務、つまり兵站（ロジスティックス）である。これも、軍の兵站にたいする意識が低かったことを反省して設けられたもので、のべ二百人が受講し、大将クラスなども熱心に出席していたと言われる。山藤吉郎《やまふじよしろう》中佐（中国名・馮運利《ふううんり》）や岩坪博秀が担当した。山藤は栃木県出身の陸士四十四期卒で、一九五一年五月に来台し、一九五二年三月に帰国しているから、台湾滞在は一年にも満たなかった。一方、岩坪は一九五一年三月に台湾に来て、一九六八年の白団解散の最後まで残ったひとりとなっている。

採点の信用高し

軍官訓練団の教育は、白団の教官にとっても手応えはかなり大きかったようだ。『「白団」物語』では、高級班に入ってきた「方先覚《ほうせんかく》」という司令官について、岩坪はこんなエピソードを紹介している。この軍人は、一九四四年に日本軍との戦いで捕虜になったが巧みに逃げ出し、蔣介石から勲章を受けた経験があった。野戦で勇敢に戦って実績を重ねてきたが、戦術の知識は乏しかった。

「最初、陣地攻撃かなんかの答案みたら、てんでなってないんだよね。私、いまでも覚えてる。地図を描いて、どこからどこへ攻撃すると大きな矢をポンと引いてある」

しかし、教育を重ねていくと「とにかく向こうの人は教育を受ける機会がなかったんだ。（中略）ぐんぐん伸びてきて、素晴らしい能力が出てきた」と感激している。

ただ、日本式に頭から罵ったり、まちがいを指摘したりすることは、やはり面子《メンツ》という問題があってむずかしく、「あんまりけなすと面子に関わる、ものすごく反抗的に出て来る。顔色変えてね。ある程度に止めないとね」（岩坪）と気を遣っていた。

白団の教育にたいして軍内部でも評価が高かった理由のひとつは、その採点に信用が高かったことも大きく関係していたようだ。

もともと当時の国府軍は派閥や人脈が縦横に張りめぐらされており、それぞれの軍人に「引き」があったため、同じラインに入っている者にはあからさまに高い点がつけられることが多かった。そうしたしがらみから切り離されている日本の教官は採点が基本的に公平で、蔣介石も白団の教官がつけるポイントを軍人を出世させるかどうかの判断材料にしているとの話が広がり、受講希望者が急増した。

アメリカに見捨てられたときに……

一方、台湾の後見役として派遣された米軍顧問団は白団の存在を快く思わなかった。どちらも台湾防衛に協力する目的で台湾にいたのだが、「台湾への軍事援助はアメリカだけでやる」という前提にこだわった米軍にとって、正式なルートでもなんでもないかたちで、しかもアメリカ人にはとうてい理解できない「恩義に報いる」という動機で来ている旧日本軍人は、目障りでしかたがなく、蔣介石に白団排除を求めて猛烈なプレッシャーをかけつづけた。

しかし、糸賀が筆者とのインタビューでも語っていたことだが、蔣介石には、白団はアメリカがわれわれを見捨てた時期に助けにきてくれたもので、それをいまさら日本に無理やり追い返すことができるか、という強い思いがあった。

アメリカは国共内戦に敗れた国民党を一度は見捨てた。

台湾に敗走した国民党政権にたいする共産党軍の「台湾侵攻」を目前に、一九五〇年一月にアメリカのトルーマン大統領は「台湾海峡不介入宣言」を表明、その「不後退防衛線（アチソン・ライン）」から台湾と朝鮮半島を除外した。一九五〇年五月に台湾の大使館員の退避勧告をおこない、蔣介石ら国民党幹部の亡命先の検討までおこなっていた。

ところが、アメリカのメッセージを見誤った金日成が三十八度線を越えて韓国に攻めこんだ一九五〇年六月の朝鮮戦争勃発によって、東アジアの共産化を恐れたアメリカは手のひらを返して「台湾海峡中立化政策」に転じ、米海軍第七艦隊を台湾海峡に派遣して崩壊寸前の国民党政権を守ったのである。

白団の成立は、まさにこの台湾の運命が、暗黒から光明に変転する刹那に実現したものだった。白団はアメリカが台湾を見捨てるときに生まれ、発足してからまもなく、アメリカの台湾支援が再開された。このときの蔣介石はアメリカへの絶望と感謝のはざまに立たされた。苦しい時期に手をさしのべてくれた白団にたいする感謝の念は深かったが、蔣介石にとってアメリカの軍事援助は台湾防衛、大陸反攻の命綱であることは変わらなかった。

一九五一年一月、アメリカは台湾への軍事顧問団の派遣を決め、米華共同防衛相互援助協定が結ばれた。

台湾に到着した米軍事顧問団が各司令部の経費をチェックすると、白団関連経費が洗い出され、「裏切り」の証拠を突きつけられた蔣介石は苦しい立場に追いこまれた。

ウィリアム・チェース

白団をめぐるアメリカと蔣介石との「つばぜりあい」については、蔣介石日記を読むと、かなり克明に浮かびあがってくる。

アメリカの顧問団の団長は、当初はコックというおとなしい性格の人物だったが、のちにウィリアム・チェースという人物にかわった。チェースは非常にアグレッシブな人物で、蔣介石にたいして白団問題に関するプレッシャーをかけつづけた。日記にはこうある。

午後、チェース顧問の意見書を閲読する。（一九五一年六月二十二日）

一九五一年四月から一九五五年六月まで台湾の米軍事顧問団長を務めたチェースは蔣介石にたいして意見書を出して、白団について疑念を伝えたのである。

蔣介石はチェースの意見書を読んだ翌々日にこんなふうに日記に綴った。

こんにちもっとも苦痛かつ切迫した検討事項はアメリカ顧問チェースの報告と建議書であり、日本教官の運用契約についてはさらに心を配らねばならない。

（一九五一年六月二十四日）

さらに三日後、蔣介石はチェースとの面会にのぞんだ。チェースから強い要請があったようで、軍事援助を受けている身としては会わないわけにはいかなかった。その場で、チェースは会談の最後に白団問題について切り出した。

チェースはアメリカが各国への軍事援助に際し、アメリカの顧問のみを雇用させるとする項目を設けていると説明した。その意味するところは、私が日本人教官を雇いつづけることへの反対である。私は直接回答をしなかった。（一九五一年六月二十七日）

その翌日の日記でも、蔣介石は「アメリカ顧問による日本籍教官の排斥問題の解決について頗《すこぶ》る久しく考えた」（一九五一年六月二十八日）と悩んでいることを正直に記している。

岡村への出頭命令

このころ、アメリカは、台湾だけではなく、日本でも白団への圧力を強めたようだ。当時、日本の新聞や雑誌でもしだいに断片的に報じられるようになっていた。日本で白団をコントロールしていた岡村寧次は日比谷にあったGHQ本部から出頭命令を受けている。

岡村といっしょに出頭した白団の番頭役、小笠原清の回想によれば、GHQ側は「司令部第二部の大佐」という人物が岡村の尋問をおこなった。

岡村はこの大佐にたいして、

「大陸は失ってはならぬ。われわれは終戦時の恩義に報いるため、進んで参加したものであって、この行動はアメリカの利益とは相反しない。むしろ感謝されるべきであって、アメリカの中国大陸にたいする認識が不足していたから、彼の地を失ったではないか」

と説教調子でやりこめ、大佐は「もうお帰りくださって結構だ」ということで無罪放免にしてしまった、と小笠原清は面白おかしく回顧録で描写している。

ただ、実際はそこまで余裕があったわけではなかった。岡村は無罪になったとはいえ、戦犯リストに載った人間だ。アメリカ（GHQ）のマークを受けることはいろいろな意味で好ましくない。内心穏やかではなかったのではなかろうか。『蔣中正総統檔案』によると、GHQから尋問を受けた直後と思われる時期に、蔣介石にたいし、こんな手紙を送っている。

白団ニ対シ普段ノ御配慮御指導賜リ感謝ノ能ワザル所ナルモ　唯最近米顧問団ノ来着ニ伴イ、其白団ト如何ナル関係ヲ生ズベキヤハ密カニ憂ウル所ナリ。

（一九五一年七月二十六日）

一九五二年、アメリカ顧問団の強硬な介入によって白団の活動は大きく制限されることになり、体制の縮小を余儀なくされる。だが、蔣介石は白団の保持にこだわった。名称を、正式な国民党の組織として位置づけられていた圓山軍官訓練団から軍事組織の色あいを薄めた一般的な名称の「実践学社」に改名し、場所も目立たないように、圓山に比して、より台北中心部から離れた石牌という土地に移転した。ここからⅡ期がはじまる。

聯戦班、科訓班

最大七十六人いた白団のメンバーは、当時、さらに十人以上が訪台手続きを終えて出発を待っていたが取り消しとなり、徐々に減らされていく方向となった。教官の肩書も軍事顧問ではなくなり、「外籍教官（外国人教員）」になった。しかし、実態としては、軍官訓練団時代となにも変わらない軍事教育機関であり、実践学社が続いた十年間で長期的かつ安定的な軍事教育プログラムを組むことができ、白団のほんとうの役割が発揮されたと言うこともできる。

実践学社で主体となったのは「党政軍聯合作戦研究班」（聯戦班）で、一九五三年七月から一九六三年十二月にかけて一期につき八カ月の日程で計十二期が開講され、七百七人が教育を受けた。教育内容は軍官訓練団と同様で、少将から大佐、中佐クラスも受講した。蔣介石の次男である蔣緯国《しょういこく》がここの第一期生となり、のちに白団の後見人に任じられることになる。また、参謀総長や行政院長（首相）を歴任した郝柏村《かくはくそん》など、将来を嘱望された若手軍人がこの聯戦班に送りこまれている。

もうひとつの注目すべきクラスが、科学軍官儲訓班（科訓班）である。

このクラスの設置理由について『「白団」物語』で糸賀は「総統の考え方は、中国軍は戦乱の中で過ごしてきたから、科学的な基礎教育ができてないから、その基礎教育までやらなきゃいけない。その時間もとろうというわけです」と語っている。

一九五九年六月から一九六四年一月まで、一期につき一年半という比較的長期にわたって、計三期が開講され、陸海空の少佐、大尉クラスの計百六十人が教育を受けた。この科訓班は、教育内容を日本の旧陸軍大学に準じたものとして、受講者についても軍内から、参謀大学を十番以内に卒業した者で、部隊から推薦され、選抜試験で合格しなければ学べないという高いハードルを設けた。まさに、軍エリートの育成システムをここで実現しようとしたのである。

蔣介石は、将来の軍の中核を担う人材育成を狙い、卒業生には個別面接をおこなうなど、科訓班にたいしては特別扱いをおこなった。

このほか、実践学社の最後の数年間である一九六三年から一九六五年にかけて、「高級兵学班」が設けられ、中将クラスの要職にいる者たち一一八人が教育を受けた。教育内容は、中国共産党の戦略戦術研究や、大陸反攻の作戦指導、国家総動員の方法などを、現職についたまま、半日の講義を受け、富田団長自身が講師を務めた。ここで教育を受けた者の大半は、聯戦班の卒業生たちであり、さまざまな段階で、白団から二度、三度と教育を受けた台湾の軍人は少なくない。蔣介石がめざした「日本精神」を念入りにたたきこまれたことは疑いない。

食事会では

一九六四年末に、白団は大幅にメンバーの縮小をおこない、二十五人程度いた教官のうち二十人ほどが帰国することになった。一九六五年八月末をもって実践学社は解散している。同時に、白団の台湾側の窓口となっていた彭孟緝にかわって、蔣緯国が白団担当となった。五人の白団は「実践小組」と名称を改め、一九六五年九月一日から、蔣緯国が校長を務める陸軍指揮参謀大学に拠点を移した（Ⅲ期〜Ⅳ期）。

『「白団」物語』によれば、この時期の白団には以下の四つの任務が与えられた。

①陸軍総部にたいする協力
②作戦発展司令部にたいする協力
③陸軍指揮参謀大学にたいする協力
④その他の協力

このなかで、実際の日々の任務となったのは③の陸軍指揮参謀大学にたいする協力、つまり、台湾側教官の育成だった。

白団は陸軍指揮参謀大学の主任教官たちにたいし、図上演習や戦術統裁法、現地戦術、後方支援などの教育を実施している。前期は教官たちに直接教育し、後期は、教官の学生にたいする教育を指導するという二段階のかたちをとった。

また白団は教育に従事しながら、随時、台湾各地の部隊や学校を視察している。この部隊検閲は成績が悪いと部隊長が更迭されることもあったという。蔣介石は、とくに人間関係のしがらみや利害関係のない白団の眼を信用して、部隊の綱紀粛正を狙ったのだった。

この実践小組も一九六八年には解散を迎える。そして翌年の一九六九年一月十三日に全員が帰国し、二月に東京で解散式をおこなった。

この間、蔣介石はほとんど毎月のように、白団の教官たちを招いて食事会をおこない、そのほか、いろいろな機会をとらえて白団の教官たちから知識やヒントを引き出そうとした。

糸賀の回想にはこうある。

「私ども外籍教官を招待して、ご馳走があります。するとそのあと、必ず意見を述べよといわれる。いろいろ申しますと、すぐその場で参謀総長を呼べと。日本式教育に非常な熱意を持っておられて軍制学を教えてくれと言われる。明治維新後、日本があの短期間にどうしてあれだけの強い軍を作り上げたか。その秘密を知りたいと。（中略）その秘密をお前たちは日本に学べと言っておられましたね。政府の偉い人もみんな呼ばれて言われるんです、軍ばっかりじゃなくて」

次は、白団が台湾で成しとげた教育以外の具体的成果を記しておきたい。

3　模範師団と総動員体制

第三十二師団

国民党の軍隊は、中国において共産党軍に徹底的に敗れ、最後は「瓦解」と言っていいほどの惨状だった。蔣介石が信頼した子飼いの将軍たちの軍団も同様だった。蔣介石には来るべき大陸反攻の主力戦力となる実戦部隊を確保したい思いが強かった。日本で言えば、近衛師団のような位置づけだったと思われる。

そこで、蔣介石は白団にたいして、模範師団の創設へのサポートを頼み、新竹《しんちく》の湖《こ》口《こう》にあった「第三十二師団」を選び、徹底的な日本式訓練をほどこした。

三十二師団のトップに任命されたのは、張柏亭《ちょうはくてい》という軍人で、日本への留学経験もあり、圓山軍官訓練団でも副教育長を務めていた。また、三十二師団は、九十四、九十五、九十六の各歩兵連隊があった。

白団からは、この三十二師団に十名以上のメンバーが台北から送りこまれた。白団にとっても、台北での教育以外では一時、最重要プロジェクトになった。

張柏亭の補佐役に村中徳一《むらなかとくいち》（孫明《そんめい》）がつき、三つの連隊には、九十四連隊を美濃部《みのべ》浩次《こうじ》（蔡浩《さいこう》）と中山幸男《なかやまゆきお》（張幹《ちょうかん》）、九十五連隊には佐藤正義《さとうまさよし》（斉士善《せいしぜん》）と池田智仁《いけだともひと》（池《ち》歩先《ほせん》）、九十六連隊を井上正規《いのうえまさのり》（潘興《はんこう》）と新田次郎《にったじろう》（閻新良《えんしんりょう》）がそれぞれ受けもった。

また、このなかで、機関銃は新田が教え、迫撃砲は市川芳人《いちかわよしひと》（石剛《せきごう》）、通信は三上《みかみ》憲次《けんじ》（陸南光《りくなんこう》）がそれぞれ担当するなど、細部まで日本式の教育を徹底した。

当初は、ここまで力を入れる考えはなかったとされるが、最初に村中らが三十二師団視察をおこなった際、蔣介石に提出した報告書がひとつのきっかけを作った。

白団は三十二師団の実力について、このように評した。

（編成装備は）極めて貧弱。特に砲工兵、捜索等の特科部隊に於てその度は甚だしく、将来訓練に必要な教育資料、資材、施設等は皆無である。

兵の素質は性従順、体力に於て旧日本軍の兵に比べ勝るとも劣るところなし。ただし一般常識、教養の程度低し。

下士官の素質は従順及び体力では兵の場合と同様であるが、指揮及び教育の技能に於ては旧日本軍の上等兵程度である。

兵隊のなかには、十四〜十五歳の若者や、五十歳以上のものまで交ざっていた。これを台湾きっての優秀な軍隊と紹介された白団のメンバーたちは唖然としたという。一からやりなおさなければ三十二師団を生まれ変わらせることは不可能だと判断し、教育期間を一九五一年一月から半年、年末までの半年、さらに一九五二年の前半と三つにわけて、歩兵、騎兵、砲兵、工兵の兵種ごとに教育進度表を作成し、訓練を開始した。とくに現場の兵士たちが感激したのが、白団が教える匍匐《ほふく》前進だった。

この湖口模範兵団は、一九五二年までに米軍の軍事顧問団に引き継がれた。その後、蔣介石からは白団を最前線の金門に派遣して同様に模範兵団を作れないかというアイデアが出されたというが、メンバーのなかでも「行きたい」「行きたくない」という賛否両論が出た。「命を賭ける」という意識についても、メンバー間に温度差があったことがわかる。最後には岡村寧次が「俺は責任がもてない。行ってはいけない」と判断を下して取りやめになった。

鹵獲品から

台湾に渡ってきた国府軍の数はかぎられており、共産党と台湾防衛をかけて戦闘となったとき、どのように兵力をそろえるのかが最大の課題であった。

そこで、蔣介石は日本式の動員制度を導入することを決意する。

陸士四十四期で、第四師団の動員参謀を務めた経験をもつ山下耕《やましたこう》（易作仁《えきさくじん》）が動員の専門家として動員グループのリーダーに指名されている。山下を筆頭に、大橋策郎《おおはしさくろう》（喬本《きょうほん》）、富田正一郎《とみたしょういちろう》（徐正昌《じょせいしょう》）、笠原信義《かさはらのぶよし》（黄聯成《こうれんせい》）、土屋季道《つちやすえみち》（銭明道《ぜんめいどう》）、川田一郎《かわだいちろう》（蕭通暢《しょうつうちょう》）、美濃部浩次（蔡浩）、小杉義蔵《こすぎよしぞう》（谷憲理《こくけんり》）、松崎義森《まつざきよしもり》（杜盛《とせい》）、河野太郎《こうのたろう》（陳松生《ちんしょうせい》）など白団メンバーの十人が充てられる重要プロジェクトとなった。

山下は、一九五一年六月二十一日に台湾に到着。その翌日に、圓山軍官訓練団の教育長だった彭孟緝に呼び出された。

「総統の要望で、動員について日本教官から学びたい」

その後、山下らは台湾の事情なども勘案した動員についてのプラン検討に入ったが、蔣介石からは「近いうちに動員演習をやってほしい。自分も出席するから、早々に期日を知らせてほしい」などの矢の催促が来ていた。蔣介石はとにかく演習が好きで、なにかにつけて白団に演習をするように頼んできた。

まず、山下は政権幹部を集めて講話を一九五一年十月におこなっている。そこには蔣介石だけではなく、行政院長の陳誠など錚々《そうそう》たる顔ぶれが出席した。

そこで山下は、

「台湾には動員や徴兵を実施する基盤がない。兵役制度ができていない。いまの国民党の軍隊はすべて臨戦態勢、つまり野戦の配備体制にあるが、そういうところでは動員などとてもできない。日本式の動員を考えるなら、平時を想定したかたちにしないといけない。日本には各地に師団、連隊の司令部があって動員について任務をもっているが、台湾にはなんにもそういう組織がない。動員するにも予備兵もいない。兵士の名簿もないので掌握もできない、ないないづくしで、そういうものを整備しないと動員はできません」

という内容の厳しい話をしたという。

もともと中国には動員という概念がなかった。兵士は超エリートの将校たちと、農村から「人さらい」まがいの方法で無理やり徴発してきたような素人兵の二種類しかないような状態だった。そこで、白団では「復興省動員準備委員会」という動員演習のための準備委員会を設立させ、彭孟緝が兼職で副司令官を務めていた保安司令部を中心に動員の準備を進めた。

そして、一九五二年二月に動員演習をおこなっている。演習の中心は、白団が模範師団として育成していた湖口の三十二師団を選んで、その一個軍団を演習部隊とした。

このとき、いちばん問題になったのは、動員にとってもっとも基本となる「軍隊動員計画令」なるものが、白団の手元になかったことだ。日本に問いあわせてみたが、戦後の混乱で陸軍の機密資料は散逸するか、ＧＨＱに押収されるかしており、入手は不能との回答だった。

ところが、人間万事塞翁が馬というか、戦時中、日本語の軍隊動員計画令を北部中国で国民政府軍の諜報班が日本軍から鹵獲《ろかく》していたのだ。国民政府ではそれを中国語に翻訳していた。

山下らも本物であることを確認した。国民政府では翻訳したものの書いてあることの意味がわからず、利用しないまま、保存だけはしておいて、台湾撤退のときも台湾に運んできたのだという。ただ、日本語の原文はなくなっていたので、ふたたび日本語に翻訳しなおすという、いささか奇妙な事態となった。

動員令が手に入ったことで、具体的な動員教育をおこなうことになり、実践学社に「動員幹部訓練班」を一九五二年八月に設置。この訓練班は一九五九年まで七年間にわたって九千三百三十人の軍幹部にたいし、動員教育を授けたというから驚きである。

国防部も重い腰を上げ、国防部内に「動員設計委員会」という組織がつくられた。

委員会のトップには、当時副参謀長だった蕭毅肅《しょうきしゅく》が就いた。ここでは国防部内の陸軍、海軍、空軍などの司令部が集まって動員について毎週のように話しあい、山下ら白団関係者も出席していた。

金門防衛戦

一九五八年九月六日、「中華民国特命全権大使　堀内謙介」から、内閣総理大臣（当時は外務大臣臨時代理）に送られた公電がある。

タイトルは「馬祖島の防衛状況等に関する件」。この公電の存在は、中国・台湾の近現代史研究者である福田円《ふくだまどか》・法政大学准教授から教えてもらったものだ。

一九五八年八月二十三日、中国は台湾が支配する金門島にたいし、猛烈な砲撃を対岸の福建省から加えた。中国側は金門砲戦、台湾側は八二三砲戦とそれぞれ呼ぶ。台湾側では、軍高官を含めて五百人を超える死者を出し、アメリカも介入の構えを見せるなど緊張が高まったことから「第二次台湾海峡危機」と称されることもある。

このとき、白団のリーダー、富田は蔣介石から台湾海峡情勢の分析を依頼された。公電によると、

「台湾海峡の情勢につき諮問を受けた際、総統から金門の防備については心配ないが

馬祖は気になるから視察してきてほしいとの直接依頼に基いた」
という経緯があった。

馬祖は複数の島からなり、金門と並んで中台対立の最前線で、台湾から一〇〇キロメートル以上はなれた北東の海域に位置し、中国大陸までは五〇キロメートルの距離にある。当時、一万二千人の住民が暮らしており、馬祖防衛に配置されていた将兵の数は住民の数よりも多い二万人が駐留していた。

公電によれば、富田は馬祖についてこんな分析を示している。

「中共軍が馬祖を攻撃するには現在のところ余りに中共側に火力の支援に乏しい」

「（金門と比べて）馬祖対岸の中共陣地の砲座は遥かに少ない」

「馬祖正面の中共軍は約二コ軍（六コ師）が広大な地域に分散している程度であり、又海軍力に乏しく上陸用舟艇の集結の様子もない」

そして、結論のところでは、

「今次中共の金門砲撃は馬祖攻撃の陽動作戦ではないかとみる向きもあるが、かりに中共が馬祖に攻撃を加えるとしても、かなりの準備期間を要すべく、馬祖の現状では緊張の状態は認められない」

と指摘しており、馬祖への攻撃を受けるリスクは低いとの判断を示している。

この時期の金門島をめぐる危機においては、富田だけではなく、白団の教官がかなり現場レベルで活躍していたとされ、岩坪は生前、「教官が金門島へ行って火力の指向なんかも死角があったので全部直して、完全なものにした」と回顧している。

白団の活動期間は、日本と台湾は外交関係をもっていたので、大使館も置かれていた。富田の馬祖視察の公電から浮かびあがってくるのは、白団と日本大使館とのあいだでそれなりのパイプが築かれていたことだろう。

白団は発足時点では日本政府の方針にも反していたアンダーグラウンドの存在だったが、少なくとも大使館との交流に障害はないところまで公然化していた、ということだろう。

富田の専属副官を務めていた村中徳一によれば、富田は大使館の参事官の自宅を訪れて富田の趣味だったブリッジを楽しんだり、大使館から白団の宿舎に毎月日本酒が届けられたりと、日本人同士のつきあいが生まれていたようだ。

白団が日本の対台湾外交にどのような役割を果たしたのかはまだ明らかになっていないが、少なくとも大使館とは密接な人的関係があり、台湾の体制内の中枢にいる白団から日本政府にたいして一定の情報提供があったことは間違いない。

第六章　戸梶金次郎が見た白団

戸梶金次郎さん（新田豊子さん提供）

1　軍人の肉声

『風雨同舟』

二〇一二年の冬、週末に訪れた東京の国会図書館で、白団の一員だった鍾大鈞《しょうたいきん》こと戸梶金次郎《とかじきんじろう》の追悼集『風雨同舟』を見つけたとき、あまりの分厚さと、真っ赤な表紙の豪華さにいささか戸惑いを感じた。

通常、故人にたいする家族の追悼集は、いかにも自費出版という風体の装丁がふつうである。装丁などの外見にこだわるより、むしろ出すことに重点が置かれているからそのようになるのだが、この『風雨同舟』はかなり異なる趣だった。

題字には金色の箔まで押されている。この本の出版にたいして、遺族の並々ならぬ強い思いが伝わってきた。

そして、本を開くと、小躍りしたい気分になった。なぜなら、白団の多くのメンバーが戸梶への追悼文を寄せているからだ。しかも、彼らの文章のなかには、私がそれまで知らなかった白団の活動にかかわる部分がいろいろ含まれていた。

追悼文を読み進めていくと、やがて、戸梶の人生を回顧するパートになった。遺族がまとめたのであろう、日記形式で記述されており、内容は詳細をきわめていた。ところが、戦術・通信の専門家として十四年間を費やした白団の活動はほとんどなにも書かれていない。白団のことを意図的に欠落させたと疑わざるをえなかった。

カネさん

戸梶は、高知県のほぼ中央に位置する日高村の江尻という地区で、戸梶金造と春衛の次男として生まれた。

土佐中学校を卒業後、陸士予科に入校。一九二一（大正十）年に陸士四十七期に入学した。その後、通信部隊の指揮官となるべく千葉陸軍歩兵学校で通信を学んだ。

陸大卒業時には優秀な成績者に与えられる軍刀をもらい、太平洋戦争末期の一九四三年に陸軍第十八師団参謀としてビルマ戦線に投入された。フーコン作戦などに参加した。苦戦中の部隊の仲間を残して帰国したことを後々まで気に病んでいた。支那派遣軍と東京の参謀本部との連絡役となって上海、南京、北京などを飛び回った。その後、米軍の上陸に備えて台湾に配属。敵の上陸先は沖縄だったため、鹿児島に転戦し、少佐として終戦を迎えた。

鹿児島で元兵士たちの再就職斡旋の責任者を命じられた。商才があり、人脈作りにも長《た》けていた戸梶は仲間の将校たちと食堂、食品雑貨、衣料、書籍などなんでも扱う商売を始めた。それなりに順調に事業を広げていたが、一九四九（昭和二十四）年に都市計画の変更で事業の基盤となる店舗が取り壊されてしまい、いったん事業をたたんで山口県の妻の里に身を寄せた。

いささか落ちこんでいた戸梶に、台湾行きの声がかかったのが一九五〇（昭和二十五）年のことだった。戸梶はすぐに台湾行きに応じることを決意し、翌年六月に台湾に渡った。台湾では、司令官、師団長クラスの高級将校の教育を担当し、リーダーの富田直亮の補佐役的な立場を担った。囲碁や麻雀などでゲーム好きの富田の相手をすることも多かった。土佐出身者の「土佐っぽ」を体現したような豪快な性格で、酒好きでもあった。

中国名が「鍾」だったので、白団の仲間内でも「カネさん」と呼ばれた（「鍾」と「鐘」は本来別字だが、混同されることがよくある）。

糸賀は、戸梶について「教育指導には卓抜なものがあった。非常な熱血漢で気性が激しく、時に学生（台湾軍人）との間で物議をかもすこともあったが、彼の熱心さの故であった」とふりかえっている。

やはり日記があった

そんな戸梶の台湾生活について、もっとくわしい状況がわかれば、白団の実態に近づけるかもしれない。そんな期待をもって追悼集『風雨同舟』の末尾に記載されていた連絡先に電話をかけると、戸梶の娘である新田《にった》豊子《れいこ》が電話口に出た。取材の趣旨を説明すると、取材に応じるかどうか少し考えたいという。期待しながら数日待って連絡をふたたび取ると、取材に応じてくれる旨の返事があって胸をなでおろした。

豊子は埼玉県白岡《しらおか》市に暮らしていた。自宅を訪れて話を聞いた。戸梶は一九九〇年に亡くなったが、「自分の老後資金に」と一千万円を残していた。豊子が親族に「父があと十年生きて使ったと思って、このお金をもとに追悼集を作りたい」と提案し、賛同を得ていた。どうせ作るならいいものをと装丁にも凝っていい紙を使い、一千五百部を印刷した。追悼集のなかでの白団部分の欠落の謎も解けた。戸梶の追悼集を出版する段階で、もともと詳細な現地の体験録を掲載する予定だったが、出版の直前になって、白団の元メンバーたちに反対され、削除したのだという。

「都甲誠一《とこうせいいち》さん（任俊明《じんしゅんめい》）を中心に、台湾に迷惑をかけてはいけないという考えの方がいて、けっきょくは載せないことになりました。時間も経っているのだからいいのではないかと思ったのですが、秘密を守るというのならばしかたないと、そのときはあきらめました」

現地の体験録をどのように記述するつもりだったのか尋ねると、

「父はしっかり記録をつけるほうなので、戦争の前から亡くなるまで、一年に一冊のペースで日記を書いていたのです。白団のときも、日記は続けていました」

と豊子は話した。

その日記は、このとき豊子の手元にはなく、知人の大学教授に貸し出されていた。その教授も研究に活用できないか検討するために預かったものの、研究には着手していなかった。豊子に頼んでこの教授に連絡を取ってもらったがなかなかつかまらず、やきもきする時間が続いたが、最後は連絡が取れて一時的に私が預かる話がまとまり、日記一式が私の手元に送られてきたのは、二〇一三年五月に入ってからだった。

本来なら本書をこの年の春までに書きあげることを目標にしていたが、新発見である戸梶の日記を読み解くために、さらに追加的な作業に数カ月を費やすことになった。戸梶の日記は、期待を超える詳細なもので、解読にはかなり骨が折れた。これまで糸賀公一や瀧山和など生存者の証言は一部取れていたが、肉筆の日記や文章にはたどり着いたことがなかった。白団の活動内容や日常生活については、本人たちが断片的に偕行社『「白団」物語』や中村祐悦『白団』に証言しているものしかなく、その意味でも戸梶の日記は貴重な資料であることはまちがいない。

最初は戸梶の日記を本書のほかのパーツに織り交ぜていく手法を考えていたが、これはひとつの人間の記録として独立したかたちで残すべきだという気になった。白団のほかのメンバーは戸梶とは違う生活を送り、戸梶とは違う見かたをもっているかもしれない。日記というパーソナルなものだからこそ、ひとりの軍人の台湾体験記という体裁で書くべきだと考え、本章を戸梶の目から見た白団を紹介する形とした。

蔣介石日記や公文書の記録などから描き出されるものが白団というコインの表だとすれば、戸梶の日記から描き出されるものはコインの裏のようなものだと理解していただきたい。

一九五一年（昭和二十六年／民国四十年）

「昭和二十六年六月二十九日　出発」

一九五一年六月、ぶっきらぼうな一言が書かれたページから、戸梶の台湾日記は始まっている。この年から日本では紅白歌合戦が始まり、戦後の日本が新たに動きだしたような雰囲気に包まれていた。日本経済は朝鮮戦争特需に沸き、マッカーサーはトルーマン大統領との対立で四月にGHQ最高司令官を解任されていた。
台湾行きは神戸からというのが白団の送り出しルートだった。台湾籍の貨物船の船長も事情を知っていた。ただ、戸梶はなぜだか数日間、神戸で出航を待たされた。

七月三日　神戸—出航　一七〇〇　海上平穏　二一〇〇　室戸灯台を右前方に見て太平洋に入る。
七月六日　陸地一切見えず　海上平穏。
七月七日　六時入港　九時老宋、李先生の出迎えを受けて上陸　ジープにて台北に至り　白先生（筆者註：富田直亮）に挨拶　北投にて先輩に挨拶。

まず戸梶は自分より先に台湾入りしていた白団のメンバーたちについて「家庭に対する不安より解放され、延び延び《ママ》としている」と観察している。戸梶自身も同じ思いだったにちがいない。なぜなら、戦後の旧陸軍参謀たちは基本的にまともな職に就けず、家庭生活をどうやって維持すればいいのか、誰もがなんらかのかたちで苦労していたからだ。
戸梶は到着してすぐに圓山軍官訓練団の教官になった。初日の印象はこうだった。

戸梶金次郎が残した白団時代の日記（著者撮影）

七月九日　第七期生徒入校式　諸葛、楚先生と共に背広にて円山《ママ》に赴く　式に参列せず　教育長に会う　中国人の愛想の良いところは学ぶべき　円山《ママ》印象：軍人練武場として環境満点、幸子に手紙出す（第一報）。

七月十三日には司令部の演習を見学し、「これだけの教官を集める事はなかなか困難なことだ。帝国陸海軍最後の遺産かも知れない」と漏らしている。

戸梶はこの翌日、初めて蔣介石と会った。次男で軍人の蔣緯国もともなわれていた。戸梶はこれといった特別の感慨はなかったようで、「老先生（筆者註：蔣介石）に初めて会った革命四十年の苦労の人　若く見える」とだけ書き残している。このときの戸梶の関心はむしろ白団の運営に向けられていたと思われる。到着から十日ほどで戸梶は白団のありかたに多くの問題点を発見したようで、以下のように指摘している。

今日まで得たる情報にての判断　1、団員のわがまま　2、白先生の統御力不足　3、明らかならざるも歴史的な感情のもつれが原因で、ガタガタ騒ぐことを趣味とする軍人の悪癖がこれに拍車をかけている　これは荒療治すべきだ　統帥補助の有効手段としての賞罰権が団長にないことも困りもの　わがままな雇われ人五十余名を抱え、同情すべきはむしろ白先生かもしれない。

このくだりが、じつに新鮮に感じられた。なぜなら、いままでの白団について書かれたものは、富田直亮団長の統率のもと、旧日本軍人たちが一糸乱れぬ態勢で台湾軍人の教育や作戦立案にあたった、というタイプの描写ばかりだったからだ。

しかし、軍人とはいえ人間だ。人間社会にはそれなりの問題や対立も起きる。軍隊の指揮系統からはずれたかたちで経歴も出身も年齢も専門もばらばらの軍人たちが、どうやってそれほどみごとな一体感を保っていたのかと、少々疑問だった。

一九五二年（昭和二十七年／民国四十一年）

この内部の対立は、一部の人間が途中で帰国してしまう事態に発展したようで、一九五二年一月十六日の日記にはこんなふうに書かれている。

> 中国側より再来希望に対し、四谷先生（筆者註：四谷在住の岡村寧次）から白先生の意見を求められたる件に関して、余の意見は、中国側の希望あれば異存ないが、再び往年のゴタゴタおこさないよう注意の上、再来すること。

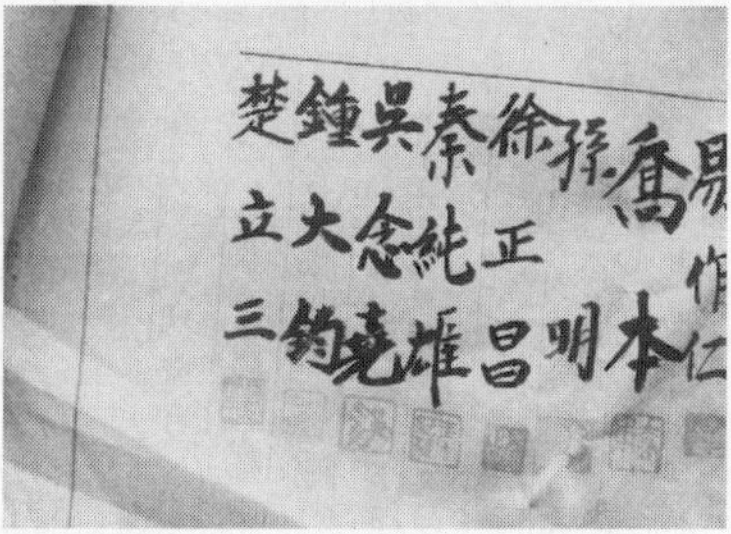
戸梶の契約書（著者撮影）

こうした「内紛」は人間の組織であれば当然のことで、むしろ白団も通常の人びとの集まりだったことを示すエピソードと理解すべきであろう。

戸梶の日記のなかには「参謀旅行」という記述がしばしば出てくる。参謀旅行とはドイツ独特の陸軍訓練で統裁官が参謀学生を引き連れて実際の山野で「もしあの間道から敵の騎兵大隊が出現したらどうするか」などと質問し、返答を修正しながら進んでいくことで、日本陸軍でも取り入れられていた。それを台湾に導入したのだ。一九五二年二月七日の日記には「第三期高級班参謀旅行打ちあわせに白さん訪問。陸大卒業時の乱暴旅行方式に変更」とある。

五つの班として統裁官范健、何、鄧、鄭、諸の五名。統裁官の能力に若干の不安あるも補助官の配合によってできないことはないだろう。

戸梶はこの参謀旅行を担当していたようで、「参謀旅行準備に没頭」（四月十日）、「彭、紀、陳氏と四名にて参謀旅行　地名偵察に赴く　二回目のことなので能率は良好である」（五月二十一日）などと記述が続いている。

このころになると、米軍の圧力によって白団の縮小が議論されはじめた。最大七十人以上に達していた白団は縮小を余儀なくされつつあり、五月二十二日には「午後幹事会　六月終了後に三十五人にする制限案の発表あり」と戸梶は記している。

戸梶は三十五人に入ったが、帰国するメンバーたちの送別会を蔣介石が開いた。七月二日、日記のなかで戸梶は「草山にて総統の送別の宴あり　帰りゆく同志に対し　懇切なる話あり」と書いた。草山とは、台北北部にある陽明山のことで、蔣介石が外国客などをもてなす「行館」と呼ばれる迎賓施設が置かれていた。この草山行館は、台湾全土に十数カ所あった行館のなかでも蔣介石のお気に入りだった。

ちなみに、草山行館は蔣介石の死後も現地にそのまま残っていたが、数年前に火災でほとんどが焼失した。しかし、その後観光施設として当時の建築を再現したかたちで再建され、施設内にはレストランや蔣介石ゆかりの品々の展示室も置かれている。

このころになると、戸梶の日記に「光計画」の記述が頻出するようになった。光計画とは大陸反攻計画のことで、大陸での戦闘経験が豊富な白団において、教育と並んで蔣介石からもっとも期待された部分である。

アメリカの研究者、J・テイラー『ジェネラリッシモ：蔣介石と近代中国へ向けての闘争』によると、蔣介石はこの年七月にアメリカ側に大陸反攻計画を提出したが、「現実的ではない」と受けとめられた。そのこともあって、白団に精度の高い計画への期待がかけられたのか。

午前　光計画研究会　范健氏を中心に研究進んでいるようだが　いかにして共産党に勝つか　問題の焦点ぼけないようにする必要がある。（十月二十二日）

午前　昨日　白（富田）、帥（山本親雄《やまもとちかお》）、范（本郷健）、秦（中島）と、将来の方針に関して打ち合わせを行う　一応　革命戦、独力の立場にて武力戦を中心に研究する事に意見の一致を見た。（十月二十五日）

光計画　大部分を完成した　夕刻　白先生　小型船の話をして大いに喜ばれた。（十一月一日）

そして、十一月五日午後、第一宿舎において光計画について集中的な検討会が開かれた。このとき、戸梶らが練りあげた作戦計画にいろいろな意見が出されたようだ。とくに小型船艇を用いた上陸作戦にたいしては「各種批判あり」だったようで、「従来の既成概念を打破して新たなる訓練と戦法を研究しないとならない点に、本件推進上の無形の障害がある」とぼやいた。

この日、戸梶は麻雀と囲碁で気晴らしに励んだ。「麻雀大敗」「碁　対白　二戦二勝

対潘　三戦二勝」とある。光計画についてはその後もなんどか検討会を経て加筆修正が続けられた末、十二月中旬に彭孟緝教育長に提出されたと書かれている。

小型船問題についてはまだ内部で異論がくすぶっていたようで、「本日教育長に対する説明にて屠氏（屠《と》航遠《こうえん》／土肥《どい》一夫《かずお》）小舟艇問題に就いて困難性を述ぶ　困難性は元より万人の認むる所本人の席上の発言　小賢しげにして笑止なり」とふたたびぼやいている。

一方、アメリカにおいては十一月に大統領選で共和党のアイゼンハワーが当選し、元来、共和党人脈が強い蔣介石には朗報となった。また、この年には日本と台湾が日華平和条約も調印しており、国民党政権をめぐる国際情勢は好転するかのように見えた時期だった。

一九五三年（昭和二十八年／民国四十二年）

戸梶は新年から歯の痛みに悩まされた。「歯痛昨夕若干有リタルモ大勢ハ全快セルガ如シ」（一月九日）と快方に向かったことを安堵している。

このころ、日記に「盟約問題」と書かれた案件が浮上していた。これは、白団と台湾側とのあいだで結ばれる契約書のことで、「盟約」と呼ばれていた。簡単に言えば、白団メンバーは条件改善闘争をおこなっていた。

主に、給料のアップ、休暇の増加などを求めていたことが書かれている。また、この時期は、白団のメンバー削減が不可避となっており、そのあたりにも不安を感じていたようだ。

八月五日の日記には、同日の全体会議で年末に向けた人員整理問題が報告されたことが書かれている。副リーダー格の帥本源《すいほんげん》（山本親雄）から、その件が報告されたが、すでに既定路線ということで会議ではとくに議論にはならなかったようだ。ただ、戸梶は「あと五カ月団内につまらぬ空気の情勢は願わず。志願してやめる人は八月中に申し出ることとなり」と書いた。

また九月十六日にも全体会議において「整理人員は東京にて検討中。九月一杯中には判明すべき」「給与値上げは来年以降となるべし」「整理者の厚遇には努力するも原則として契約通りとなる」などの方針が報告されている。

戸梶たちは世界情勢にも気を配っていた。三月十二日の日記には「朝日新聞耽読」と題して、「国府軍単独反攻能力無キコト一般ノ世論ナリ」「新聞ノ論調ニ根拠ト確実性ヲ認メザルヲ得ズ」と残念な心境をつづった。

この年は朝鮮戦争が終結に向かっていたときで、戸梶は自分自身で立てた仮説の質疑応答によって、こんな分析を二月十七日の日記のなかで詳細に書き記している。

「台湾の蔣介石の軍隊は米国の全面的な援助がなくても中国本土に侵攻できるか」

「不可能」

「米国援助の下に若し本土に上陸したら民衆は之を迎えて躍起になるか」

「可能性は充分ある」

「（筆者註：共産党軍は）米軍が大陸に上陸したら勇敢に戦うか、寝返りうたぬか」

「勇敢に戦う可能性は必ずしもなしとしない」

「現在、台湾にある蔣介石政権は責任ある政権か。中国本土を追い出されたあとどうにもならぬ弱点は是正できたか」

「信頼にたる政府なり。現在台湾でやっている程度の政治ができたら大陸を失わなかったであろう」

「ソ連と中国が米国にたいし世界戦をしかけたとき、我らは蔣介石の部隊として中国本土に輸送され友軍として戦うべきか」

「無論然り」

「世界戦争が近づき、米軍が中国本土に進出したとき、米は蔣政権を呼び戻し、中国の正統政権として認めるか」

「YES。但し、政権と首班は別なり」

「根本問題として三億人の人口を持つ中国を撃破できる国ありや」

「不可能とは言えまい」

こうした想定問答を読んでいると、当時の日本人、そして白団の考えかたや国際情勢にたいする認識がわかっておもしろい。蔣介石といっしょに大陸で戦うことにはいっさいの疑いをもっていなかったこと、アメリカが蔣介石にたいして完全に信頼を置いていなかったこと、台湾に撤退してから蔣介石の権力基盤が安定を取り戻したことなども、しっかりと把握している。さすがは参謀といったところだろうか。

先の光計画がまとまり、六月十一日、蔣介石にたいする説明の日がやってきた。「〇九三〇より一二三〇にわたり第一講堂において光計画に関して総統に説明す」として、蔣介石総統のほか、正副参謀総長も同席した。ただすでに内々に了承を得ていたようで、とくに蔣介石からは質疑はなかった。

「昨年九月以来の研究一応の仕上げを終了し、ほっとせる感慨なし」と締めくくった。夜は白団長主催の慰労麻雀大会が開かれたことまで書かれていた。

台湾からは白団のメンバーは定期的に食料などを送っていた。戸梶の日記にもしばしば食料品を送ったことが書かれている。

たとえば「パイナップルのカンヅメ十個夏休暇中の慰問として子供に発送す」（七月八日）とある。

この年、十二月に米華相互防衛条約が結ばれアメリカの台湾保護は制度化された。一方で、アメリカによる蔣介石の大陸反攻封じこめも同時に始動したかたちとなり、蔣介石はジレンマに陥ることになった。

2 理想や理念だけでなく

一九五四年（昭和二十九年／民国四十三年）

一九五四年二月一日、夕方より、日本とゆかりの深い湯恩伯将軍のパーティーが開かれる。白団一同が招待され、台湾側からも、多くの幹部が集まった。戸梶は日記に「団成立に大恩ある人だけに皆和気藹々である」と上機嫌に書き残している。ただ、この時点で湯恩伯は蔣介石の信頼を失ってほぼ失脚した状態になっていて、六月には病気のため日本で生涯を閉じている。

一九五五年（昭和三十年／民国四十四年）

一九五五年には、大陳島列島からの撤退作戦についての記述がある。大陳島は、台湾と中国とのあいだで、最後に実質的な戦闘が起きた場所だった。台湾に撤退した国民党は、中国大陸に近い島嶼《とうしよ》としては、金門、馬祖のほかに、大陳島を占拠していた。その大陳島をめぐっては、米華相互防衛条約のなかで対象範囲に含まれていなかったため、蔣介石としては大陸反攻の足がかりにしたい思いはあったが、事実上防衛は困難であるとの判断を下し、一九五五年二月に大陳島を放棄した。いわゆる第一次台湾海峡危機である。

当時、大陳島の住民のほとんどである二万八千人が台湾に船で運ばれた。彼らは台湾各地に移住し、コミュニティを作っている。たとえば、台北市の郊外にある景美《けいび》という地区では、大陳島移民のコミュニティがあり、大陳島の料理が食べられる場所がある。筆者も訪れたことがあったが、雑貨店に台湾の人びとがあまり食べない年糕《ねんこう》（中華風もち）がたくさん売られていた。この年糕はもちの一種で、浙江省の人びとはこれを野菜といっしょに炒めて食べることを好む。「大陳島小吃」というレストランがあり、台湾料理とは大きく異なる味わいの料理を楽しんだ。

この大陳島の情勢について、戸梶は一月十七日の日記で、こんなふうに書いている。

　大陳方面戦況に関する報告有り。白団の意見そのまま総統に到達しているのかと思われる点あり。

　真相　天聴に達せずは日本だけの事に非ず。

大陳島の撤退はすでに二月中に完了していたが、台湾にとっては、朝鮮戦争が終結し、中国の注意力がいままで以上に台湾に向けられるようになり、大陸反攻はよりむずかしい局面に追いこまれつつあった。そして、金門・馬祖については、中国側は攻撃の準備を進めているとの情報が台湾に伝わっていた。

戸梶は日記のなかで悲観的な見かたを書き連ねた。

最近一週間三軍の士気大いに衰えている。すなわち、大陸領海内に対する作戦を米顧問団より差し止められているためによる。大陸の金門・馬祖両方面に対する作戦準備の進捗をただ見ているしかないところに問題がある。米国としては両島に対する作戦を放棄し、台湾防衛に転換することを決意したと見るべきだろう。

大陸帰還の望み早急にはなしとすれば、大陸より来ている老兵や少年兵にいかなる望みを与えるのかや、之に乗ずる中共の宣伝も活発化するだろう。

お金のことも含めて、生活上の問題も台湾滞在の時期が長くなるほどいろいろと出てくる。六月十七日の日記には、白団メンバーは「李参謀長」と会談し、「待遇改善」について、以下の条件を引き出したことを書いている。

・月給三百円の値上げ
・宿舎については教官の要望どおりにする
・宿舎に正式の女房以外の者の宿営（半永久的に）は中国政府の面子上、東京四谷先生、ご家族にたいする配慮から、遠慮してほしい

給料は上げるが、敗戦国の日本の元軍人に現地女性が囲われていたのでは、風紀上いろいろ面倒が多くなるのでこれからはあまり大っぴらにやるのは控えてほしいということだった。

白団のもとには東京から定期刊行物が届いた。十二月十七日、『週刊読売』を読んだ戸梶は、かつて上官として仕え、近所に暮らして仲人まで頼んだ藤原岩市《ふじわらいわいち》の自衛隊入隊のニュースを見つける。藤原岩市は東南アジア進出の際に世論工作などで多くの功績を挙げたいわゆる「F機関」のリーダーでもあった。

この藤原の復帰について「知人の多く自衛隊に進むことに関しては一抹の寂しさを

感ず」と述べている。軍人への未練なのだろう。率直な心情の吐露は戸梶らしい。

一九五六年（昭和三十一年／民国四十五年）

戸梶は台湾に来て六度目の正月を迎えた。この一年の目標について「欧州大戦概史」と「韓国戦史」の研究、そして、中国語での会話能力の習得を挙げている。

三月十二日、戸梶は「総統御前講義」に臨んだ。題目は「ワーテルロー会戦について」。日記では「まあまあの出来ながら、今日、没落時のナポレオンの話をするのはなかなか微妙にして困難な点あり」と述べている。というのも、台湾に逃げ延びて、「没落」していると言えなくもない蔣介石にたいする遠慮があったからだ。

台湾での活動も六年目に入ると、誰もがいろいろなことを考えたはずである。白団の活動はほぼルーティン化されており、「軌道に乗った」と言えなくもないが、大陸反攻という当初の目的からは遠ざかっていた。一方で、蔣介石の国民党にとって大陸出身の外省人中心の軍人たちの士気を保つためにも、大陸反攻の旗は下ろすわけにはいかなかった。台湾の孤立はしだいに明らかになり、白団にも危機感が広がった。

戸梶は四月のある日、「台湾勤務に関する所見」とした長文の見解を日記に書き残した。そこでは「給与においても、仕事の量においても、最上級の待遇」にもかかわらず「現職業に対する不安感」「落ち着かざる気風」があるとして、その原因を分析している。

世界の世論は蔣介石を厄介な存在と見ているため、時々自分は世界平和の敵ではないかという疑念を生じやすい。

年を経るに従って日本国内は安定し、旧友たちは大なり小なりその地歩を固めて自衛隊に入隊した者の地位は逐次向上する。省みて、自分はどうだ。乗っている船（筆者註：台湾のこと）はいつ沈没するとも知れない。

あと十年務めたら蓄えはどうなる。七十万×十年＝七百万円で、日本で金の価値に変化がなければ一生困らないかも知れない。だが十年という見通しはどこから立てるのか。毛沢東が十年我慢するのか。蔣介石はあと十年生きるのか。そんなことよりも自分の古い軍事知識が十年後に役立つと思っているのか。本当を言えばもう首切りの時期だが従来のいきさつから仕方なしに禄を与えてくれているのではないか。

などなど、いろいろと書き連ねている。白団について、従来日本で書かれたものは本人たちの体験談にもとづく情報が多かったが、それは対外的に発信可能な内容として「濾過《ろか》」されたものであって、こうした生々しい部分はほとんど省略されていた。蔣介石への疑念や批判があったとしても「蔣介石の恩義に報いる」という決まり文句の前にかき消され、人間ならば当然である金勘定は「ボランティアで台湾を助けに行った」という美談の前に、あたかも存在しなかったことにされている。

悩みながら、戸梶はこんなふうに当面の結論を下している。

軍事教育者としての実力と将来軍事評論家としての素地を作るということに帰着するのではないか。これが実現できない場合、百姓なり賃貸業なり別の策もあるじゃないか。つまらぬ懐疑はもうやめよう。

これが生身の人間の言葉であると思う。理想や理念だけで生きることはできない。理想や理念とは別次元にある人生観や生活観が、従来の白団に関する記述には欠如していたように思えていたが、戸梶の言葉によってその穴が埋まったように感じた。

五月に入って戸梶の生活は急に慌ただしくなった。大陸反攻計画「光計画」について、作戦の修正が蔣介石より指示されたからである。

五月二十一日の日記ではこう戸梶は書いている。

明日より光計画の修正案に取りかかる。来年六月ごろの兵力をもって行う反攻計画なるものがいかなるものになるか、まことに困難なる問題だ。光計画立案当時よりも現況はますます困難になっている。

それから連日のように白団内部で光計画について審議を重ねたことを戸梶は記録に残している。また、七月に入ると、広東省沿岸である汕頭《スワトー》への上陸作戦を白団内で検討していた。その結論について、七月二十五日の日記では、

朝九時より作戦研究。昨日考えたように当分の間、この方面はダメだという結論となる。付録として空軍消耗状況対策を雷さんに書いてもらえるも一見して総統提出書としては粗雑で再整理を頼む。

とある。大陸反攻計画策定については容易には進まないようすがうかがえる。

この汕頭への上陸案については、糸賀も生前のインタビューのなかで「問題は台湾海峡の広さによる補給のむずかしさだった。そこでわれわれは澎湖諸島を「踏み台」にして台湾本島―澎湖―汕頭へ戦力をピストン輸送することにしました」と話していた。蔣介石を共産党から守った台湾海峡が、こんどは大陸反攻の障害となった。

毎年、年末が近づくと、まるで組合運動のように、白団は給与値上げの団体交渉に取り組んだ。十一月二十八日、白団長、帥副団長、戸梶などが、張柏亭という白団の教育機関である実践学社の副教育長と向きあった。話題の焦点は現地給与。

現行の月七十米ドルを百米ドルまで上げるように求めている白団にたいし、「圧倒された張柏亭の困った顔つき」と戸梶は書いている。

この問題は一週間後、百ドルへの値上げを台湾側が決めたことで決着し、戸梶はその日の日記に「案ずるよりも産むが易しのことわざ通りなり」と満足げに書いた。

この年の年末、戸梶の家族が初めて台湾を訪れた。そのときの戸梶の心境が綴られている。

妻子来台、昨夕良く眠れず。松山に迎えに行く。（十二月二十六日）

台北市街見物、映画、宴会、アイスショウ。（十二月二十七日）

家族一同水入らずの食事と言うものは吾が家にては久々の事なり。在台生活も五年を経て六年目に入る。何時までか、ここ二、三年か。（十二月二十九日）

一家そろって七年振りの越年。七時起床、元旦の酒を呑む。（一九五七年一月一日）

白団のメンバーたちもひとりの人間として台湾で生活を送りながら、家族を思い、将来についても考えていたことが伝わってくる。

このころ、軍事的には苦しいままだったが、台湾の民生は安定しつつあった。経済政策ではインフレを抑制し、土地改革で農業も活力を取り戻していた。問題だった公的機関職員の腐敗も厳しい取り締まりが功を奏して大きく改善され、台湾における日本時代から中華民国への移行期に一段落を告げた時期にあたる。

一九五七年（昭和三十二年／民国四十六年）

一月十日、白団メンバーは蔣介石との会食をおこなった。蔣介石に加えて、その息子・蔣緯国、海空両司令などが集まって蔣介石より以下の話があった。

一、国軍における教官の地位向上

二、本年度に成功した教育をもって将来の基準とする

三、来年度は、外籍（白団）教官は武術のみならず、武人としての品性の問題についても教育を頼みたい

三について、白団のなかでは強く要望していた待遇の値上げ問題を暗に批判されているのかどうか白団のあいだで臆測を生んだ、と戸梶の日記に書いてあった。白団のメンバーは、この当時、三十人ほど台湾で教育などに携わっていたと見られるが、戸梶の予想どおり、一定の役割を果たしたと見られたのか、人員縮小の話が出ており、戸梶の耳にも入った。一月二十八日の日記にはこうある。

呉さんが来て、来年度は人員縮小の方向に進むことが確実だという包さんの話が出た。本件を団長の白さんが知っているかどうか。

帰国と残留ではっきりするとまたなかなか難しい空気になることは過去の実例にもある。

二月六日にはふたたび蔣介石の招きで食事をともにした。

「黒い中国服を着ていたが、少し老けた感じである」。そんなふうに戸梶は思った。この食事の場で、白団の糸賀らが軍の作戦準備について欠点を蔣介石に伝えたところ、蔣介石からは「もしも大陸反攻を実施すれば、政治、社会、国民心理などなどで必ず匪（筆者註：共産党）に勝つ自信あり」との言葉があった。戸梶は「根拠については不明だが、この自信は大切なことだ」と書き残している。

参謀である戸梶は、台湾の軍官を連れて「戦地地形偵察」を実地で教えることもあった。二月二十六日には、「朝小雨だが、台湾の二月は快晴続かず」として、板橋、鶯歌《おうか》、桃園《とうえん》、新竹など台湾北部各地を回っている。「小雨だが地図を広げることに妨げはなかったが、寒さに閉口した」などと日記で愚痴っていた。

十一月二日には「白団創立八周年記念麻雀大会」が開催された。「中国ルール」でおこなって、戸梶は満貫賞と二等賞を獲得し、台湾側よりパーカーの万年筆を贈られた。

一九五八年（昭和三十三年／民国四十七年）

白団も人間の集まりであるから、団員同士のトラブルもある。メンバーの重鎮である范健こと本郷健が「白団の仕事はしたくない。メンバーと交際も一切お断り。全体会議にも出席しない」と言い出していることを戸梶は聞きつけ、日記では「八年来の富田団長との鬱積や孤独感によるノイローゼなどの問題がこの状況に拍車を掛けたのではないかと感じた。本郷は勉強熱心で、戦史などについては研究を重ねていたが、誰もが本郷のようであるわけではない。一人勉強しているとの自負心がこの発言に至らせたのか」と考えつつ、「しばらくは静観するほかない」と書き綴った。

この年、白団を揺るがす「事件」が起きた。「孫明」こと村中徳一が、パンク修理のために路肩に停止していた車に突っこみ、軍人の男性を死なせてしまったのである。しかも酒酔い運転だった。事故発生から数日後の四月二十九日、白団は緊急総会を開いて、賠償金については白団でお金を出しあって面倒を見ること、教官による運転は当分見あわせることなどを決めた。

五月一日に開かれた再度の緊急総会では、村中の謹慎、賠償金として八万円を目標に白団のなかで慰謝料の資金をつくること、犠牲者の両親には別途白団として謝罪して見舞金を贈ることなどを決めた。

このあたりの行動のすばやさ、団結力には彼らが軍人であることを実感させられる。組織としての謝罪と賠償、個人への処罰などをきちんと切り分けておこなっている。組織防衛という意味でも、白団がこの交通事故によって存在意義を疑われることがないように善処しようとしたのだろう。

村中は五月二十七日、軍法会議所から出頭要請を受け、検事取り調べを受けた。その後の処置は、日記で触れられていない。身柄拘束などの刑事処分はいっさいおこなわれなかったようで、白団の特権的な立場が影響したのかもしれない。

この年の夏、戸梶が年に一度の帰国をしていたところ、中国による金門島への砲撃が始まった。この金門砲撃は第二次台湾海峡危機とも呼ばれるが、八月二十三日から十月五日にかけて、中国大陸の側から金門島へ、まさに雨のように砲弾が降り注いだ。台湾側では五百人の死者を出す一方、金門海域封鎖をめぐる海戦では台湾側が中国側に多くの打撃を与えたとされている。

八月二十五日の日記で、戸梶は「金門島に対し、依然、中共の砲撃が続く」とあり、二十六日には「新聞の一面の半分を金門砲撃のことが埋めている」と書く。ただ、分析として「台湾侵攻はなし」「金門輸送を遮断」「（中国の攻撃が）国際的政治地位の向上を目的として実施していることに間違いない」などと的確に攻撃の性質を見抜く判断を示している。

十二月二十七日には卒業式があり、蔣介石の訓示を聞いた。戸梶の記述によれば、蔣介石は「軍事常識を養え」「精神鍛錬に努めよ」「石牌（実践学社）は精神修養と統帥学を学ぶところだ」「戦史は成功失敗の跡を明らかにするもの」などと語った。

また金門の戦闘は、十月にすでに終結していたが、蔣介石は白団との食事の席で「金門の戦闘においてはみな石牌出身者の勇敢な戦いによって勝利した」「（指揮官は）師団長を除いて全員石牌出身者だった」などと、白団の功績をもちあげていた。

一九五九年（昭和三十四年／民国四十八年）

金門では、前年のような集中的な砲撃はなくなっていたが、中国側は奇数日だけ断続的に砲撃という奇妙な攻撃を続けていた。台湾側もどこかあたりまえのこととして受けとめているようで、三十年も戦ってきた国共ならではというべきだろう。

その金門に、戸梶が視察に飛ぶことになった。二月一日から三日まで金門島に滞在し、四日には小金門島などを訪れる一週間の日程が組まれた。

二月一日の日記には、金門視察を終えた戸梶の感想が書き連ねられている。

1、匪（人民解放軍）上陸時の一般状況を如何に考えうるか。海空軍を如何なる前提に考えるべきか。2、反撃展開陣地というものは準備されているか。3、陣地が上に上がりすぎていないか。4、反撃方向は限定できるか。側面攻撃という形式は。

また、この日は一日で奇数日だったから、砲撃がある日だった。

二〇時四〇分に至っても間断的に砲声あり。金門が砲撃され、廈門を砲撃すると放送で言うと、金門砲撃は止まるらしい。偶数日に撃たないことも守られているとのこと。

金門に来てよかったと思う。今まで来なかったことが奇怪なり。

翌日の視察では、対岸のアモイを望遠鏡で眺めることができた。戸梶は「感慨深し。大陸より来たるものはさだめし深い感慨があるだろうと思う」と書いている。手に届きそうで届かない大陸が実感できるのが金門だった。

二月四日には、小金門島を視察した。出迎えたのは、のちに参謀総長、そして李登輝総統の下で行政院長（首相）を務めた郝柏村・海軍師団長だった。郝柏村から防衛作戦について報告を受け、「郝師団長の考え方明確にして頼りになる。孤島の独立司令官として最適任だ」という感想を残している。

二月五日には、兵棋《へいぎ》演習（机上演習ともいう）を、台湾側と日本側がいっしょになっておこなった。人民解放軍の攻撃を想定した地図も戸梶の日記に書いてある。日記によれば、「中央の守りを強化し、上陸作戦は東西二正面に限定すべきだ」、「第二、第三の反撃をいかに指導するべきか」などの助言を、日本側からはおこなっている。

二月二十一日、土居昭夫と服部卓四郎《はっとりたくしろう》が台湾を訪れた。旧陸軍の参謀人脈であり、戦後の日本のインテリジェンス機関とも関係があった二人は、白団と結びついていたのである。この件については次の章でくわしく書くが、この二人が台湾を訪問し、台湾の軍人向けに講演をおこなった。二人は白団メンバーと懇談もおこなっており、以下の観点を示したことを戸梶は日記に記録している。

・「金門は二つの中国運動」を分断するくさびであり、防衛の成就を勝利と呼ぶにあたらず（土居）

・戦術原子兵器（爆弾）の使用は今や西欧側の一般常識になった（服部）

・反共のスローガンだけでなく、中国共産党にたいする具体的政策が必要（土居）

・日本自衛隊は素人多くして役に立ちそうに思えない（服部）

この日、土居と服部の二人は蒋介石から総統官邸に呼ばれ、食事をともにした。同席した戸梶の日記は、「土居氏が天皇制護持と邦人帰還について謝辞を述べた」「土居氏は盛んに大総統閣下を連発していた」などと、そのようすを描写している。蒋介石はこのとき、おそらく上機嫌で土居らの話に耳を傾けていたはずだ。

中国では大躍進政策の失敗により、大量の餓死者を出し、毛沢東の権威も揺らいだように映っていた。また、兄弟であるはずのソ連との対立は隠しようがなくなった。蒋介石は大陸反攻の好機ととらえ、反攻計画の実行を真剣に検討したといわれる。計画は白団と国民党軍の協力で数十パターンも完成していた。だが依然としてアメリカから快い反応はなく、一九五八年の蔣介石と米国務長官ダレスの共同声明でアメリカが金門の安全を保障するかわりに武力による大陸反攻を事実上断念させられた。

3　解散の予感

一九六〇年（昭和三十五年／民国四十九年）

戸梶は、お金にきっちりした性格だった。日記のなかには、いつも給料や支出の計算が書きこまれており、給与の明細を日記に貼っていることもある。

この年の三月の「鍾大鈞教官　俸給計算書」によれば、台湾ドルで払われている戸梶の毎月の台湾での手当はこんな風だった。

俸給	二百八十五
加給	二百
特支費	八百五十

香煙費　三百四十四
酒費　六十一
日用品費　三十
副食費　六百五十一
研究費　一千五百
襯衣費《シャツ》　八十三
代行庶務費　七十

「俸給」は基本給、「加給」は時間外手当、「特支費」は特別手当、「香煙費」はタバコ代、「酒費」は酒代。いろいろな費目があることが面白い。

この月の総額は四千台湾ドルに達していた。一九六〇年当時の台湾は日本と同じで米ドルとの固定レートであり、一米ドルが四十台湾ドルだった。四千台湾ドルということは、日本円にすれば三万六千円相当になる計算だ。当時の大卒初任給の平均は一万五千円ぐらいだった。このほか、白団の人びとは日本でも家族に十分な手当が支払われているのだから、生活は余裕があったと思われる。

なかには派手にお金を使う人もいたようだが、戸梶は倹約家のほうで、しっかりと貯めていたことが日記の記述からもうかがい知れる。

この年の前半、戸梶たちは大陸反攻の作戦上の重要文書である「反攻作戦指導要領」の作成に取り組み、三月七日、その日本語版が白団メンバーに配られた。

そこで、海軍出身の屠航遠こと土肥一夫による海軍戦力の分析がおこなわれた。戸梶はこんな感想を記した。

単独反攻は海軍に関する限り不可能なる事も明かとなる。白団長以下教官に認識を新たにしてもらって無茶な作戦計画を立てない様にとの心も分かる。とにかく屠氏の研究努力、平時の勉強には敬意を表さざるを得ず。

この時点では、すでに大陸反攻の可能性が遠のいていたが、表面的に華々しい反攻計画を作りあげて蔣介石に報告しようという風潮があったのだろう。

一九六一年（昭和三十六年／民国五十年）

この年の目標に、戸梶は「中国語を更に向上する事」と記した。

一月二十四日から、戸梶は中国語でも日記を書きはじめている。中国語としてはけっして完全とは言えないが、当時の日本人はわれわれよりもずっと漢学の教養があるのだろう、漢字だけでひとつの文章を仕上げるコツのようなものは体得しているようで、それなりに中国語として文章になっている。三月十二日まで中国語の日記を書きつづけた末に日本語に戻ったが、その後も断続的に中国語で日記をつけていた。

「白団整理問題」。こう題した五月二十二日の日記で、戸梶は中国語でこう書いた。

四谷先生（筆者註：岡村寧次のこと）が台湾に来ることは中国側となにかを話しあうのだろうか。最近、通訳官たちの態度が不遜になってきており、「来年、石牌（実践学社）に大きな変化があるだろう」と話す者もいる。これらの状況を総合すれば、来年、白団に大きな変化が起きることは断定していいだろう。

岡村寧次が側近の小笠原清といっしょに白団のもとを訪れたのは六月十八日。「十一時に四谷先生と懇談。先生は七十八歳なのに六十歳ぐらいに見える。顔色も良く、元気そうだ」。ただ、このとき白団の存続についてはとくに話はなかった。

岡村寧次は六月二十一日に蔣介石と草山行館で面会している。その内容については、小笠原清から白団メンバーに六月二十四日になって報告された。

総統と四谷先生の会見で、四谷先生からの四つの要求について、総統は特に回答せず、ただ、すべては彭校長に任せているので、彼と相談して欲しいということだった。

日記によれば、さらに彭校長と岡村寧次の会談がこの日と翌日におこなわれるということで、戸梶は日記に「白団の前途が決まるのだろう」と書いた。

しかし、翌日、岡村から全員への報告では「東京の留守部隊を半減し、台湾の団員を一人帰任させる以外の変更はない」とのことで、戸梶もまた胸をなで下ろした。なお、この訪台の際に岡村も金門の最前線に飛んでいる。

年末に帰任するメンバーが屠航遠、すなわち土肥一夫であることが判明する。七月二日、戸梶はこんな感想を漏らしている。

もともと彼は優秀な人であるが、中国側に対する要求があまりにも苛烈で、同時に礼儀に欠くところがあり、張副主任との感情的な対立もあったことが帰任の主要な原因ではないだろうか。

八月上旬、金門に二度目の視察をおこなった戸梶は、数日間の現地訪問を経て、二年前の最初の視察のときに比べて金門の防備が「兵力は減ったが、装備は改善した。二年前よりも多くの面で進歩している」との評価を下した。

その旅の疲れが出たからだろうか、戸梶は盲腸炎を患って入院し、八月十日に手術を受けることになる。「麻酔がよく効き、痛くなかった」と記した。十日間ほど入院している。

一九六二年（昭和三十七年／民国五十一年）

この年、戸梶の日記には、麻雀、ゴルフ、囲碁の記述が非常に目立った。もちろん白団の教官としての活動も書いてあるのだが、おおよそ三分の二は、こうした娯楽で占められている。ほとんど毎日のように団長の白鴻亮こと富田直亮と囲碁を打ち、その戦績も日記に記した。労働時間はフルタイムの教官というよりも、毎日半日ほど働いている程度のように見える。

白団の仕事の「ゆるさ」と緊張感の欠落については、年々、顕著になってきているようだった。武力行使の可能性が遠のきつつあった中台関係の固定化もあっただろうし、白団の教育が軌道に乗ったかわりに作業はルーティン化したため、とくに日記に書くほどの新鮮なできごとがなかったのかもしれない。

ただ、この年の年末に「司令部演習」が実施されたとき、戸梶は白団の海軍出身者を痛罵している。白団内では多数派の陸軍出身者と少数派の海軍出身者とのあいだで感情的な対立があったと言われる。陸海の気質の違いなどからくる関係の悪さは世界共通であるが、すでに軍人ではなくなっていても打ちとけるのはむずかしかった。自分にも他人にも厳しい性格と思われる戸梶は、日記のなかでも周囲の同僚にたいしてときに批判的だった。

十二月四日の日記では、海軍出身で、白団の副団長格の帥本源こと山本親雄にたいし、こう分析している。

帥先生は海軍教官との協力がうまくできていないので、審判が一日遅れてしまい、各方面にトラブルを起こしている。海軍の協力がうまくいっていない理由は彼らの準備不足と、帥先生の権威がすでに失われていて、中国の教官や研究員たちが従わないことなどがある。

年末十二月二十七日に開かれた忘年会では、本郷健にたいする不満や、宴会での暴れっぷりを皮肉たっぷりに記している。

宴は比較的穏やかに過ぎていたが、一時間ほどで本郷氏は誰にでも議論を吹きかける傾向あり、私に対しても私の頭髪を握って盛んに議論をふっかける。内容はおおむね下らぬこと。富田団長に対しても絡んで富田団長を怒らす。一時女中も逃げだし、両者が対決しそうになったが、ぎりぎりで止まった。

この年の日記で、戸梶はこんなふうに一年を回顧した。

五大ニュース　達哉誕生　豊子開店　洋子中学へ　幸子二段（筆者註：詩吟）
打倒白鴻亮目的達成（筆者註：囲碁で）。
白団で屠氏退職　雷氏退職。

個人として進歩したのは囲碁で、語学その他は努力が足りなかった。初孫の誕生、豊子の開店、洋子の進学など子供たちは順調に成長している。中共は世界の孤児的立場にあり、当方の地位も若干見直されたる感ありも総統の年老いていることは寂しいことである。

一九六三年（昭和三十八年／民国五十二年）

新年早々から、戸梶は馬祖を視察した。馬祖は、金門と並んで台湾が実効支配する中国大陸沿岸に近い島々であり、南竿島、北竿島など複数の島々から成っている。住民の数よりも軍人が多いぐらいで、金門以上に軍事要塞化されたところである。

馬祖には一月九日に出発した。天気が悪く、飛行機がたいそう揺れて、「吐いた」と日記にある。視察は十日から始まった。作戦参謀にとって地形分析はもっとも大事なものだった。高登という島については「（馬祖全体の）面積十分の七を占めるが、海岸線はやはり険しく、上陸可能なのは以下の通り」と書いて、日記に島の地図と↓をつけている。さらに「上陸に対する配備は十分だが、ただ研究が不十分なのは曲射火器の撃ち方だ」としている。

この日の夜には現地の「政治部主任」から宴会でもてなされた。

料理はすべて島の材料を使い、すべておいしい。特に最初に出て来た蟹がよかった。映画を観たが寒かった。馬祖の将兵は二万あまり、人民は一万二千人。

翌十一日には、最南部の「白犬」と呼ばれる島を視察している。そこで劉という現地司令官らしき人物と意見交換した際、「民国三十九年に土城で教育していた時代、富田直亮団長が武士道について語ったことに彼は言及してくれた」。また、張という現地の砲兵長も、白団で教育を受けた経験があるといい、旧交を温めた。教え子が最前線で頑張っているようすを見ることは、喜びだったことがわかる。

馬祖視察については同日の日記で「総統への報告は富田団長にやっていただくが、私からは曲射火器の使い方以外には指摘する問題点はなかった」と書いている。

この年から戸梶は「高級班」と呼ばれる幹部軍人向けのクラスを受けもつことになった。入学期間は三カ月。富田直亮団長より、戸梶が授業内容などのプランニングを頼まれて立ちあげたものだった。その最初のクラスが修了した七月十九日、蔣介石主催の宴会が開かれた。

日記によれば、蔣介石は、中将、大将クラスも混じっている卒業生にたいして三カ月間の学習の感想を聞くなど熱心なところを見せ、戸梶は「まるで将官を自分の子供のように考えている」と驚いている。

戸梶は酒好きであった。ほとんど毎日のように飲んでいたのではないかと思えるほど、日記には飲酒のことが書いてある。斗酒を辞さずという酒量だったようだ。ただ、時には酒による手痛い失敗もあった。

十月二十九日に、もともとあまりウマのあわない本郷健に呼ばれ、午後六時すぎから二人で酒を酌み交わしはじめた。

愉快に語り、紹興酒二本、ウイスキー一本をあけてさらに日本酒に及ぶ。午後八時には迎えの車が来たものの、上機嫌の本郷に引きとめられて飲みつづけた。このあたりから、雲ゆきが怪しくなる。午後十時ごろ、本郷と些細なことでケンカを始めてしまう。

暴力を振い、警察が来た。相当長い時間格闘していたらしい。せっかくの好意を、酒で理性を失って申し訳なし。

本郷はかなり高齢で、しかも病気がちだった。戸梶にも言い分はあったに違いないが、翌日反省した戸梶は本郷に手紙を書いて潔く謝罪し、本郷からもとりあえず謝罪を受け入れられた。

しかし、警察沙汰になったこともあって問題はそれだけではすまず、団長の富田から台湾側に謝罪した。

台湾側からは、

①日中（筆者註：日台）関係がよくないなか、石牌（筆者註：実践学社）のイメージを悪くする行動は注意すること

②高級将校の教育を担当する立場として自重してほしいこと

③事件としては拡大させない

などのことが、白団にたいして伝えられた。

このなかで「日中関係がよくない」というのは、ちょうど十月に入って日本で起きた周鴻慶《しゅうこうけい》事件を指しているとみてまちがいない。この事件は、中国からの訪問団の一員だった周鴻慶が台湾に亡命しようとして団を脱け出し、日中台の外交問題となった

ものでで、一時、台湾では亡命を認めない日本政府の対応に不満が爆発し、白団のメンバーが数日外出禁止を命じられたほどだった。その意味でも、戸梶の問題はタイミングの悪いなかで起きたものだった。

富田より戸梶にたいし、東京の岡村寧次に辞職願を出すように指示があった。ただ、富田は戸梶に「私としては別に考えることもある」と述べ、慰留することも示唆している。戸梶は富田にとって囲碁仲間であり、もっとも信頼している部下だったことも関係してか、温情判決を下そうという考えだったのだろう。

十一月五日には「四谷閣下（筆者註：岡村寧次）に進退伺」として、「ゴタゴタしたことは一切省略し、酩酊、ご老体に暴力を振るい、負傷させ、団の体面を汚し、申し訳ない。責任は一切当方にあり、進退伺に関しご命令を待ちます」との手紙を出した。

この進退伺にたいし、岡村より十一月十八日に返事が届いた。

岡村は戸梶の辞職願を却下し、「自戒の上勤務続行」を指示した。

戸梶の日記によれば、「東京より来信あり。曰く、十年あまりの長期にわたって祖国を離れて安寧なく勤務に励む中、時に鯨飲するのも諒とするが、乱れることは良くない。酒は余裕をもって楽しむべきで、厳しく自戒を望む。本郷氏や周囲に対して礼を尽くし、わだかまりを残さないよう」という内容だった。

「名文なり。寛大な処置に感謝」と戸梶は日記に記した。岡村の指示にしたがい、世話になった人びとや迷惑をかけた人びとにたいして戸梶は宴会を開いてもてなし、一件落着となった。以来、戸梶は酒を飲みすぎないよう注意深く自分で酒量をコントロールするようになった。

この年の年の瀬、十二月八日、戸梶は「二十二年前の太平洋戦争開戦の日」を思い出した。日記にはこうある。

渋谷地下鉄ホームにて小林友一に『とうとうやったな』と言われて初めて開戦を知った。陸大食堂にて十二時、開戦の詔勅、東條総理の演説をラジオで聞きたるときの感激、武者震いを想起す。

このころ、白団と戸梶の運命を左右する動きが表面化してきた。白団の存続問題についての議論が本格化したのである。白団はこれより一年後の一九六四年末をもって、事実上の解散に等しい結末を迎えることになる。

戸梶の日記の記録によると、十二月五日、蔣介石の息子、蔣緯国が団長の富田直亮を訪ねてきた。今後の白団の存続にかかわる諸問題について「父親が白先生（富田）と相談しろと言っている」ということだった。

富田は十二月七日、台北市の士林《しりん》官邸で蔣介石と会い、幹部教育が一定の目的を達したこと、（大陸反攻のメドが立たない）時局にあった教育への転換が必要などとする意見を伝えたうえで、当時二十人近くいた白団の人員を半数以下に削減する案を伝えた。さらに、「団の統帥がなかなか難しい。人員の削減の折には自分と一体になってくれる者を残したい」と話した。蔣介石が「統帥が難しいとはどういうことか」とたずねると、富田は「自分には賞罰の権限がなく、軍との契約も個人契約であるので」と説明したという。

白団内部で、人間関係が複雑化していることは戸梶の日記のなかでもくりかえし記載されていた。戸梶は富田と親しく、側近中の側近であったが、富田とベテランの本郷健は口をきかないほど関係が悪化し、団内は、富田派、本郷派、中立派で分裂して、食事や宴会、台湾側とのつきあいも、グループ別におこなっている状況だった。

富田は戸梶を残留させたがっていたが、戸梶はやや冷めた目で見ていた。日記にはこう書いて、これをひとつの帰国の機会と受けとめているようすがうかがえる。

いつまで団の仕事をやるかは大問題だ。蔣介石総統の退任の時が一つの期限という漠然たる観察はあったがタブーなので誰も語りたがらない。ただ、自ら主導的に時期を選択するのも指揮官の責任である。

十二月二十八日、聯合戦術班という教育クラスの卒業式があり、白団教官と軍人たちで寄せ鍋を食べた。その際、姿を見せた蔣介石からこんな発言があったことに戸梶たち白団は驚かされた。

国軍教育組織の完備に伴って石牌（実践学社）教育との間に様々な矛盾、摩擦が生じている。聯合戦術班は十二期をもって打ち切りとする。来年より石牌は高級将校の研究機関となる。外国人教官は国家艱難の時代に我が国の教育に多大な貢献があった。

白団はもう役割を全うしたという蔣介石の意思表明であった。

一九六四年（昭和三十九年／民国五十三年）

一月十一日、この年かぎりでの白団の契約解除が正式に蔣介石から富田直亮に伝えられた。戸梶の日記によれば、富田は、緊急会議を開いて白団メンバー全員にこのように説明している。

本年末をもって外国人教官との契約を解除する。公務終了の者は逐次帰ってよい。報奨金その他については富田が協議していく。本人がさらに中国に協力を希望し、中国側が協力を希望する場合においては改めて五～六月に契約する。

その後、白団内では、ほんとうに年末に解散するのか、誰が残留するかについて、かなり相互に疑心暗鬼になる状況が起きたようだった。

戸梶は、以前起こした暴行事件のこともあり、残留にはあまり期待を抱いておらず、淡々とした心境で待っていた。

九月四日の日記には「率直に言って、今後中国（筆者註：台湾）に更にとどまることは私の一生のプラスにならない。思えば重要な壮年期をこの地に埋没させてしまったものだ。残留したとしても一～二年後にどうせ解散するなら今帰る方がいい」という心境をつづっている。

一方、戸梶には、このころ、別の個人的な問題が浮上していた。戸梶には台湾でかなり長い間つきあっている女性がいたようである。その女性は台北市内でバーを経営しており、北投にある戸梶の宿舎を往来していた。

九月、台北市内のこの女性の家で、この女性が別の男性といっしょに眠っている状況を戸梶は目撃してしまう。このことをきっかけに、日本への帰国がほぼ確実な状況になっていることもあって、女性との別離を決意する。

ただ、女性への思いは残っていたようで、九月七日の日記には「善人なり、美人なり、名器なり、意志弱し、嫌と言えず、無責任なり。将来他人に利用され辛酸をなめる公算多し。保護者が必要だ。後任の善人なることを祈る」と書いている。

こうした女性問題について戸梶は日記に正直に書いており、将来、家族の目にとまることも想定していた。

「本件を記して将来この日記を読まれて、妻子には父親の面子を失うことになるが、父も人間であると考えて了解してくれることを希望したい。

このコメントには、読んでいて、不謹慎だが笑いがこみあげてきた。

十一月七日、戸梶は団長の富田より直接、日本帰国を内示された。残留は富田を含めて五人。当時の白団のメンバーの四分の一にあたる。そのなかに、戸梶は入っていなかった。

富田の直接の説明によれば、富田と関係が悪い本郷と戸梶は「差し違えた」かたちになったといい、富田は「団長の意見はことごとく拒否されてしまい、団長の面目がない。一年たって私もやめる。先に帰っていてくれ」と語ったと、戸梶の日記にある。

戸梶はさらに「これにて万事方向決定。境遇の変化に直面し、帰国後にすることなどを考えるとさすがに気分が重い」と書いた。覚悟はあったとはいえ、やはり十年以上続いた生活から離れることにためらいがないはずはなかった。

十一月十九日には兵棋演習の最終実演があった。戸梶が講評で「藍」「緑」両軍の形勢について判定を下し、「是が余の石牌における最後の公式発言かと考え」、感慨にふけっていたところ、「藍軍」の長である曹傑《そうけつ》という人物が異論を申し立てたことにたいし、「判定はさきほど述べた通りだ」と戸梶は怒気をはらんだ声で語った。

戸梶は「最後まで怒声を上げていることに我ながら苦笑い」と日記に記した。

戸梶たちの帰国はいったん十二月七日と決まり、連日のように送別会が続いた。ただ、蔣介石の送別の宴の開催の日程が立たないということで、帰国は一時延期され、十二月十三日に蔣介石主催の宴が士林官邸で催された。

心より名残を惜しむ総統の態度に打たれる。人間的魅力と言うものは斯くの如きものか……。総統の発案にて記念の写真を撮る。この波瀾万丈の偉人に大陸の一角にても光復（筆者註：奪い返す）させてやりたい希望を実現せずして去ることに千載の恨事だ。ただし、これは台湾人民にとっては一種の仕合わせかも知れず。

戸梶は日記にこう書いた。

十二月十六日、戸梶は朝七時に起床し、散髪に出かけた。九時十五分に長く暮らした北投温泉の宿舎を後にし、台北市内で買い物をすませたあと、松山空港から十時四十分発のフライトで羽田空港に向かった。出発時には複数の台湾側の同僚に見送られた。旅の終わりはこういうものなのだろう。

蔣介石の隣に立つ戸梶（写真上）と
追悼集『風雨同舟』（写真下）
（新田豊子さん提供）

羽田に到着したとき、「あまりに早く着いてしまい、実感が湧かない」と書き、あっさりとしすぎるほどあっさりした一言をもって台湾での日々についての日記を締めくくった。

第七章　秘密の軍事資料

国防大学の白団資料書庫
（熊谷俊之氏撮影）

1　東洋一の軍事図書館

国防大学へ

台湾北部の地方都市、桃園の空はどんよりと曇っていた。その雲間に、上空に向かって飛び立っていくジャンボジェット機が消えていく姿が目に入った。

台北市内から車で一時間ほどの距離の桃園には台湾の玄関口「桃園国際空港」がある。十年ほど前まで、この空港は蔣介石にちなんで中正国際空港と呼ばれていた。中正は蔣介石の名で、介石は字《あざな》である。日本では介石で通っているが、台湾では公式文書で中正を使う。

台湾において、蔣介石を好きな人、一定の尊敬を感じている人は「蔣中正」や「蔣公」(蔣さま、のような語感)と呼び、嫌いな人は「蔣介石」と呼ぶ傾向がある。中国では「蔣中正」と呼ぶ人は非常に少なく、基本的には「蔣介石」を使う。

一九九〇年代、日本から台湾行きの飛行機に乗ると、英語で「チャンカイセッキインターナショナル　エアポート」という放送が機内で流れていた。チャンカイセッキは英語で Chiang Kai-shek。蔣介石の英語表記である。

標準中国語のピンイン表記では、Jiang Jie-shi になるはずだ。Chiang Kai-shek は広東語の発音で、当時、革命運動をやっていたのが孫文らを中心に広東人が多かったため、英語で海外に紹介するときに Chiang Kai-shek になったと言われている。

桃園空港から走らせたタクシーは、やがて桃園の市街地から少し離れたところにある国防大学の門の前に止まった。

国防大学は台湾の軍事教育における最高機関であり、陸海空軍のエリートたちが学ぶ軍人教育機関である。

警備員がしきりに私の旅券と名刺をチェックしている。車から外に出て、門の脇の待合室で待つように指示された。三十分ほど待たされ、軍服に身を包んだ案内役の女性将校があらわれた。

「ごめんなさい、メディアの訪問としては過去にないリクエストだったので、少し準備に手間取ってしまったの」

女性将校はぺこりと頭を下げた。彼女の後について国防大学の巨大な正門を抜け、しばらく歩くと大学付設の図書館に案内された。地下に下り、なんのプレートもかかっていない部屋の前に案内された。

「ここにあるのは日本語の資料ばかりで、どうやって活用していいか私たちもわからないのです。ですから、基本的には未整理のものであると思ってください。かぎられた時間ですが、ご自由にご覧になってけっこうです。では二時間後にまた迎えに参ります」

案内役の女性将校は、軍人らしくてきぱきと用件を伝え終わるとすぐに立ち去った。「監視」がつかないことはありがたかった。

部屋に入ると、目の前にあらわれたのは三列の書棚とスライド式の書庫だった。誰も手に取る者もなく、長い眠りについていた資料は、書籍と文書の二種類にわけて保管されていた。

やけに誇らしげ

静かになった資料室で、私は白団の黒子であり、日本における「事務局長」役を務めた小笠原清の文章を思い起こした。

小笠原清は一九七一年、白団の実態について『文藝春秋』八月号で「蔣介石をすくった日本将校団」と題する手記を発表した。白団解散から二年あまり。白団というグループの存在を、直接の当事者によって初めて公にした文章だった。

台湾の国防大学（著者撮影）

そのなかで、小笠原はこんなことを書いている。

「富士倶楽部は昭和二十八年から十年間存続し、この間に軍事図書七千余冊、資料五千余点がつくられて現地に送り込まれ、東洋一の軍事図書館がつくられたと、かげながら満足している次第だ」

小笠原は、白団の創設者である岡村寧次に仕え、「岡村大将の当番兵」を自任する男だった。そんな小笠原だから、白団のことを書いた『文藝春秋』の記事も、基本的に事実を淡々と述べるにとどめ、機密に触れそうな部分は巧みに外していた。

ところが唯一、この富士倶楽部のことを紹介する一節を読んで引っかかりを感じた。なぜなら、裏方に徹することをみずからに課していた小笠原が、ここだけ「東洋一」「満足している」などと、やけに誇らしげに、筆を運んでいるように見えたからだ。

富士倶楽部は白団の後方支援組織として、一九五二年に飯田橋に事務所を構えた。そこでメンバーは週に一回の研究会を開き、一部は常勤として資料を集めた。その資料はガリ版にして台湾に送り、「現地からの要求は研究課題にしてもぐりこませて研究していただいた」（小笠原）という。飯田橋の事務所の場所はいろいろ探してみたがわからなかった。

国民党はほうほうの体で中国から台湾に逃げ出したため、軍事教育や軍事作戦に使う資料をほとんどもちこめなかった。軍人教育を白団がおこなうに際しても、資料不足が最大の問題となり、国民党政権からも、白団からも、「なんでもいいから軍人教育に使うことができる資料を送ってほしい」というSOSが日本に寄せられていた。その要望に応えるかたちで立ちあげられたのが「富士倶楽部」だったのである。

小笠原によれば、「富士倶楽部」の活動の結果、「七千冊、五千点に及ぶ膨大な軍事資料が白団のもとに送られ、東洋一の軍事図書館になった」というのである。東洋一という根拠がどこにあったのかわからない。たしかにほかにアジアでは類する軍事資料を蔵する資料館や図書館はなかったかもしれないが、確認する術はなかっただろうし、一種の誇張的な表現だったのかもしれないが、少なくとも小笠原にとっては、自分が中心になったプロジェクトとして台湾に目に見えるかたちとして残すことができた成果であったことはまちがいない。

日本から送られた膨大な軍事資料

国防大学訪問の半年ほど前、台湾の「国史館」を訪ねた。

「国史館」の本部は新店《しんてん》という台北のはずれの山のなかにあるが、台北のど真ん中に屹立する旧台湾総督府、現「中華民国」総統府の真裏に、データベース化された端末室がある。

ここに二〇一〇年から『蔣中正総統檔案』が、新しい目玉資料として閲覧できるようになっていた。二〇一一年の冬、私はこの国史館を訪ね、富士倶楽部関連の文書を探す作業に数日間没頭した。

白団に関すると思われる文書は数百件に及び、時間をかけてひとつずつ中身を調べていくと、やがて「資料整備及調査研究実施概況」という文書に行きあたった。

この文書には「昭和二十八年（一九五三年）、岡村寧次が蔣中正総統に提出した」と書かれている。

■資料整備及調査研究実施概況表

期別	月	資料関係	調研関係
前期	一〇		情勢判断
	一一		戦争様相
		中共関係	新兵器
	一二	朝鮮関係	世界戦略（米ソ）
		蘇聯関係	国力判断
	一	米国関係	戦略兵要地理（極東）
	二	兵学関係	極東基本戦略（総力戦）
	三	船舶兵器関係	極東基本戦略（武力戦）
	四	戦史関係	極東基本戦略（冷戦）
後期	五	軍事図書	防勢作戦基本大綱
	六	作戦資料	防勢作戦基本要目
	七		反攻作戦基本大綱
	八		反攻作戦基本要目
	九		建設大綱

心のなかで「ビンゴ、あたりだ！」と叫んでいた。

文書の中身を開くと、冒頭にこんな表がついていた。

一九五三年十月から翌年九月にかけてのカリキュラムの計画表のように見える。白団のスケジュールにあわせて、日本から台湾に資料を送っていたことを示す資料の可能性が高い。

中央の列の「資料関係」は、刊行されている書籍や文書を指し、「調研関係」とは富士倶楽部が独自に調査・研究をおこない作成する資料を指しているようである。

書籍類と調研作成資料が二つにわ

かれていることは、国防大学の資料庫の状況とも一致している。富士倶楽部の活動内容は、書籍・戦前の資料の収集、そして独自資料の作成まで及んでいたことがわかる。

この文書をさらに読み進めると、数千冊には達する書名や資料名がずらっと並んでいた。これが富士倶楽部資料として台湾に送られたものの目録であり、小笠原が語っていた「東洋一の軍事図書館」の詳細が記されたものとみてまちがいない。

そのなかの「希望資料処置現況一覧表」（昭和二八・五・二五現在）という文書の「済」（発送準備完了）の項目に、以下の表のような書名が列挙してあった。

基本的に一般刊行書籍のたぐいである。日本の市販本を中心に台湾に送られたのであろう。ただ、なかには公式資料や軍事機密資料らしきものも紛れこんでいる。

この「済」に続いて、「相当数（又は一部）発送」の項目には、こんな記載があった（次のページ）。

このなかにあるいくつかの「兵要地誌」については、後ほど詳述するが、軍事作戦上の絶対不可欠なもので、間違いなく、軍の機密資料である。「細菌戦資料」「総動員資料」など、ほかにも機密度の高そうな資料がたくさん入っている。

さらに「未済（捜索中を含む）」の項目を見ると「兵要地誌」のほかに「中野学校教材」「幕僚必携」など、明らかに内部文書に属するものも入っている。

■「希望資料処置現況一覧表」

[昭和二十八年五月二十五日現在]

＊発送準備完了のもの

「運命の山下兵団」
「原爆の広島及長崎」
「英空軍戦史四巻」
「中国各作戦の兵団及指揮官氏名」
「参謀」
「ビルマ戦記」
「西洋史　全附図」
「東洋史」
「支那革命外史」
「企画院参考資料」
「昭和四年施行　資源調査法に関する資料」
「シベリヤ鉄道輸送状況」
「港湾関係資料」
「上海の謀略」
「謀略関係資料」
「新聞縮刷（朝日、経済）」
「日本無罪論」
「日本人への遺書」
「中国的考え方」
「ドイツ国際軍事裁判記事」
「歩兵操典」
「剣術教範」
「相互扶助論」

＊相当数（又は一部発送）のもの

「第二次大戦資料」
「アレキサンダー大王戦史並に附図」
「フリードリッヒ大王」
「総動員資料」
「第二次大戦英米独仏国家総動員資料」
「支那沿岸兵要地誌」
「揚子江方面地誌」
「ソ連及極東ソ連地図」
「シベリア中央アジア方面資料」
「憲兵資料」

「特務職」
「兵図関係」
「細菌戦資料」
「陸軍航空部隊空中勤務者採用基準　海軍同
（特に身体検査規格及身体検査要領）」

＊未済（捜索中を含む）のもの
「福建省兵要地誌」
「朝鮮五〇万分の一以下の地図」
「欧州一般地図」
「中野学校教材」
「幕僚必携」
「対ソ戦闘法」
「対ソ作戦要綱」
「坑道陣地の編成設備」
「山地師の編成装備」
「保安隊典範令」
「アメリカ典範令」
「交通教範」

「保安隊自動車編成部隊運用研究資料」
「大阪国際新聞」
「東亜通信」
「神戸架橋文化」
「ポピュラーサイエンス」

＊第一次希望資料中おおむね希望に応じたもの
「陸軍補充令」
「召集延期実施要領」
「兵役法詳解」
「特務戦参考資料」
「動員兵力統計」
「物資動員統計」
「生産力拡充計画」
「軍需動員計画」
「防空戦史」
「英独空戦資料」
「フーコン作戦史」
「ノモンハン資料」

「第二次大戦資料」
「野戦憲兵隊の編成装備及活動史」
「日本保安機構の具体的内容」
「統帥参考書」
「科学的捜索資料」
「陸軍補充令」
「電波に関する雑誌」
「気象に関する雑誌」
「大陸問題」
「あけぼの」
「防衛と経済」
「工業年鑑」
「中共治下の総合国力」
「中共民心動向」
「中共治下の三民主義の解釈及具体的施策」
「中共の政治的思想的弱点」
「中共地上軍の戦力配置指揮官及編成装備」
「中南支兵要地誌」

■発送資料一覧（観戦兵図関係）

［昭和二十八年六月一日現在］

1、二式高射装置（陸上用）の図面及機構説明書
2、一〇ミリ砲弾製造について
3、点的機（照準練習機）の構造
4、五三ミリ連想発射管の計画資料
5、航跡自画図二型の取扱説明書
6、駆逐艦用電波兵装　レーダー・方位測定器・ローラン　各種送受信機・水中探信機・音響測探機
7、演習爆弾を以てする爆撃訓練について
8、漁船（一五〇屯程度）用電波（音響）兵装について
9、赤外線利用見張照準装置
10、旧日本海軍哨信機の成果及将来の見込
11、咬竜（甲標的）設計資料・使用機関（及入手の可能性）・転輪羅針盤・潜望鏡・発射管

（筒）及発射装置の構造について
12、駆逐艦主砲用机上射撃演習機及設計資料
13、駆逐艦用五三ミリ又は四連装発射管（六年式魚雷用）
14、丹陽レーダー装置について
15、ラジオゾンデに関する資料
16、ヘッジホッグに関する資料

国防大学に展示されている「白団」資料
（熊谷俊之氏撮影）

「第一次希望資料中おおむね希望に応じたもの」という欄には、三三三ページの表に掲げたものをはじめ六十冊が列挙されている。これなどは、ほとんどが軍事資料だと言うことができる。

「発送資料一覧（観戦兵図関係）（二八・六・一二）」というリストには、いかにも機密資料というような名前が並んでいて驚かされる。

「調研資料一覧表」というリストがあった。日付は「昭和二十七年十月」となっている（巻末資料参照）。

これらの「調研」資料は、一般書籍でもなく、戦前の軍事資料でもなく、「富士倶楽部」が独自に作成した資料である。「調研」とは「富士倶楽部」の別名だ。

この膨大な資料のリストから「富士倶楽部」は、資料収集だけではなく、きわめて優秀な、名前どおりの「調査・研究」機能も有していたことが十分に伝わってくる。その内容は軍事だけにとどまらず、国際情勢や思想や哲学にまで及んでいる。これだけの資料を作ることができる当時の「富士倶楽部」のもとにどれだけの人材が集っていたのだろうか。

2　「調研第〇〇号」

あの手この手で

小笠原の手記によって存在が示され、台湾の「国史館」資料によってその細部が判明した軍事図書館だったが、その資料が台湾にいまも現存するのかどうかを調べようと、台湾・国防部の関係者に接触を続けたが、「昔のことなのでわからない」という反応ばかりだった。

ヒントを与えてくれたのは、台湾の大手紙『中国時報』の記者として『覆面部隊日本白團在台秘史』を書き、いまは退職して大学で教鞭を執っている林照真《りんしょうしん》という女性だった。

彼女の大学に電話をかけて尋ねたところ、

「昔、曹士澂に、三軍大学に白団がもちこんだ資料がたくさんあるって教えてもらったの。でも取材を申しこんだら『軍事機密』を理由に拒否された」

という話だった。

三軍とは陸海空軍のことで、いまは名前を変えて国防大学になっている。

国防大学は国防部所管にあるのだが、広報担当に取材を申し入れても「調べます」という返事のあとは沈黙してしまった。

催促しすぎるのも警戒心をもたれるだけでよくないと考え、知人の台湾人のベテラン政治家に協力を頼んだ。その結果、たしかに白団関係の資料が国防大学に存在することがわかった。それからは、この政治家の仲介で数カ月間の交渉を経て、「二時間以内」という約束で国防大学の白団資料へのアクセスが認められた。これが本章冒頭の国防大学訪問までの経緯である。

富士倶楽部の別名

「富士倶楽部」の実態をようやく目のあたりにすることができる。期待を高める私の心境とは対照的に、資料室は静まりかえり、小笠原たちが精魂こめて作成し、日本から送りつづけた資料は書棚のなかで無言の眠りについているようにも見えた。

前述したように、資料は大きく二つのパートにわけて保存されていた。ひとつが書籍で、もうひとつが文書資料である。

書籍は奥行きの深い書架を三列使って保管されていた。日本で発行された一般書籍が大半を占めている。刊行時期は主に戦前から戦後初期にかけてのもので、テーマは軍事資料、戦史、海外事情、中国情勢、ロシア情勢などが目立つ。『朝日新聞』や『読売新聞』などの縮刷版もある。

なかでも戦争関係の書籍が圧倒的に多い。目にとまったのが、参謀本部編『明治卅七八年日露戦史』。茶黒に渋みがかった表紙のまま書棚に並んでいた。

台湾に派遣された白団は、軍の若手、中堅の幹部候補たちを相手に連日、軍事教育をおこなう役割を任されていた。これらの資料の多くは翻訳され、教育資料として活用されたはずである。

一方、書籍がある書架と通路を隔てた反対のサイドには、移動式書架があり、白いファイリングケースが大量に並べられていた。表紙にはなにも書いていない。一つひとつファイルを引き出して中を開いてみると、「調研第〇〇号」という通し番号がふられていた。

「調研」は「富士倶楽部」の別名であることはすでに述べた。通し番号は一九五〇年代前半の一番から始まり、最終的には一九六〇年代の二千数百番まで及んでいた。ファイルは整理がバラバラで、順番に並べられておらず、一〇〇〇番文書の隣に一五〇〇番の文書があるというありさまだった。長い間、整理がされていないのだろう。

しかも、背表紙にファイル番号も書いていないので、いったいどのぐらいの分量のファイルがあるのかわからない。一から二千まですべてがこの書架に入っているかといえば、書架のファイルの総数からしてそうとは思えない。おそらくは三分の一程度しか、書庫にはないようだった。

兵要地誌

資料が入った白い装丁のファイリングケースをひとつずつ開くと、次々と興味深い資料があらわれた。戦前の参謀本部によって押された「マル秘」がついたものも少なくない。

「東粤《とうえつ》地方（広東省汕頭）兵要地誌　参謀本部」（調研第一四一号A　昭和二十八年三月二十七日）という資料は、五十ページぐらいのガリ版刷りのもので、赤い「秘扱」の

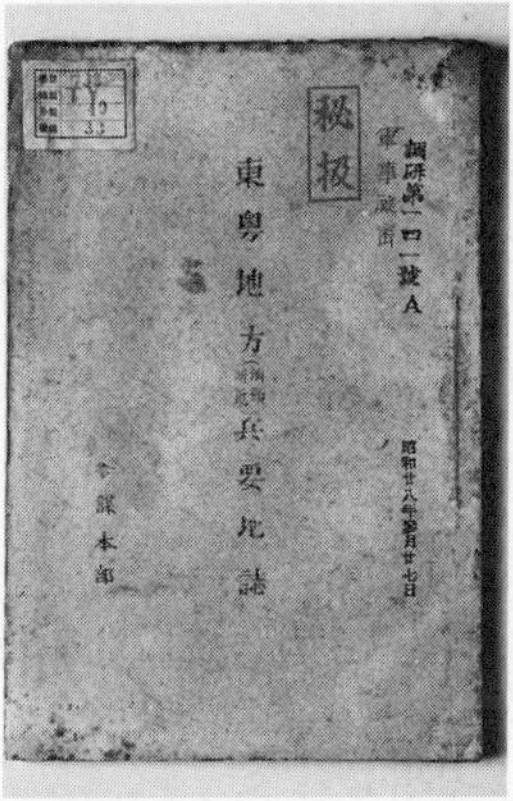

（左）富士倶楽部から台湾に
渡った兵要地誌
（右）富士倶楽部の調研資料
（ともに熊谷俊之氏撮影）

旧陸軍特殊船舶記録（一部）

■雷撃艇及砲撃艇（連絡艇巳一型及巳二型）

1. 略

2. 要目及構造

全　長　　7.00 m　最大幅 2.20 m　深さ 1.092 m

排水量（満載）　2.900 T

機　関　　自動車用 G. E.　3基　3軸

速　力　　27 kt～30 kt

構造は耐水性ベニヤ板を使用した木造船

線型はVボトム　半滑走艇　詳細は別紙構造図の通り

魚雷は三研のロケット魚雷或は海軍の簡易魚雷等を積める様にし　ロケット砲は口径 7.5・四連装二門を艇に大体下図の様に装着してロケット砲の発射は電気点火で操縦室内で出来る

※実物デザインは省略

印が押されている。

兵要地誌とは「軍事地理」を扱った資料で、戦前は陸軍の参謀本部を中心に、軍を派遣する可能性がある各地の情勢をあらかじめ知っておくために作成された。日本語や現地語の公開資料に加え、現地に派遣した情報員などからの情報も加味した構成となっており、「軍のガイドブック」とも言える非常に重要な機密資料である。

東粤地方以外にも「贛湘《かんしょう》地方（江西省、湖南省）兵要地誌概説　参謀本部」（調研第一八三号昭和二十八年五月八日）の兵要地誌もあった。

いずれも戦前の陸軍参謀本部が作成したものをなんらかのルートで「富士倶楽部」が入手し、台湾に送ったのだろう。

白団による教育で使われたほか、来るべき大陸反攻の際に、蔣介石・国民党軍の貴重な作戦資料になることが期待されたとみられる。

特殊船舶

このほか、「本土防衛作戦概史」（調研第一三七号A　昭和二十八年三月二十七日）（秘扱）、「空挺部隊による敵飛行場奇襲」（調研第一二七号A　昭和二十八年三月十三日）などの軍事資料が目にとまった。

これらは、兵要地誌と違って、戦後に「富士倶楽部」の手によって戦前の記録や関係者の記憶をもとにまとめられたようだ。

なかでも「旧陸軍特殊船舶記録　昭和二十三年二月八日記　内山鐵男」（調研第二二七号A　昭和二十八年六月二十六日）という資料は詳細をきわめていた。この内山鐵男は、戦前の陸軍の技術者で、船舶開発で活躍した人物である。

この文書のなかで、たとえば「雷撃艇及砲撃艇」（連絡艇巳一型及巳二型）という箇所では、旧日本陸軍が開発した高速戦闘艇「カロ艇」に関する詳細な情報が、実物のデザインまでつけて、精密に描き出されている。

台湾側がこれをもとに戦闘艇を開発しようと思えば、造作のないことであっただろう。実際、戦後の台湾から中国にたいして、大陸沿岸部にくりかえし小型船舶を使った襲撃がおこなわれた。「富士倶楽部」の資料が活用された可能性も否定できない。

ちなみに、日本の国会図書館で内山鐵男について調べてみたところ、戦前に内山が作成した戦闘艇についての資料が載った本が検索で引っかかったが、閲覧で取り寄せてみるとその内山の部分だけが抜き取られたような形になっていた。内山の戦闘艇の製造知識については世界的にも高い水準にあったようだ。富士倶楽部関係者かあるいは何者かに国会図書館から資料が持ち去られたとついつい勘ぐりたくなる。

台湾防空体制構築のため

ほかにも興味をひく資料が次々とあらわれた。「昭和二十年五月頃に於ける本土防空組織の概要」という手書きの文書には、巨大な組織図が載っていた。

大本営の下に陸軍部と海軍部があり、陸軍部の下は第一総軍、第二総軍、航空総軍の三つにわかれ、海軍部は各鎮守府、各警備府司令部、連合艦隊の三つにわかれている。さらに第一総軍の下には第十一方面軍（東北）、第十二方面軍（関東）……というかたちで、当時、日本全土でどのように防空体制が担われていたのかが一目でわかるような図となっている。

後半部分の備考欄には、

（一）昭和二十年五月における防空兵力が「飛行機約九百七十機（陸軍四百六十機 海軍五百十機）、高射砲約二千五百九十門（内海軍九百三十五門）

（二）当時に於ける防空の重点は次の通り

（イ）帝都特に皇居の防衛

（ロ）交通幹線上の要点
（ハ）重要生産施設
（ニ）重要飛行場
（ホ）主要軍需集積地

などと書かれていた。

この資料を台湾に送った目的はかなりはっきりしている。中国の侵攻から台湾を防衛するために、どのような防空体制を敷くべきか……。その検討材料とされたことはまちがいない。

つながった！

3 服部機関の影

さらに、この資料の山のなかで、ある日本人の講演記録が見つかった。「国防史論」というタイトルで、「調研第三二一号A」の番号が振られている。日付は「昭和二十八年七月四日（土）」、講師名のところには「服部卓四郎氏」と書いてあった。

この服部の講演録を見つけたとき「つながった！」と感じた。

服部は、戦後史における旧軍人の「闇」を体現するような人物だ。

一九〇一（明治三十四）年生まれで、陸軍エリートとして辻政信《つじまさのぶ》らと対中戦線拡大路線を主導。陸軍参謀本部作戦課長に就任し、太平洋戦争の転換点となったガダルカナル戦も指導したが、その失敗の責任を取って歩兵連隊長として中国・撫順《ぶじゅん》に異動させられ、終戦を迎えた。

戦後は一転して占領軍に近づき、ＧＨＱ参謀第二部（Ｇ２）のウィロビーらの信頼を勝ち取ると戦後の再軍備路線を推し進めようとした。最近では、米中央情報局（CIA）の秘密文書の記述から、吉田茂首相の暗殺計画に加担していた可能性まで取りざたされている。

当時の陸軍は事実上、復員省に名前を変えて、GHQの影響下に置かれた。保阪正康『昭和陸軍の研究』（朝日新聞社）によれば、終戦から一年も経たない一九四六年ごろから、この復員省にかつての大本営参謀たちが出入りするようになった。このころ、大本営参謀や軍司令官、陸軍省や参謀本部の要職にあった者たちはGHQの追放を逃れるために変名を使ったり、故郷に帰ってひっそり暮らしていたりした。佐官以上の軍人はすべて公職につくことはできなかった。この参謀たちと復員省からひそかに連絡を取り、将来の陸軍復活を狙っていたのが服部卓四郎だったと言われている。

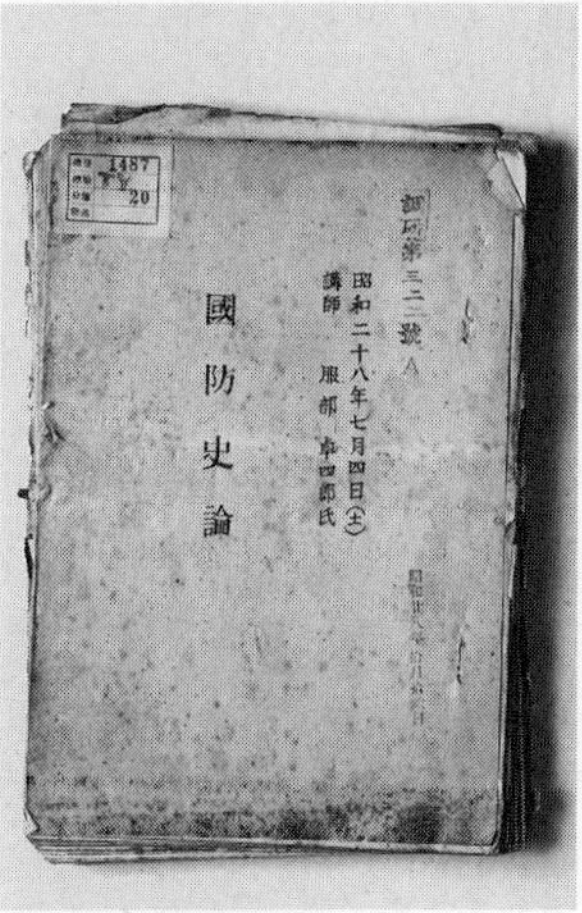

服部卓四郎の講演録
（熊谷俊之氏撮影）

服部は復員省の戦史編纂室長のポ

ストについたが、この部門は復員省の建物のなかになく、日比谷の郵船ビルにあった。この郵船ビルは、GHQの総司令部があった第一生命ビルと隣りあわせであり、保阪は「この編纂室の予算はGHQ内部のG2（参謀第二部）責任者ウィロビー少将から支出されていた。つまり編纂室は復員省にあるかにみえるが、実際にはG2に培養されている旧軍組織だったのである」と指摘している。

服部は本来、公職追放の対象になってもおかしくなかったが、ウィロビーとなんらかのかたちでつながって公職追放を免れた可能性が高い。ウィロビーもまた、服部ら旧日本軍参謀の能力を利用しようとしたのだった。

ウィロビーはGHQ最高司令官のマッカーサーから太平洋戦史を編むように指示されていた。ウィロビーが服部に与えた任務は戦史の編纂で、GHQが押収した大量の旧日本軍の資料を活用する権限が服部ら編纂室の人間には与えられていた。

私は、この資料が、白団に流用されたのではないかとにらんでいる。

堀場一雄

服部らのチームは服部機関と呼ばれ、旧日本軍の将校たちにつてを頼って接触し、戦史の聞き取りをおこなっていた。このチームのメンバーは陸士出身の者が多く、稲《いな》葉《ば》正夫《まさお》、堀場《ほりば》一雄《かずお》、井本熊男《いもとくまお》、今岡豊《いまおかゆたか》、藤原岩市、原四郎《はらしろう》、橋本正勝《はしもとまさかつ》、西浦進《にしうらすすむ》、杉田《すぎた》一次《いちじ》などの名前があがっている。この人びとはのちに日本の再軍備を討議するグループにもなっていく。

一方、小笠原清「蔣介石をすくった日本将校団」によれば、富士倶楽部の協力者となったのは「陸軍から服部卓四郎、堀場一雄、西浦進、今岡豊各大佐、榊原正次、都甲誠一各中佐、新田次郎少佐。海軍から高田利種少将、大前敏一、小野田捨次郎、長井純隆各大佐など」であり、週一回の研究会に参加し、一部は常勤として資料を集めたとされている。

このなかだけでも、服部機関と富士倶楽部のメンバーは、服部卓四郎をはじめ、西浦進、堀場一雄、今岡豊の四人までが重複しているのである。

服部、西浦、井本は東條英機元首相の秘書官だった。また、服部、堀場、西浦は陸士三十四期の同期で「三羽ガラス」と呼ばれるなど、メンバー間の共通点は多い。

堀場は支那事変不拡大を主張して軍指導部と衝突した気骨の士として知られる。

堀場の生涯を描いた伝記本『ある作戦参謀の悲劇』で、白団—富士倶楽部と服部機関とのつながりを示す記述を見つけることができた。

それによれば、白団が結成された後、「堀場にも再三台湾に来るようにとの要請があったが、堀場は健康上の理由で断り、研究調査の面で協力することにした」という。堀場には、終戦後、国民党政権の林薫南《りんくんなん》中将もアプローチしている。林は日本留学経験がある知日派の軍人であり、陸大で堀場の同期だった。

堀場にたいし、林は共産党との内戦で苦戦している国民党への協力を要請したが、堀場は「他国の内戦に介入することはできない」と断った。林は一九四五年からは中華民国の日本代表部顧問となり、そのまま退役して、日本で亡くなっている。

さらに同書には白団についてこう書かれている。

昭和二十七年の秋、海軍の及川古志郎、陸軍の岡村寧次両元大将を中心に、陸海双方からかつての名参謀連を集めて、国際情勢や国防問題を研究する富士クラブ《ママ》（東京資料班）が発足した。陸軍から例によって三羽ガラスが参加した。

堀場は白団に入らなかったが、白団の後方支援にはかかわっていたのである。

西浦進

一方、「三羽ガラス」の残るひとりである西浦は東京出身で、父親も陸士の七期卒という軍人一家に育った。陸士を経て、陸大を首席で卒業。配属された陸軍軍事課にはのちに軍内の路線対立で殺害された永田鉄山課長がおり、配属は満洲事変が起きた時期にあたった。その後も順調に軍歴を積んだが、日中戦争末期の一九四五年一月に支那派遣軍参謀として中国に派遣され、終戦を南京で迎える。戦史研究家としての西浦の人生はこの時点からスタートしたと言えるだろう。

西浦は一九四六年に日本に引き揚げ、第一復員局の史実調査部嘱託を命じられる。防衛庁発足後は戦史研究の道を歩み、防衛庁戦史室長を務めている。

西浦と富士倶楽部のかかわりについては西浦の死後に友人たちが文章を寄せるかたちでまとめた『西浦進回顧録』がもっともくわしい。

それによれば、復員局の縮小にともなって、服部が主導して立ちあげた史実調査部の存続ができなくなり、西浦は服部、堀場らとともに民間の「史実研究所」を設立する。この「史実研究所」が具体的な活動をおこなった形跡はなく、三人の「富士倶楽部」への合流によって発展的に解消されたのかもしれない。

西浦回顧録に一文を寄せた陸士四十五期の橋本正勝はこのように回想している。

「服部機関とは別行動として、国民政府に対する岡村大将を中心とする軍事研究会への参加があった」

この岡村大将を中心とする軍事研究会とは、紛れもなく富士倶楽部のことだ。

終始黙々と端正な姿で……

また、陸士三十七期の今岡豊は同じく西浦の回顧録で、富士倶楽部についてくわしい記述を残している。

> 戦後一番印象に残っているのは富士クラブ《ママ》時代である。富士クラブ《ママ》は及川、岡村両海陸軍大将を中心に海軍から高田少将、小野田、大前、長井各大佐、陸軍から西浦、服部、堀場各大佐等を主なメンバーとして国際情勢や国防問題、戦争論、戦略論、戦史等広範な研究を目的として昭和二十七年秋に発足した。ここで私は三十四期の三羽烏といわれた三氏から指導を受けることになったが……（中略）富士クラブ《ママ》は約十年続いたがその間先ず堀場さんが病にたおれ、次いで服部さんも忽然としてこの世を去り、西浦さんは何れも死に目に会うことが出来なかった。三羽烏が一羽取り残されて「孤影しょう然」としておられたが、やがて自分より先にあの世に行った盟友の分までも果たそうと元気をとりもどし、全身全霊を打ち込んで大東亜戦史の編纂に専念されたものであろう。

白団メンバーの都甲誠一も西浦回顧録の執筆者に加わっていた。都甲は西浦の回顧録で西浦との出会いが「ちょうど私が台湾から帰国した昭和二十七年の秋、『富士クラブ《ママ》』が発足したときのメンバーとしてご縁を得たのが最初である」とし、「終始黙々と端正な姿で理路整然とメモ一つせずして話される西浦さん」と書いている。

また、白団の指導者であった岡村寧次の夫人は、偕行社『「白団」物語』で、西浦と岡村、そして富士倶楽部のかかわりについて、こんなふうに回想している。

> 岡村が熱愛した中華民国は、大陸で敗れ台湾に後退し、大陸の解放を期し、有志の方々が中国に渡りこれを援けました。岡村はこの工作の中枢で、しばしば中国の要人と会談しましたが、西浦様を常々引張り出して御面倒をかけました。
>
> その後海軍の及川大将と協力し、陸海の秀英を集め、富士倶楽部を創り、戦史研究と日本の防衛等を研究しております。西浦・服部・堀場の有名な三羽烏の御協力を得たと鼻高々でした。

西浦回顧録のなかで、白団と富士倶楽部との関係をさらに明瞭に語っているのが、白団の海軍側のリーダーとして台湾に渡って、中国名「帥本源」と呼ばれた山本親雄・海軍少将だった。

山本は戦時中、参謀本部海軍軍令部におり、西浦とはさまざまな連絡や調整のために日常的に顔を合わせていた間柄だった。

山本は言う。

戦後、故岡村寧次元大将の御尽力により、旧陸海軍軍人の中で、蔣介石国府総統の軍事顧問団が編成されて台湾に行っておりました。私も途中からこれに加わりましたが、この顧問団に所要の参考資料を提供する一つの機関が東京に設けられました。西浦さんはこの機関の陸軍関係の主任となられましたので、戦後私はこの点でも西浦さんのお世話になりました。

ここまでくれば、富士倶楽部と、服部機関を中心とする戦前の陸軍参謀グループとのかかわりがきわめて密接であったことは断定していい。

お互いのコネ

GHQは一九五一年のサンフランシスコ条約の調印によって解散し、服部機関の戦史編纂は一九五五年ごろにほぼ一段落を告げている。

一方、富士倶楽部の活動は一九五三年から十年間続いた。つまり、服部機関の一部機能と人材と情報が事実上、富士倶楽部に吸収されたかたちになったと考えることが自然である。

国防大学にあった資料のなかに、「調研第五一二号A」というナンバーがついている「支那方面作戦記録　第六方面軍の作戦（其の二）」という文書があった。作成者は「復員局資料整理部」となっている。

復員局とは、前述のとおり、旧陸軍の後継組織として服部が戦後所属していた機関だ。こうした資料が服部の協力のもと、白団にもちこまれていた蓋然性は高い。

服部は自衛隊の結成にもかかわり戦後の日本の防衛を裏からデザインしたひとりだと見られている。前出の白団での講演録によれば、服部は「日本の再軍備により、日本、台湾、韓国、フィリピンなどの反共同盟軍の創設が可能になる」という持論のビジョンを陳述していた。

岡村は服部と共同戦線を張り、蔣介石支援のために富士倶楽部を通じてこれらの資料を台湾に送っていたとみてまちがいない。服部機関と富士倶楽部は表裏一体か、あるいは緊密な協力体制を構築していたのである。

早稲田大学教授の有馬哲夫《ありまてつお》が、アメリカ政府の所蔵するCIA文書などにもとづいて書いた『CIAと戦後日本』(平凡社新書)では、服部機関など戦後まもない日本で暗躍したインテリジェンス機関には、おおよそ次のような存在理由があった。

(1)極東国際軍事裁判や敵対的人びと(旧日本軍占領地の人びとを含む)から集団で身を守るため
(2)生活の手段がなくなったので、互いのコネをつかって集団で事業をするため
(3)占領が終わったあと再軍備するときに備えるため

このなかでは、白団と服部機関の結びつきは、(2)と(3)に該当する要素が強いのではないだろうか。お互いのコネ、つまり人脈と資料によって、共同で台湾への軍事情報提供が報酬をともなったかたちでおこなわれたのである。富士倶楽部の活動が十年以上にわたって続けられた背景には、台湾からの資金提供があっただろう。そうでもなければ、多くの識者に分析や論文を書かせることはむずかしかったはずで、それが元軍人たちの戦後の生活再建の糧の一部となった可能性は高い。

ただ、それだけではなく、「富士倶楽部」を通じて台湾に軍事資料を送っておくことは、将来の再軍備、陸軍の再結集に役立つという目的意識があったはずである。服部らの世界認識は反共のための世界大戦が起きるというものだったことを考えると、反共の砦として中国の共産党と戦っていた蔣介石を助ける理屈は十分に成り立った。

そうして台湾に送られた膨大な資料群は、中国共産党による台湾統一のための軍事攻撃から蔣介石政権が身を守るために存分に活用されただけではなく、大陸反攻のための作戦準備などにも活用された。

この貴重な資料群はいまも国防大学で名前もない一室に眠っている。歴史研究という視点から資料の再整理がおこなわれ、資料にたいする詳細な分析がおこなわれることによって、「東洋一の軍事図書館」を成立させた白団の後方支援チーム＝富士倶楽部の実態がいっそう明らかにされることを期待したい。

第八章　白団とはなんだったのか

富田直亮の遺骨を納めた骨壺
（著者撮影）

1　存在を明かすべきか

日本郷友連盟会長

白団が活動を終えた後、白団の人びとはどんな人生を送ったのだろうか。過去の、白団関連の書籍では、台湾時代のことはくわしく書かれていても、日本帰国後のことはほとんど触れられていない。しかし、私は戦後の日本において、白団という特殊な経験を積んだ人びとがどのように生きていたのか、知りたかった。

白団は、旧日本軍の隠し子のような存在だった。本来は一九四五年の敗戦で燃えつきていなければならなかった軍人たちのプライドや夢や知識を、台湾という新天地に移植しようとした試みだった。その意味で、白団にとって一九四五年で戦争は終わっていなかった。

白団に参加した旧軍人一人ひとりにとって、ほんとうの戦後は、台湾での任務を解かれた日に始まった。その「戦後」の姿を探ってみたかった。

白団関係の文書を読んでいると、しばしば、四谷先生というニックネームで呼ばれていたのが、旧陸軍大将で、支那派遣軍最後の総司令官の岡村寧次である。白団の創設者であり、精神的支柱であった岡村は、一九六五年に白団が活動を大幅に縮小させ、事実上役割を終えたことを見届けるように、一九六六年に世を去っている。

戦後、岡村は一貫して目立つことを避けながら生きていた。家の場所を日本共産党に知られると家の前にデモ隊を送られることがわかっていたので、四谷の実家には表札は出さなかった。メディアのインタビューなどにもほとんど出ていない。

といってもひっそりとなにもしない、というのではなく、岡村なりに、敗北を喫した将としての責任を、別のかたちで果たそうとする日々を送っていた。

岡村は戦後、全国各地の旧日本軍人をひとつにまとめる仕事に取り組んだ。一九五四年から全国遺族等援護会顧問（のちの全国戦争犠牲者援護会）に就任し、一九五七年からは戦友会の全国組織である日本郷友連盟会長を務めた。

日本郷友連盟とは、旧軍人を中心とする親睦団体で、反共を主義とする団体である。一九五五年に桜星会という名称で結成され、一九五六年に日本郷友連盟に改名した。旧軍人の恩給増額を求める圧力団体としても活動し、会員は約三十万人に達した。

岡村は、旧軍人が相互に助けあう必要があるという主張から、全国を回って旧軍人たちのネットワークをひとつにまとめる作業を続けた。

匿名を条件に取材に応じてくれた岡村の家族のひとりは、こうふりかえる。

「私の記憶では、あのころ、彼はほとんど家にいませんでした。どこかの地方で元軍人の葬儀があるといえば駆けつけ、来賓や講演に呼ばれれば、体調の許すかぎり、出向いていました。元軍人の職探しにもいつも骨を折っていました。岸（信介）さんとか佐藤（栄作）さん、吉田（茂）さんなどの政治家からは、いつも家に電話がかかってきました。旧軍人の票がほしかったのでしょう。そうした人たちとも仕事の話はしていましたが、友人のように親しくなるような素振りは、まったく見せていなかったと思います」

元軍人たちのとりまとめ役として隠然たる影響力をもちつづけることが岡村の表の顔だとすれば、蔣介石のもとに白団を送りこんでいたことは岡村の裏の顔だった。岡村は家族にも台湾のことをいっさい悟らせることはなかった。この家族も「四谷の自宅に小笠原清さんが来ることはありましたが、なにをやっているのかはまったく私たち家族にはわかりませんでした」と語っている。

戦犯としての処罰を蔣介石の意向で免れ、社会的な貢献もしつつ、白団を育て上げて八十二歳まで生をまっとうした岡村について、ノンフィクション作家の佐藤和正は著書『将軍・提督 妻たちの太平洋戦争』のなかで「岡村ほど幸運の男はない」と書いたが、まったく同感である。ただ、家庭についてはそうとも言いきれない。戦前には次男・武正に先立たれ、翌年には最初の妻・理枝も失った。そして、一九六二年には経済企画庁で働いていた長男の忠正にまで先立たれている。

「共存共亡」

八十三人の白団メンバーのなかで、ひとりだけ一九六六年の自由解放後も台湾にとどまった人物がいる。リーダーの富田直亮である。富田は日本に帰るつもりだった。郷土の友人たちが国会議員の選挙に担ぎ出す計画もあった。富田自身も、人生の最後のステージで、故郷でなにか一仕事やってみたいと出馬を前向きに考えていた。ところが、蔣介石は富田に「台湾にとどまってほしい」と頼みこんだ。蔣介石が人生の終末にさしかかっていることは誰の目にも明らかだった。台湾の国際的環境は日々悪化していた。そんな蔣介石の頼みを断ってまで、完全に日本に戻ることはできなかった。

具体的になにかのプロジェクトに参画するというわけではなかったが、蔣介石は折に触れて富田を呼び出して意見を聞いた。一九七二年に交通事故の後遺症で蔣介石が病床についてからは、蔣介石の次男である蔣緯国が富田の台北市内の自宅にしばしば顔を出した。

日本と台湾との関係は、白団の解散とほぼ軌を一にして、暗い時代に入った。台湾に拠点を置く中華民国は中華人民共和国を反乱団体とみなし、国際社会における共存を拒否していた。いわゆる「漢賊不両立」である。漢とは中華民国、賊とは中華人民共和国を指す。一九七一年十月、中華人民共和国の国連加盟が決まる。蔣介石はアメリカや日本の「国連にとどまるべきだ」という説得を退け、国連から脱退している。

翌年二月、アメリカ大統領ニクソンが訪中し、毛沢東との米中首脳会談が実現する。一方、日本では五月に沖縄が返還されたのをうけて佐藤栄作内閣が退陣、七月に田中《たなか》角栄《かくえい》が首相の座に就く。外務大臣には大平正芳《おおひらまさよし》が就任した。

ニクソン訪中の衝撃で「バスに乗り遅れるな」論が巻き起こった日本は、台湾側との調整をほとんどおこなわないかたちで、田中・大平の訪中によって早々に中華人民共和国と国交を結び、中華民国は日本と断交した。

台湾では将来にたいする悲観論が巻き起こり、蔣介石も苦境に立たされた。白団はすでに解散し、富田直亮以外は日本に戻っていたが、一九七二年十一月十六日の日付で、富田の呼びかけに応じた元メンバーたちの署名による決意書を蔣介石に送った。

タイトルは「共存共亡」。ともに栄え、ともに滅ぶという意味である。ふつうは「共存共栄」と書くところをあえて「ともに亡ぶ」と書くことで、苦境にある蔣介石を励まそうとしたのだろう。

署名はすべて中国名を使っている。筆頭はもちろん「白鴻亮」。次いで帥本源（山本親雄）、そして范健（本郷健）と続いていく。最後は蔡浩（美濃部浩次）で終わっており、計五十八人が署名をしている。亡くなった者、連絡が取れない者もいた。

この時期の蔣介石にとっては、心を動かされるものだったにちがいない。

蔣介石が一九七五年に生涯を終えると、富田はこんどこそ、帰国するチャンスだと考えた。蔣介石の後継者である長男の蔣経国に帰国する考えを伝えた。なんの問題もなく送り出されると思いこんでいたが、蔣経国はこう富田に語りかけた。

「父から、白将軍より指導を受けよと命じられております。どうかこの台湾にとどまっていただけないでしょうか」

帰国への思いにも絶ちがたいものはあったが、蔣介石への恩義に報いるという意味ではその「遺言」を託された以上、その思いには反せなかった。富田はけっきょく、日本と往復するかたちで、台湾での生活は続けることを応諾した。

その後、富田は台湾の国防部から外国人としては初めてとなる「上将」（大将）の称号を授かった。日本では少将として軍歴を終えた富田にとって、なによりの贈り物だったはずである。

富田は生涯、台湾と日本を往復する生活を送り、蔣介石の死から四年ほどが過ぎた一九七九（昭和五十四）年、東京で八十一歳で亡くなった。

その二カ月前、国防部首脳を前に富田はレクチャーをおこない、「中共が台湾に攻撃をしかけるときが逆に大陸反攻のチャンスとなる。攻防を一体として、敵戦力を消耗させることが肝要だ」と語った。富田は「これがみなさんへの最後の貢献となるでしょう」と言い残して台湾を離れた。遺骨の半分はいまも台湾・新北《しんぽく》市の寺院「海明禅寺」に安置されている。

この寺院を二〇一三年春に訪れ、遺骨の入った骨壺まで見せてもらうことができた。骨壺にも「白鴻亮（富田直亮）霊骨」と刻まれている。富田の遺骨がどうしてこの寺院に置かれたのか、寺院には当時の状況を知る人がおらず、くわしい経緯はわからなかったが、富田の息子の重亮によれば、遺骨の半分を台湾に置くことは、富田自身が希望したことであった。

「岡村寧次同志会」と都甲誠一

日本に戻った白団メンバーは、「岡村寧次同志会」という親睦会をつくった。存命中は岡村が会長を務めた。岡村の没後は、都甲誠一が会長となった。

都甲は大分県生まれで陸軍では中国戦線で戦い、終戦は日本の陸軍省で中佐として迎えた。几帳面な性格で知られる一方、頑固で言い出したらきかない性格だった。そのため、ほかのメンバーとぶつかることもしばしばだった。

白団に加わった事情はいまひとつわからない。ただ、台湾での期間は一九五〇年から一九五二年までの三年間と比較的短い。都甲が主に人事・総務畑を担当し、帰国後、日本で富士倶楽部など白団の後方支援の活動に加わったことから、白団OBのとりまとめ役になったのかもしれない。

一九九〇年代前半、白団の存在についてくわしい活動内容の記録を公開すべきかどうか、岡村寧次同志会のなかで激しい論争となった。

公開したいという複数のメンバーにたいして、都甲は真っ向から反対したため、岡村寧次同志会が二つに割れる事態に陥ったのである。

公開したがったのは最後まで台湾にとどまった大橋策郎、岩坪博秀、糸賀公一らだった。長く白団を背負ってきた自分たちの活動を後世に残したい、という思いだった。

しかし、都甲は、こう主張した。

「墓場までもっていかなければならない機密がたくさんある。もし、われわれがそうしたことを軽々と公にしてしまって万が一台湾の国防が打撃を受けたら、取り返しのつかないことになる」

白団のなかでも陸軍グループと距離を置いていた海軍出身のメンバーたちも都甲に同調して、情報の公開には消極的な姿勢を取った。

それでも大橋らが公開を強く主張するので、岡村寧次同志会で決を採るまでの事態にいたった。このとき、都甲は蔣介石の息子で、白団の活動の責任者も務めた軍人の蔣緯国にわざわざ手紙をしたため、公開の可否を問うことまでやっている。

白団資料の一部が保管されている靖国神社の資料室で白団関係の資料を調べているとき、偶然、当時の岡村寧次同志会の会議録が保管されているファイルを見つけた。日付は一九九〇年九月十二日。そのなかには都甲の手紙にたいする蔣緯国の返信が残されていた。蔣緯国はこのように書いている。

当時白団が我が国の軍事教育を助けてくれたことは機密となっており、公開されてしまうと、国際社会のある人びとから責任を追及されないともかぎらない。そうなると、みなさん元教官の方々に思わぬ迷惑がかかってしまう。私の提案としては、みなさんに日本語で記録を書いてもらい、われわれのほうで翻訳をおこなって秘密裏に保管しておくので、機が熟したら公開する、というのではどうだろうか。

蔣緯国が賛成していないことが効いたのだろうか、けっきょく、公開については一九九一年三月に開かれた岡村寧次同志会の会議で否決されている。

都甲の筆記によると、このときの岡村寧次同志会は、

我々岡村寧次同志会の会員は其の遺族家族共に中華民国の秘密活動に就て、其の時期が来る迄、其の言動を慎重にし特に雑誌、記事、講演等に於て之を公表又記事で発表することは訪華時の崇高なる使命目的に反し蔣介石総統閣下岡村将軍の我々を信じての御信頼に背くものであり、不測の災を惹起する恐ありとの戒もあり、決して行ってはならない。

という決議までおこなっていた。

「公開派」の思い

しかし、あくまで白団の活動を後世に伝えたい「公開派」は、とうとうその思いを実現することになった。

一九九二年、旧陸軍・陸上自衛隊OBの親睦団体である偕行社の会報『偕行』十月号で、「『白団《パイダン》』物語」と題した連載がスタートした。対談形式で編述は「『白団』の記録を保存する会」。対談形式で書き記されている。白団の成立背景から活動の内容まで計六回にわたって主に出席者による対談形式で書き記されている。

会長に「加登川幸太郎《かとがわこうたろう》」という名前を見つけたときはやや驚いた。加登川は、元軍人の戦史研究者として知られる一方、テレビ局で幹部のポストを経験したという変わり種で、歴史認識問題についても、かなり思いきった発言をおこなっていた。

とくに南京大虐殺について、日本軍が殺害した人数を三千から一万三千人の幅であるとして、「一万三千人はもちろん、三千人とは途方もなく大きな数である。……旧日本軍の縁につながる者として、中国人民に深く詫びるしかない。まことに相すまぬ、むごいことであった」という文章を発表して社会の注目を集めた。

加登川は「『白団』物語」の掲載当時、『偕行』の編集長で、「はじめに」において、白団関係者の親睦団体（つまり岡村寧次同志会）の主任者（つまり都甲）が「どういうわけか、偕行社に対して、記事とすることに再三再四、反対の意思を表明されました。……このような経過で偕行社側が渋り、企画は難航しました」と嘆いている。

この企画を岡村寧次同志会とは関係なく、有志メンバーによる「『白団』の記録を保存する会」の自主的なものとし、さらに、反対している者の名前や行動は記事にいっさい掲載しないという条件で、企画についての同意が得られたと説明している。

大橋策郎

この有志メンバーの中核になったひとりが、一九六八年の白団解散まで現地にとどまった大橋策郎である。

大橋は一九九九（平成十一）年に亡くなっていたが、東京都世田谷区に住んでいる息子の大橋一徳に会うことができた。一徳はいすゞ自動車で長く勤めたあと、現在は退職して悠々自適の生活を送っている。一徳によれば、大橋は非常に几帳面な性格で、多くの資料を残しており、それらが「『白団』物語」の作成にも大きく役立った。

「父はとにかく本を読むことも好きで、図書館でいつも本を借りていました。台湾のことはそれほど多くは話しませんでしたが、張学良が台湾にいるとか、二・二八事件のことなど、ときどき思い出したように教えてくれましたが、こちらも若いころはそれほど興味がなかったんですね。あまりこちらから聞くこともありませんでした」

白団のなかには中国語教育を受けた陸軍支那通ではない人も多く含まれている。もともと大橋は軍内のロシアンスクールだったが、まじめな性格の大橋は台湾で日々練習を重ね、大橋の中国語はかなりのレベルまで達していたという。

一徳はいまも大橋から届いた手紙を大切に保管しているが、台湾側の軍人を食事に招待して乾杯攻撃に遭ってたいへんだったことや、日本の家族から送られた本へのお礼、現地の天候などほのぼのとした日常が書かれていた。

大橋家には軍人が多い。大橋の父である大橋顧四郎《おおはしこしろう》は陸軍省の兵器局長まで務めた陸軍中将だった。ほかにも、陸軍大将で終戦時に青年将校らが企てた叛乱を制圧したのちに自決した田中静壱《たなかしずいち》は、大橋の妹・妙子の稼いだ田中光祐・元陸上自衛隊東北方面総監の父親だった。ただ、前述のとおり一徳は自衛隊には入隊せず、いすゞ自動車に入る道を選んでいる。

一徳によると、大橋には自衛隊からも誘いがあったが、台湾にとどまる道を選んだ。日本に帰国したときは六十歳近く、すでに仕事人としての一生はほぼまっとうしたかたちになっていた。日本では、日本パーカーの顧問などを務めながら、白団で仲のよかった糸賀や岩坪らのメンバーとたまに会っては酒を酌み交わすことを楽しみにしていた。身につけた中国語をサビつかせないようにNHK文化センターの中国語講座に通い、ほかにも中華料理を学ぶなど台湾とのつながりを保ちつづけた。

2　楊鴻儒の悲劇

語ることはタブー

白団によって、多くの台湾軍人の運命が変わった。

「現在の星（将軍クラス）の連中はみんな多かれ少なかれ、白団で勉強を積んだ連中ばかりだよ」

白団メンバーの糸賀公一は生前のインタビューでそんなふうに語っていた。

実際、白団にかかわった軍人で、のちに出世を遂げた者は数多い。蔣介石も、これと見こんだ有望な人間を白団がらみの仕事に就くように命じた。

のちに駐日大使となった彭孟緝は、革命実践研究院圓山軍官訓練団や実践学社の教育長を務めた。蔣介石の次男・蔣緯国は、一九六〇年代は白団の台湾側窓口となり、白団リーダー、白鴻亮こと富田直亮のもとに日参した。参謀総長から行政院長（首相）にのぼりつめた郝柏村は白団が解散する一九六八年、蔣介石と白団メンバーとの最後の食事をアレンジする「大役」を蔣介石から任された。

しかし、不思議なほどに、白団での訓練について、その「大物軍人」たちが声を大にして語ることはない。むしろ語ることがタブーという感すらある。

その理由は、白団の存在が秘密にされていたことだけではなく、台湾において「日本」という存在をどうやって受けとめるかという微妙な問題が絡んでくるからである。

まるで「日本」という踏み絵があるかのように

台湾において、「日本」についてなにかを語ることは、その人間の過去と現在を否応なしに反映したものにならざるをえない。

日本は一八九五年から一九四五年まで、半世紀にわたって台湾の統治者であった。一九四五年に戦争で日本が敗れると、台湾は日本ではなくなった。台湾は日本の手を離れ、戦勝国である中国の一部となった。日本人だった台湾の人びとはその瞬間に「中国人」に変わったのだが、支配者として新たに中国大陸からやってきた国民政府

台湾当局からの感謝状を受け取る大橋策郎や糸賀公一（大橋一徳氏提供）

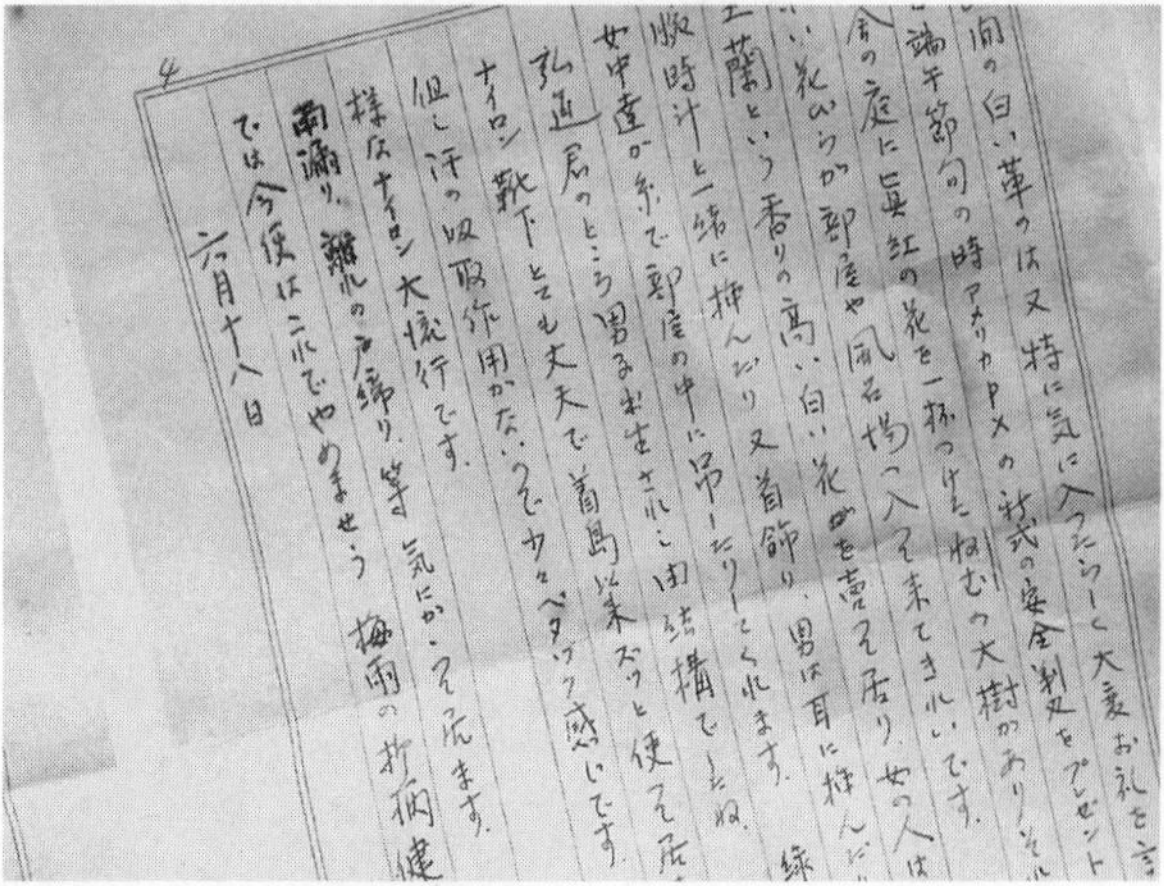

4

個の白い革のは又特に気に入ったらしく大変お礼を言
端午節句の時アメリカPXの新式の安全剃刀をプレゼント
舎の庭に真紅の花を一杯つけたねむの大樹がありそれ
い花びらが部屋や風呂場へ入って来てきれいです。
玉蘭という香りの高い白い花を喜んで居り、女の人は
腕時計と一緒に挿んだり又首飾り、男は耳に挿んだり
女中達が糸で部屋の中に吊したりしてくれます。緑
弘道君のところ男子お生まれの由結構ですね。
ナイロン靴下とても丈夫で首島以来ズッと使って居
但し汗の吸取作用がないので少々ベタツク感じです。
様なナイロン大流行です。
雨漏り、離れの戸締り、等気にかかって居ます。
では今後は之れでやめませう 梅雨の折柄健
六月十八日

大橋策郎の手紙（大橋一徳氏提供）

は初期の台湾統治に失敗した。恐怖政治による脅しと過酷な民衆弾圧によって安定をかろうじて維持したが、本省人と呼ばれる土着の「台湾人」は「犬（日本人）が去ってブタ（中国人）が来た」と言うほど彼らを憎んだ。その反動もあったのだろう、台湾人は一九四五年以前よりもずっと日本を懐かしんだ。

大陸から来た国民政府の外省人はこうした「台湾人」の日本びいきを嫌った。なぜなら、日本は戦争で彼らに敗れた相手であり、台湾人たちがなぜ日本をかくも愛惜するのかを理解できず、日本にまつわる多くのことがらを消し去ろうとして日本語の使用も禁じた。

日本文化への抑圧は蔣介石が死んだ一九七五年以降も続いた。現実には蔣介石たち政府幹部も日本という存在に一目を置き、日本との外交、日本の政財界との交流を非常に重視したが、それは日本という存在を内在化させた日本語世代の対日観とは根本的に違うものだった。

その台湾では、まるで「日本」という踏み絵があるかのように、日本をめぐる人びとの主張がそれぞれの政治的・社会的な立ち位置、あまつさえ、「私は何者か」というアイデンティティまで体現することになっている。

過剰に「親日」的な態度を見せれば「日本語世代」というレッテルを貼られる。それは国民党の一党独裁の時代は一種の軽蔑的な意識を内包する呼びかただった。ただ、中国大陸の中華人民共和国のように「反日」がひたすら奨励された、というわけでもない。少なくとも一九七二年の日華断交までは、日本と「中華民国」は国交があり、国際的に孤立しかけているなかで、日本はアメリカの次に大事な友人でもあった。だから「知日」までは許容されていたが、日本を語るにはかなりの用心深さが必要だった。白団もまた、親日と知日、中国的なものと台湾的なものの狭間の微妙なバランスのなかで誕生し、維持されていたのだった。

白団で学んだおかげで……

そんな複雑さにからめとられ、白団で学んだことが一因で言いがかりのような不透明な罪状で逮捕され、八年間も投獄される悲劇的な人生を歩んだ台湾の元軍人がいる。その人物の名前は楊鴻儒《ようこうじゅ》という。

楊鴻儒と初めて会ったのは二〇〇七年の冬だったと記憶している。

当時、新聞社の特派員として台北に赴任することになり、赴任前に、台湾の安全保障問題について理解を深めるため、自衛隊の出身で、多くの軍事関係の著作を残している軍事評論家の故・松村劭《まつむらつとむ》氏に会うため、富士山麓にあった松村氏の自宅を訪問した。

その際、松村氏から、

「台湾に行ったら必ず楊鴻儒と会いなさい。彼は私と指揮幕僚課程の同期なのです」

と勧められた。

どうして自衛隊で台湾人と同期なのかうまく理解できなかった私にたいして、松村氏は、

「楊鴻儒は自衛隊の指揮幕僚課程で学んだ最初の外国人のひとりです。日本語も達者で、ほんとうに優秀な人物だった」

と教えてくれた。

台北で楊鴻儒に連絡を取って会うと、驚くような話を切り出された。

「私は、白団で学んだおかげで、自衛隊の幕僚課程にも参加することができた。しかし、そのために、日華断交のあとに、日本通の軍人として見せしめに逮捕されたのです」

このまま一生埋もれたくない

逮捕の詳細について記す前に、楊鴻儒と白団のかかわりを書いておきたい。

楊鴻儒は一九三〇（昭和五）年、台湾南部の台南・大内郷で生まれた。当時は日本統治時代。台南は台南州という行政区だった。

日本語で教育を受け、高校は台南工業学校を選んだ。機械や科学が好きだったからだ。生徒の半分が日本人、半分が台湾人だった。

一九四五年、楊鴻儒が十五歳のときに日本人は台湾から立ち去り、「中華民国」が台湾の人びとの新しい国名となった。高校卒業後、楊鴻儒は教員試験に通り、台南の国民学校の板張りの教室で数学を教えていた。

「でも、このまま一生埋もれたくないと思って必死に北京語を覚えて軍官学校に入ったんです」

中国から渡ってきた外省人が圧倒的多数を占める軍内において、本省人と呼ばれる台湾出身者として楊鴻儒は最初の士官候補生になった。

生来勝ち気な楊鴻儒は華やかな戦闘機のパイロットにあこがれて空軍に転籍。パイロット養成コースに入ったものの、きりもみ降下で目がまわってしまう体質であることがわかり、パイロットは断念して二十代のうちに陸軍に戻った。

「実践学社」を経て自衛隊へ留学

台中で迫撃砲部隊の副中隊長を務めていたとき、軍の新聞の告知欄で「実践学社」の参加者募集に目がとまった。当時から「実践学社」は地下大学と呼ばれ、出世するには必ず、「実践学社」で学んだ経験が必要だという「伝説」まであった。

公募に合格した楊鴻儒は一九六二年から六三年まで一年半ほど実践学社に通った。

楊鴻儒は達者な日本語でこうふりかえる。

「とにかく毎日がひたすら勉強。ここに通って、私は初めて『戦争はこうやるものなのだ』と得心がいった。目からうろこだったよ。授業では将軍たちも自分たちのような若手も区別なくいっしょに席を並べた。日本の先生たちの戦術についての考えかたが台湾の軍隊と違った。戦術はいくつ想定をこなしたかで変わってくる。実践学社では一つの作戦について八つぐらいの想定を立てて検討した。台湾の軍隊ではそんなたくさん想定は立てない。なかでも、糸賀先生はすごいと思った。戦術についての着眼点が卓越していて、説明がすごくわかりやすい。とにかく頭の切れる人だった」

ここで言う糸賀先生とは、糸賀公一のことである。

大量に出される宿題を抱えて宿舎に戻り、夜半まで勉強する。そんな毎日だったが、軍に入って初めて自分が成長していると実感できたのが、この実践学社時代だった。勉強も特別だったが、生活面でも待遇は特別だった。

「とにかく食べ物が抜群によかった。当時はまだ台湾は貧しい時代で、軍の食事も一食二菜がせいぜい。でも実践学社は将校もいるので、そちらに食堂のレベルが合わせてあったからね。二週間に一度は実家への帰省が許された。通常の兵隊は夜行バスを乗り継いで行かなきゃならないが、実家の近くまで軍用ヘリで将校たちといっしょに送ってもらえた」

白団の「実践学社」で科学軍官班を卒業した楊鴻儒は、台湾出身者としては当時まだごく少数であったエリート軍人として出世の道を歩みはじめる。

第四師団三十連隊の作戦主任参謀を任され、しばらくすると、師団の副師団長が陸上自衛隊幹部学校指揮幕僚課程への参加を打診してきた。実践学社で研修を受けた経験が、自衛隊留学というステップにつながることになったのだろう。日本語の能力に長け、親日感情も強くもっていた楊鴻儒は二言なく応じた。

東京の目黒にある陸自幹部学校に通い、上級指揮官に求められる戦略的、戦術的な知識や判断について主に教わった。実践学社で学んだことをさらに現代戦争向けにアップグレードしたような内容だった。当時そこで知りあったのが、同じく指揮幕僚課程にいた先述の松村氏だった。日本留学時代には、白団で教わった教官たちにも会って旧交を温めた。

運命の暗転

一九六〇年代まではきわめて順調だった楊鴻儒の人生だが、白団の解散と軌を一にするかのように暗転していった。

一九七一年十二月十六日深夜、国防部の宿舎にいた楊鴻儒のもとに同僚が駆けこんできた。

「緊急情報が入った。すぐに出勤して処理せよとの命令だ」

当時、楊鴻儒の任務のひとつは、情報分析だったので、なんの違和感もなく、同僚とともに国防部のオフィスに車で向かった。

そこに待っていたのは、「顔」という姓の情報将校で、すぐに別室に連れていかれ、なにがなんだかわからないまま、尋問が始まった。

このとき、楊鴻儒は勤務時間外を利用して中国語ニュースの日本語翻訳を手伝っていた。主に台湾在住の日本人のための月刊誌で台湾の経済情報を翻訳していたのだが、その月刊誌の社長が掲載しようとした社説がトラブルの始まりだった。

その月刊誌の社長はある日、一篇の社説を楊鴻儒に見せて意見を聞いた。当時の台湾は中華人民共和国の国連加盟が避けられない情勢となるなかで、国連から除名されるのを待つのか、みずから脱退するのか、あるいはなんらかの手段を講じて国連にとどまるのか、きわめてむずかしい選択を迫られていた。

社長がみずから書いた社説はこんな内容だったという。

「中華民国は台湾民国や大華民国などに名前を変えてでも国連にとどまるべきだ。そうしないと台湾は国際社会で生き残ることはできない」

いま読めばまっとうな意見に思えるが、当時の権威主義体制下の台湾では、蔣介石の考えと反する主張は危険きわまりない。

楊鴻儒は忠告した。

「あなたの考えかたは理解できるが、このような内容の文章を表に出せるはずがない。出したら即逮捕だ」

けっきょく、社長は掲載を諦めたが、当時は同僚や隣人にたいして密告が奨励された暗い時代だった。不幸なことに社説を書いたことが当局の知るところとなり、同年十二月初旬に社長は逮捕され、楊鴻儒に社説を見せたことを供述してしまった。

楊鴻儒は掲載をやめるように忠告したとして容疑を否認したが、当局に通報しないことが罪とされた。翌年、軍事法廷が反乱予備罪で楊鴻儒に懲役十年の刑を言い渡した。抗告したが破棄され、刑は確定。

弁護士は楊鴻儒にたいして、「あなたの事案は政治問題であり、軍法裁判は統帥権の一部なので、どうしようもない。服役はそれほど長くはならないはずだ」と慰めたというが、事件はそれでは終わらなかった。

スパイ容疑

それから間もなく、勾留中の楊鴻儒にたいし、新たに「軍事機密を日本に渡した」という罪状がもちあがった。

この軍事機密は、一九七〇年に海軍で作られた潜水艦関連の資料とされたのだが、楊鴻儒は見たことがないものだった。しかし、軍事検察官は「被告は日本の武官と師弟関係を結び、日本自衛隊の幹部学校で学んで、多くの日本軍人と交流を続けており、そのなかで資料を渡した」という、楊鴻儒には身に覚えのない罪状で起訴にもちこんだ。この武官とは、白団の教官たちのことである。

この時期、中華人民共和国と国交を結んだ日本と台湾は断交しており、反日感情を政府自身があおり、見せしめをつくりたい思惑があったと楊鴻儒は考えている。

実践学社の跡地に立つ楊鴻儒さん（著者撮影）

法廷で楊鴻儒がいくら反論しても、最初から有罪が決まっているような裁判ではどうにもならなかった。裁判官に判決の前に意見を聞かれ、楊鴻儒は叫んだ。

「もし自分がほんとうにやったことなら死刑にしてくれ。しかし私はなにも悪いことはやっていない。あなたは私に有罪を出せば歴史に罪を問われるはずだ」

判決は懲役三年六カ月。前の判決と合わせて十一年の懲役が定まり、その後、蔣介石の逝去による恩赦で刑期が七年八カ月に減らされた。送られた刑務所は日本統治時代に「火焼島《かしようとう》」と呼ばれた緑島《りよくとう》だった。台湾東部・台東沖の海に浮かぶ絶海の孤島で、戦後は政治犯収容所が置かれた。

楊鴻儒は刑期をまっとうして社会復帰し、

その後は出版関係の仕事に携わる一方で、日本語で俳句を詠む台湾人の会の中心メンバーとして活動し、日台交流への貢献を続けている。

俳句の会には私もなんどか呼んでもらい、すらすらと俳句を詠みあげる台湾のお年寄りたちに圧倒される思いだった。

二〇一三年四月、台湾でもう一度、楊鴻儒に会いに行った。当時の実践学社があった台北市石牌に案内してくれた。その敷地はいま中学校となっており、当時の面影はまったく残っていない。

遠くを見つめるような目で、楊鴻儒がつぶやいた言葉が心に強く響いた。

「日本統治で日本語を学び、実践学社で日本の軍学を学んだ。日本とかかわりの深い人生だった。他人よりも多くのことを勉強できたけど、それがよかったか、悪かったのか。人生に二度はないけど、つい考えてしまうんだよなあ……」

3　日中台と蔣介石、そして白団

一人ひとりに電話をかけて

岡村寧次同志会は二〇〇〇年ごろまでは年に一度の活動を着実に続けていたが、会員の相次ぐ逝去によってしだいに活動を停止させていった。

筆者は岡村寧次同志会の名簿を手に入れた。住所や電話番号も記載されていた。その一人ひとりに電話をかけ、手紙を送る作業を二〇一一年から二〇一二年にかけておこなった。三分の二は書かれている連絡先が通じないなど音信不通となっていたが、それでも、住所の場所を訪ねて確認する作業を続けた。

都心に住所がある人はいいが、東北や九州、四国にもメンバーの住所は散らばっており、作業はなかなかはかどらなかったが、どうにか納得がいくところまで調べたと思えるところまでこぎつけた。八十三人のなかで、コンタクトが取れたのは最終的には三十人ほど。しかし、存命中であることが確認できたのは二人だけだった。

そのうちのひとりはノモンハンでパイロットとして戦った瀧山和《たきやまやまと》であり、もうひとりは朱健《しゅけん》こと春山善良だった。瀧山は取材に応じてくれたが、春山のほうは家族から「認知症が進んで、お話しできる状態にありません」と丁寧に断られた。

瀧山和は、日本に戻ったときは四十歳だった。仲間と「東洋航空事業」という航空測量会社を作った。社長は知人の知人という堤清二になってもらった。管理職だったが「パイロットがわがままなんで、自分で免許を取って測量にも出たよ」。インドネシアへのODAにも関係した。「当時のインドネシア大使が八木という人で、この人は台湾の元大使館員で、白団時代の麻雀仲間だった。それで頼んで仕事を取ってもらったりもした」とふりかえった。

ただ、家族のなかでも、白団当時のことを覚えている方がいた場合は話を聞きに行った。断られることもあったが、応じてもらえたケースもあった。

「他人に聞かれたときは大阪で仕事をしていますと答えました」

岡村寧次同志会のメンバーには、仙台出身者が数名いた。そのうちのひとり、台湾で呉念堯《ごねんぎょう》という名前を使っていた溝口清直《みぞぐちきよなお》に連絡を取ると、本人は二〇〇〇年に亡くなっていたが、妻の静子が仙台にいまも暮らしていることがわかった。二〇一二年秋、静子を尋ねた。

溝口の晩年はアルツハイマーに冒され、静子と娘で十五年ほど看病をした末、息を引き取った。いま、静子はその娘と二人暮らしである。

八十八歳になっても育ちのよさを感じさせる凛とした気品を漂わせている静子は、軍人家系の出身だった。父親は海軍で中将に出世し、幼いころは広島の呉《くれ》に暮らしたこともあった。「でも、海軍は家を留守にされるからって、陸軍の方をお願いしたんです」。

静子の親戚には陸軍の幹部もいて、その親戚の世話で溝口と結婚した。

「台湾に長く行ってしまって、けっきょく待たされましたね」

静子は、さもおかしそうに笑いながら言った。

結婚当時、溝口は二十六歳、静子は二十歳だった。溝口は仙台一中から陸士に入ったエリートだったが、結婚したころは貧乏で、袴を買うお金にも困ったほどだった。

「終戦のとき、夫は上海にいたんですが、そのときの司令官が尋ねてきて、たしか二十七期の方だったと思いますが、台湾に行くようお誘いを受けたようです」

溝口は一九五〇（昭和二十五）年末、台湾に向かった。神戸から貨物船で密航したことは後から聞かされた。台湾に行った後は、小笠原清を通じて手紙が届いた。いつも「母上さま、静子さま」との書き出しで、台湾での暮らしを教えてくれた。

「私の世代は、とにかく主人のすることを信じておけばまちがいないっていう考えでしたので、心配なんかはしませんでした。仕事の内容なんかも聞きません。台湾の人たちが中国に戻るためのお手伝いをしているっていうことしか知りませんでした」

しかし、夫の台湾生活が続くと、どんな生活をしているのか知りたくなった。

頼みこむとあっさりと行けることになり、飛行機に乗って子ども三人を連れて台湾に行くと、台湾の政府関係者たちが出迎えて非常に歓迎され、北投温泉にある溝口の宿舎に泊まり、日月潭などの観光名所にも連れていってもらった。

静子が暮らしている仙台の二十人町という一帯は、小さな家が密集している下町だった。いまは再開発されてこぎれいな住宅街に生まれ変わっている。当時は近所でも夫がなにをやっているかわからず、「他人に聞かれたときは大阪で仕事をしていますと答えました」。

溝口は陸大で上陸作戦を勉強した関係で、台湾では中国への上陸作戦を教えていた。そのため、台湾の国防部の求めでほかのメンバーよりも長く台湾に留まることになった。陸士で学んだ中国語のおかげで、国防部とのコミュニケーションも取りやすく、重宝されたようだった。

日本に戻ったのは一九六三（昭和三十八）年。中学校の先輩が社長をやっているセメント会社に就職し、二十年間近く勤めて退職した。ふつうの人間として、ふつうに「戦後」を生きたのが溝口だったと言えるだろう。

溝口の人柄について、静子はこんなふうに描写した。

「とにかくまじめ、勤勉、静かな人で、趣味は仕事。勉強をいつもしていました。アルツハイマーになっても、姿勢をきちんとして自分でボタンなんかもちゃんととめて、最後まで姿勢を崩さない人のままでした。あと、あまり口にはしませんでしたが、台湾には十五年近くも行っていたことを誇りに思っていたようでしたよ」

「台湾ではビーフンが好きになって、母にいつも作ってもらっていました」

同じ仙台には溝口と連絡を取りあっていた紀軍和《きぐんわ》こと大津《おおつ》俊雄《としお》もいた。大津もすでに亡くなっていたが、いまも仙台市に暮らす妻の大津喜代子と娘の鎌田栄子、そして孫の行浩と会うことができた。

仙台には数名、白団出身者がいて、妻たちのあいだでは「よめな会」という集まりをもっていたことをここで知った。年に数回は集まって食事をしたり、世間話に興じたりしていたという。

夫たちの「台湾出張」は、ご近所や友人どころか、親族にも秘密とするように家族にも求められていたので、秘密を共有している仲間として妻たちは団結した。

寝たきりになっている九十六歳の喜代子はベッドの上で当時を思い出してくれた。

「私はね、台湾には行かなかったんですよ、子どもが小さくて。そのかわり、たくさん写真をとって、焼き増しして手紙といっしょに台湾へ送ってあげました。台湾に行っていることは私には話してくれましたが、身内にも話してはいけないって言われて、実家にもいっさい知らせていませんでした。年末などに親族が集まるときには、東京に出張していると言いました」

娘の栄子にとって日本に戻った父が話してくれた台湾体験のなかで、いちばん強く印象に残っているのが、「顔を洗ったときのタオルでどうやって拭くかで、日本人か台湾人かを見抜くことができる」という話だった。

「父は、日本人はタオルを動かして顔を拭くけど、台湾人は顔を動かしてタオルをあてるだけっていうことで。当時、日本人が台湾にいることは秘密でしたから、いちど、タオルのことで憲兵にみとがめられそうになったって言っていました」

私も知人の台湾人に聞いてみると、「たしかにタオルに顔をあてて動かす」ということだった。

大津は宮城県古川の出身だった。通信の専門家で、飛行機についてもくわしかった。

陸士四十七期で、同期のなかでは一番の成績だった。「大津はどうやっても抜けなかった」と同期の仲間に悔しがられたという。

大津が白団に参加したのは一九五一年四月から翌年七月までの一年四カ月だった。期間としては比較的短いほうだ。日本に戻ったときはまだ働き盛りの四十代だった。最初は仙台の一流企業に就職できたが、働きはじめてから「元職業軍人を雇っていいのか」と外部の人間から指摘があったという。当時の日本は戦争責任の追及に意欲を燃やすリベラル勢力が強く、まだまだ元軍人にとっては肩身の狭い時代だった。大津の最終階級は少佐だったので、法律的には公職追放の対象ではなく、会社側も悩んだようだが、大津自身が「会社には迷惑をかけたくない」と言ってすっぱり辞めてしまった。

それから、地元の印刷会社に職をみつけ、七十歳ぐらいになるまで働いた。亡くなったのは一九九五年九月十五日。敬老の日で、お祝いの食事をして片づけたあとで具合が悪いといって倒れ、その日のうちに息を引き取った。

私が大津家を訪ねた二〇一一年は、震災からまだ半年しか経っていないときだった。喜代子はこの取材の翌年、高齢のため亡くなっている。

取材のなかで、栄子は言った。

「父は骨董品の収集が大好きで、いろいろ集めていたんだけど、震災ではたくさん壊れてしまいました。とにかく凝り性な父でした。読書が好きでいつも寝る前になにかを読んでいた。家族にやさしくて一回も怒ったことがなかった。母とはほんとうに仲がよくっていつも楽しそうにいっしょにいました。台湾ではビーフンが好きになって、母にいつも作ってもらっていました」

「終戦時は三十歳」

第六章で日記を通して白団での活動を紹介した戸梶金次郎についても書いておきたい。戸梶は日本帰国後、妻のふるさとの山口県で鴻城高校の社会科教師となった。かつての軍人仲間が自動車会社の支店長の職を探してきて勧めたが、戸梶は「これまでさんざん迷惑をかけた妻の意見にしたがいたい」として教員の道を選んだ。教員退職後はみずから公文式の教室を開くなど、若者への教育に残りの生涯を捧げた。若者や子どもを前に、戦争体験を語って聞かせていた。

白団のメンバーたちとは、家が山口ということもあって、それほど頻繁に行き来して会うことはなかったが、萱沼洋(夏葆国)とは親友となり、家族ぐるみのつきあいをもった。萱沼は帰国後、作家としてデビューし、『零戦黒雲隊』(青樹社、一九六四年）などの戦史もののヒット作を書いており、白団のなかでは「変わり種」だったが、戸梶とは不思議とウマが合った。

戸梶の回顧録によると、戸梶は年老いた後、家族に向かって、こんなふうにみずからの人生をふりかえっていたという。

「生まれ故郷に十五年、陸士から終戦までが十五年。終戦時は三十歳で私の一生は終わったようなものだった。それから十五年は台湾で蔣介石の顧問。日本に帰ってからは高校の教師になって十五年、そのあと公文が十五年。十五年刻みに五回のくりかえしでたいしたことはできずに一生を終わるが、いろいろの体験をしてけっこう楽しい一生だった」

この言葉を聞いたとき、正直、これほど多彩な人生を生きた戸梶をうらやましく感じた。

旧日本軍の兵士たちは、終戦と同時に人生で積みあげてきたキャリアに終止符を打つことになった。すでに高齢に達していた者はいいが、戸梶のように、これからという年齢の青年・壮年の軍人たちは、今後の人生をどのように送ろうかと思い悩んだであろう。

そんななかで、戸梶らにとっては、台湾への派遣という「仕事」はみずからの職業的な経験を生かせる格好の再就職先であったことは想像に難くない。一方で、戸梶は回顧録の遺稿のなかでこう書いていた。

「老先生（筆者註：蔣介石）が「以徳報怨」と国民を訓されたラジオ放送を聞いたときのショックは忘れ難い。日本は戦争に負け、道義においても遥かに中国に劣っていたと思い知らされて思わず坐りこんだ」

白団の一員として台湾ですごした日々は、そんな「蔣介石の恩義に報いる」という理想の旗を掲げながら現実的にもやりがいのある仕事にとりくめるという、なにものにも代えがたい人生の一コマであった。

一九九〇年七月六日に亡くなった戸梶にたいし、台湾の軍人で、戸梶の友人であった林秀鑾《りんしゅうらん》という陸軍中将は「風雨同舟」と題した以下の一文を送っている。林秀鑾は、戸梶と同じ時期に日本の陸士で学んだ「同窓」で、白団でも戸梶から教育を受けた経験の持ち主である。

在東京陸軍士官学校同学中　　東京の陸軍士官学校でも
在台北軍官訓練団同事中　　台北の軍官訓練団でも
在両国交流合作関係中　　両国の交流協力関係のなかでも

風雨同舟　　　同じ舟に乗って風雨に耐えて
同舟共済　　　同じ舟に乗ってともに困難に立ち向かった
無限景慕　　　慕わしい思いはかぎりなく
無限懐念　　　懐かしい思いはかぎりない

いわば歴史の必然か

蔣介石は一八八七年に生まれ、一九七五年に世を去った。この期間は、まさに中国がありとあらゆる近代化への苦難を経験した時期にあたる。

蔣介石の生まれたころ日本では近代化が進み、中国では清朝が終焉に近づいていた。蔣介石は、強国に向かう日本と、混乱のなかにある中国とのはざまに生きる時代に育った。清朝への失望、辛亥革命、革命の不成就、軍閥の混戦、己の国土を日本に荒らされる戦争、内戦と敗北、台湾防衛。まさに中国の近代が詰まっている一生だった。その意味では、孫文も毛沢東も鄧小平《とうしょうへい》も、蔣介石ほどには中国の近代をまるごと体験したわけでない。

一方、日本は明治維新によって富国強兵の道を歩み、清朝に勝利して台湾を手にいれ、朝鮮半島に進出し、次いで満洲に操り人形のような国を立ちあげ、中国と全面戦争を戦った。この間、日本軍人たちは、好むと好まざるとにかかわらず、まちがいなく、もっとも中国という国に向きあった日本人であった。その蔣介石と日本軍人との出会いで白団が生まれたことは、ふりかえってみれば、いわば歴史の必然だったと言っても過言ではないように思える。

若き日の蔣介石は日本で軍事を学び、革命に身を投じた。蔣介石だけではなく、当時の中国人の若者は誰もが日本から学ぼうとした。列強に食い荒らされる祖国をどうやってたてなおすかを考えた蔣介石は、近代化のお手本である「日本」に学ぶことと、列強の一翼である「日本」に打ち克つという矛盾を抱えこむことになった。

蔣介石と日本との関係について結論づければ、日本をお手本として受容し、さらに克服することを問われつづけたのが、蔣介石の一生だったと私は考える。

日本にたいする「受容と克服」は蔣介石の一生のなかでくりかえされたプロセスであるが、それはけっして蔣介石ひとりに限ったことではなく、中国の近代化の歩みのなかでは、同時代に生きた誰もが等しく経験したことである。ただ、蔣介石においては、毛沢東や周恩来《しゅうおんらい》などその他の中国の指導者たちに比べても、日本という存在が突出して大きな重みをもっていた。

蔣介石にとっての軍官学校の意義

もうひとつ考えるべきことは、蔣介石にとって常に人びとを啓蒙し、新しい人間に生まれ変わらせようとする試みは、中国革命の伝統である「代行主義」をその思想的支えとするものではないかという視点だ。代行主義とは、山田辰雄の定義によれば、「エリート集団が人民に代わって改革の目標を設定し、人民に政治意識を扶植し、目的達成のために人民を動員するが、人民が自発的に政治に参加する制度的保障を欠く指導体制と指導様式」だという。この代行主義は孫文から国民党、共産党双方に引き継がれ、現在も中国で共産党が独裁を手放さない根拠にもなっている。そして蔣介石はみずからを覚醒したエリートとみなし、生涯を通じて自分の下で新しい軍人を教育によって育てようとした。

一九二四年六月、広州から四〇キロメートルほど離れた黄埔に、中国としては初めて本格的に軍人を養成する専門機関として黄埔軍官学校が設立された。孫文によって校長に任命されたのが蔣介石だった。ここに白団の原型を見ることができる。

辛亥革命後の挫折を経て、国民党が革命政党として生まれ変わるのは、革命軍＝国民軍が必要である、との認識に立ち、わずか二年足らずのうちに二千三百名の軍幹部を養成している。当時、軍閥＝有力者の私兵・傭兵的な要素が濃かった中国の軍隊において、死を恐れない革命軍という性格を根底から教えこまれた多数の若き軍人が産み落とされた。

黄埔軍官学校の重要性は、同校にかかわったとされる人びとの顔ぶれをみれば一目瞭然である。

校長に就いた蔣介石のほか、廖仲愷《りようちゆうがい》は軍校駐在の国民党代表、李《り》済深《せいしん》が教練部主任、王柏齢《おうはくれい》が教授部主任、戴季陶《たいきとう》が政治部主任、何応欽が総教官、共産党員のなかからも葉剣英《ようけんえい》が教授部副主任、周恩来が政治部副主任として就任した。毛沢東も、面接試験官になった。卒業生には国民党の胡宗南、湯恩伯、共産党の林彪《りんぴよう》、徐向前《じよこうぜん》など錚々たる顔ぶれである。

これらの軍人たちはのちの国共内戦において実際の戦場で戦火を交えることになる。まさに黄埔軍官学校は、近代中国軍人の「ゆりかご」の役割を果たした。

この黄埔軍官学校の設立は軍人としての蔣介石の成功に直結していく。黄埔軍官学校設立から数年後に始まった北伐において、現実に黄埔軍官学校の卒業生たちが国民党軍の中核を形成し、難事業と思われた北伐の成功を導いたのである。

それは蔣介石にとって、党内と軍内の権力掌握過程において、画期的な効果をもたらすことになった。そして、それ以上に、蔣介石のなかには「黄埔スタイル」とも呼ぶべき教育システム＝軍官学校への無限の信頼が生まれたと考えられる。

黄埔軍官学校における教育の特徴は、中国近代政治の研究者である野村浩一の著書『蔣介石と毛沢東』（岩波書店）における精緻な分析を借りれば、「家父長制的な運営原理と、そしてまた、極めて厳格な組織規律、軍規の要請」であった。これは蔣介石が白団を通じて台湾でやろうとしたことにそのままつながっている。

蔣介石は軍官学校をひとつの大きな家庭にたとえ、上官を父や母、兄として、蔣介石は校長として大家父長の役割を演じようとした。蔣介石は毎週みずから講話し、生活の細事に至るまでさまざまな訓示を与えたという。白団の圓山軍官学校でも軍人たちにたいし、入校式や修了式で講話し、食事もともにした姿に重なる。ここに浙江省の保守的な家庭で育ち、日本で軍事教育を受けた蔣介石の人生体験の二重三重の影響を見いだすことはむずかしいことではない。

蔣介石は、一九三三年に江西省の盧山《ろざん》でも軍官学校を設立している。黄埔軍官学校が兵士にたいする初等・中等教育をめざすものだったのにたいし、盧山軍官学校は指揮官を対象とするもので、目的は、共産党への掃討作戦を成功させるためのものだった。期間は七月から九月にかけて三期にわけられ、一クラスで三週間学び、参加者は七千五百人に達したという。

この盧山と、白団の実践学社につくられた高級班はよく似ている。

黄埔と盧山という二つの軍官学校においては、黄埔にはソ連から、盧山にはドイツからの軍事顧問団の参画があったことは注目に値する。それは、中国の近代化が外国の協力抜きにはなしえなかった当時の客観情勢を物語っているのと同時に、なにかを成すにあたり、海外からその知見を借りるという、蔣介石という個人の行動様式とも一致する。

「軍の再教育による困難の打破」→「外国人の知見の導入」というモデルは、台湾において、白団というかたちで結実していくことになる。ここで言う困難とは、黄埔では「軍閥の打倒」であり、盧山では「共産党の殲滅」であった。前者は大成功、後者は一定程度の成功をそれぞれ収めた。「大陸反攻」と「台湾防衛」をめざした白団は大陸反攻の実現には結びつかなかったが、台湾防衛という目標は達成させている。

理屈や理性を超えた「日中連携」への渇望

ただ、単に「外国」の能力という技術的な観点だけでは、蔣介石がかくも多大な信頼を白団に置いていたことへの説明にはいささか足りない。蔣介石は、白団と同時期に台湾に駐在していたアメリカの軍事顧問団にたいしては、「軍事技術の提供」で協力を得ていたが、軍幹部の「精神教育」まで任せようとはしなかった。

そこには蔣介石が対日連携を感情的にも思想的にも特別視していた事情があった。それはまさに「受容と克服」というプロセスのなかで、日本という近代化へのお手本を「受容」した以上、否定や報復によって克服するよりは、連携や協力という「善」の行動によって克服したいという、儒教倫理的な蔣介石の思考法があったのである。

逆に言えば、日本に多くを学んだ蔣介石には、みずからの正しさを証明するために も、日中連携を成しとげたい思いがあったにちがいない。蔣介石の言動のなかに、理屈や理性を超えた日中連携への渇望があると感じることは少なくない。

蔣介石が日本降伏の際に読みあげ、のちに「以徳報怨」と呼ばれた演説はきわめて理想主義的な内容となっており、当時の蔣介石以外の連合国の指導者――スターリンやチャーチル、ルーズベルト――たちと比べても、日本への融和的態度は際立っていた。それは単なる政治的な打算を超えた蔣介石の思想が投影されているからである。

蔣介石は大陸での敗北ののち「中華民国」をそっくり台湾にもちこみ、立てなおしに成功したが、それは同時に「植民地なき帝国」と呼ばれるアメリカの覇権システムに反共の砦として組みこまれることを意味していた。

蔣介石は安全を保障されるかわりに大陸反攻の自由も奪われたが、白団の撤廃を求めるアメリカの圧力をはねのけたのは、蔣介石の理想主義的な対日観への執着のあらわれと理解できる。

蔣介石の対日観を解析することはけっして簡単な作業ではないが、一九三四年に雑誌『外交評論』に蔣介石自身が執筆した「敵か？　友か？——中日関係の検討」と題する論文が役に立つかもしれない。

対中進出をやめない日本にたいする「最後の忠告」として、蔣介石は当初、「政治的な偏見を排除するため」という理由で別人の名前を借りて発表したが、のちに蔣介石自身が自分の文章であることを明らかにしている。

蔣介石はそこで「理を知る中国人はすべて、究極的には日本人を敵としてはならないということを知っているし、中国は日本と手を携える必要があることを知っていることである。これは世界の大勢と中日両国の過去、現在、そして将来（もし共倒れにならなければであるが……）を徹底的に検討したうえでの結論である」と述べている。

この文章で、蔣介石は驚くほど明晰に日本の対中進出の問題点も分析した。日本の中国での失敗を完全に原因も含めて予見しており、当時の日本人がこの文章をしっかり受けとめていれば戦争の結果はちがったかもしれない。

アジアの近代史が生み出した「奇胎」

日本を学び、乗り越えるという蔣介石のライフワークは、第二次世界大戦とそのなかの日中戦争を制したことで、いちおうの達成をみることになった。しかしながら、蔣介石の戦いはそれでは終わらなかった。帝国主義にかわって新たな共産主義という敵に直面し、手ひどく敗れ、大陸を失って台湾へ逃亡した。蔣介石は、人生最大の危機において、ふたたび、日本の軍人から学ぶことを選んだ。こうして考えると、蔣介石は自軍の立て直しのみならず、自らの対日理論の達成という点も合わせて、白団に救われたと考えることもできる。

近代という変化に満ちた時代が蔣介石という政治家を作りあげ、時代が蔣介石に日本軍人を必要とさせたのであるから、白団もまた時代によって生み出されたのである。

もし共産党に蔣介石が勝利していれば白団は生まれなかっただろうし、もし朝鮮戦争が起きなければ台湾は早々に中華人民共和国の一部となって白団は捕虜になるか帰国していただろう。あるいは蔣介石の大陸反攻が成功していたら、ほんとうに反共軍の一員として中国で戦っていたかもしれない。

蔣介石が台湾において指導者として第一線で活躍できた時期はほぼ白団の活動時期と重なる。白団が解散した一九六八年の翌年、蔣介石は交通事故に遭って体調を悪化させ、一九七一年の国連脱退、その翌年の日華（日台）断交と、日本と台湾の関係は冷却期を迎える。偶然かもしれないが、白団の存在は蔣介石の健在なくしてありえず、蔣介石と日本人が蜜月の時を送るなかでようやく奇跡的に成立しえたものだった。

あまりにもたくさんの偶然の重なりがあって、初めて、白団が台湾で二十年にわたって活動できる条件が整ったのである。白団という存在はまさに、複雑きわまりないアジアの近代という時空に生まれた「奇胎」であった。

白団が、蔣介石の軍再建や中国との対抗において大きな役割を果たしたことは疑いない。そのことについて、日本人として素直に誇らしさも感じる。よくも二十年にもわたって、日本という敗戦国から、中華民国という戦勝国の第一線にいた軍人たちが軍事教育を授けるという世界に例をみないプロジェクトが続いたものだと感心する。

しかも、政府間の援助ではなく、非公式かつ秘密裏におこなわれたのである。そのために蔣介石と台湾側が払った代価はどれほど莫大なものだったろう。また、その白団に参画した軍人たちの努力もどれほど大きかっただろう。この白団の功績は、歴史的にもっと公式かつ高度な評価を受けてしかるべきである。

白団生みの親である曹士澂は、台湾の新聞『中国時報』の記者、林照真が一九九八年に出版した『白団』という本に序文を寄せている。曹士澂が公式に自分の名前で文章を公表しているのは、私の知るかぎり、最初で最後だった。

そこで、曹士澂はこんなふうに白団の意義を語っている。

白団は武器を買うと派遣されてくるようなふつうの軍事顧問団とは違う。自主的に、かつ秘密裏に来て、三軍の顧問団となった。極秘かつ非公開であり、詳細な記録は残っていない。メンバーたちは、ゆえに無名の英雄である。

一九四九年、わが政府は台湾に撤退したが軍隊はまだ台湾に集結できておらず、当時の人心は恐れおののき、士気は低迷し、国際的にも孤立無援だった。私は、外来勢力の助けを動かし、台湾を防衛し、国軍を再建しようとした。これが白団の主目的だった。

白団で訓練を受けた人間は二万人に達した。その成果は輝き、国軍を近代化させ、自信を増進し、団結一致を成し遂げた結果、台湾を守り、人心を安定させ、中日関係の親善にも少なくない貢献を残した。

また、台湾の国防部が白団解散直後の一九六八年十二月にまとめた「日本軍事顧問（教官）在華工作紀要」は、いわば台湾によって白団の活動を総括した文書だが、その「結論」の部分には、このように記されている。

民国三十八年に大陸を失い、政府が台湾に移った当初、国内外情勢の悪化によって人びとの精神と心理が崩壊に瀕するなか（中略）、「革命実践学社」「軍官訓練団」など各種の革命教育訓練部隊を創設し、日本軍事人員を教官として雇い、党政軍の中・高級幹部に革命戦術を学ばせ、革命思想を理解させ、国の復興を決意させ、革命精神を奮い立たせ、各種政策の実行によって台湾を建設し、反攻の基地とした。各班で訓練を受けて卒業した幹部はゆうに数万人に及ぶ。

日籍軍事教官が最初に来たころ、まさにわが国は危機に瀕していたが、彼らは危険を顧みず、われわれと艱難を共にし、無私の心と道義の気持ちによってわれわれの領袖の昔日の大恩、大徳に呼応してくれた。

とくにわれわれを感激させるものは、各日籍軍事教官が工作期間中、報酬や利害にこだわらず、誠実さをもってわれわれの作戦立案に貢献してくれ、わが国の軍事教育の完成を助け、国軍幹部の戦術思想の統一をなしとげたことである。日籍軍事教官の功績は永遠に消えないであろう。

台湾の学者・戴国煇《たいこつき》は生前、『台湾』（岩波新書、一九八八年）のなかで、「蔣介石が（台湾における）軍の再建にあたりほんとうの信を置いたのは（アメリカ軍事顧問団ではなく）日本の軍事顧問団だったことは明らか」と述べている。

是としない人びとがいることは厳然たる事実

一方、白団の存在を是としない人びとが台湾にいることにも触れておきたい。

たとえば、動員制度についても、台湾社会のすべてのリソースを戦争のために利用できる制度を作ったということは、それだけ台湾社会が重い荷物を負わされたということである。同時に、蔣介石および国民党政権にとって、台湾社会を長期間にわたってコントロールできる有効な手段を手に入れたことを意味する。「動員」という概念のなかった国民党にとって、きわめて重要な意義をもったはずだ。

白団が訓練した軍が、台湾社会にたいする抑圧に利用された可能性も否定できない。蔣介石に批判的な立場の評論家・楊碧川《ようへきせん》が白団について書いた『蔣介石的影子兵團—白團物語』（蔣介石の影の軍団—白団物語）は、こんな批判を加えている。

今日にいたるまで、台湾の資源は中国国民党に無理やり奪われ、台湾の兵士は中華民国を守るために戦わなくてはならなくなった。白団の蔣介石にたいする報恩の旅は、逆に言えば、台湾人を圧殺する道につながっていたのである。歴史は、この影の軍団が日本人であり、彼らは知らず知らずのうちに蔣介石親子が台湾人を抑えこむ道具となった。（中略）彼らは蔣介石の恩義を懐かしんでいるかもしれないが、台湾人は永遠にこの屈辱を忘れないだろう。白団の歴史は終わったが、彼らが台湾人のうらみを背負いながら台湾を離れたことを歴史のなかでどのように伝えていくか、後世の人びとにぜひとも考えてほしい。

台湾の歴史は複雑である。清朝、日本、蔣介石の国民党と、わずか百年のあいだに三つの「外来政権」に統治された。そのなかで、それぞれの時代には光と影があり、権力の側に立った者とそうでない者がいて、時代が変わると、その立場も逆転した。

日本統治についていえば、日本の敗戦によって日本人は台湾を離れ、日本人にとって台湾はすでに過去の存在になったが、台湾の人びとはまったく思考や行動様式の異なる中国大陸の国民党を迎えることになり、結果的には、一九四七年の二・二八事件に代表される住民弾圧の悲劇を生み、その後も白色テロと呼ばれる言論・人権抑圧の時代が続いた。

白団と蔣介石とのあいだの協力と交流は、台湾の市井の人びとにとってみれば、自由が抑圧された暗い時代のできごとだった。このことは、白団のメンバーたちの意図とは別次元の問題かもしれないが、ひとつの厳然たる事実である。

「二・二八事件のことをさんざん聞かされました」

ただ、白団のメンバーたちも、中国から渡ってきた「外省人」と、台湾土着の「本省人」との矛盾・対立について気づいていたことが証言として残っている。

白団が台湾に渡りはじめた一九五〇年は、二・二八事件から数年しか経っておらず、いまだ台湾社会は生々しい流血の記憶が残っている時期にあたった。そして、反外省人、反蔣介石感情が日本時代を懐かしむ空気を生み出し、日本人である白団メンバーにとってはプラスに働いていた面があった。

『「白団」物語』では生き残りのメンバーの対談のなかで、岩坪博秀は「二・二八事件のことをさんざん聞かされました」とこの時期について話を向け、次のように正直に語っている。


日本時代はよかったと。そういうことでわれわれに対する親しみは非常に強かったように感じました。（中略）会う人、会う人が非常な親しみをもって接してくれる。これは皆さん、経験しておられることです。

本当に気分よく過ごしたものです。日曜なんかになると、向こうの若い女性が三人四人グループで、宿舎へ訪ねてきて日本の事情を話してくださいと。宿舎なんか実に華やかだった。いろんな人が来て、日本時代の思い出を話したり、二・

二八の話をしたり、日本の現状はどうだとか、本当に懐かしんでくれた。

むろん、国民党政権による台湾人社会への抑圧という、のちに李登輝が語って有名になった「台湾人の悲哀」的なものにたいし、独裁体制の一部を構成する側にあった白団自身が批判的にこの時点で意識しろというのは無理な話かもしれない。

「反共」の内実

白団の人びとは、蔣介石との連携の意義を語るときに「反共」という言葉をよく使った。たしかに日本軍人たちは反共的な思想をもっていた。しかし、蔣介石が共産党に敗れた原因のひとつに日中戦争があったことは、歴史的な事実である。

たとえば、西安事件によって蔣介石が国共合作の合意に追いこまれたが、もしも、日本軍の攻撃がこの時点で控えられていれば、蔣介石の共産党勢力の掃討作戦は成功し、共産党は壊滅していた可能性が高かった。当時、蔣介石が掲げた「先安内後攘外」、つまり、先に共産党＝内をたたいてから、日本など外国勢力＝外について解決しようという戦略について、日本軍人がもしほんとうの意味で反共であったのなら、蔣介石の共産党掃討の成功まで情勢を見守る判断が下せたはずだが、当時の日本軍は反共にそれほど注意深くはなかった。

日中戦争において、抗日戦争を指導し、勝利に導いたのは共産党だという共産党のプロパガンダ的歴史観が長く中国のみならず、日本や世界でも定説となってきたが、実際のところ、日本が主に戦ったのは国民党で、共産党はその間、勢力を蓄えて内戦への備えを着々と固めていた。日本の敗戦の後に起きた国共内戦で国民党敗北の一因を作ったのが日本人だったとすれば、戦後毛沢東が内戦の勝利について日本人に感謝したという話は誇張でもなんでもなく、本音だったのであろう。

ところが、そうした戦前の反共にたいする日本の失敗は、白団の人びとの脳裏からは消え去っていた。白団の指導者であった岡村寧次をはじめ、みずからの使命がまるで反共であるかのような言論を堂々と唱えている姿には、正直なところ違和感を覚える。

「失敗した戦争」の内在化の欠如

白団の人びとの言動に共通することなのだが、自分たちが経験した「あの戦争」について、驚くほど淡白に受けとめている。台湾に渡ったことについても、「寛大政策の恩義に報いるために蔣介石を助ける」といった大義名分以上の歴史的責任や意義について、真剣に向きあい、深く思考した形跡はあまり見えない。

岡村寧次が、一九五六（昭和三十一）年、雑誌『文藝春秋』のインタビューで、来日した何応欽将軍と対談しているのだが、戦犯だった自分が無罪となった歴史について「私が戦犯にならなかったのもあなたがつけてくれた弁護士のおかげです。私事に亘りますが、ここでお礼をいわせていただきます」とあっけらかんと語っている。対外的な発言という部分はあったであろうが、自分の無罪と白団の成立が「ギブ・アンド・テイク」だったことをほんとうの意味で理解していたのかどうか疑問である。

しかし、それは単に白団の問題だけではない。「反共」や「美談」には喜んで賛意を示しながら、「失敗した戦争」の体験を痛切にふりかえり、内在化させる作業を欠いてきたことは、戦後の日本人全体に共通する問題でもある。

それに比べれば、蔣介石は常に白団の意義を日中連携や軍の再建など、さまざまなレベルから定義しようと思索してきたことは本書の検証からも明らかである。

少なくとも蔣介石は真摯に日本という対象に向きあい、みずからの生涯に課した日本にたいする「受容と克服」のプロセスをまっとうするため、白団を台湾に呼び、部下たちに教育を受けさせ、そして、みずからも学び、そのなかから「日本を超える」なにかを自分のなかで作りあげようとしていた。

因縁に満ちた三角関係のなかで

日本と中国と台湾は因縁と愛憎に満ちた三角関係を構成している。

歴史的に中国は一貫して日本のお手本であり、その進んだ統治システムや文化、科学技術を日本は海を越えた東の果てから遠く仰ぎ見ていた。

有史以来、ひとたびも変わらなかった日中の「上下関係」は、清朝の停滞と日本の明治維新によって初めて終止符が打たれた。日本は日清戦争で清朝を打ち負かし、台湾を割譲させた。

当時の清朝に、全台湾を割譲する権利があったかどうかはいささか怪しいが、清朝が台湾に施政権を及ぼす唯一の存在であったことはまちがいない。

台湾が日本の一部になった時間は半世紀続いた。当時の家族制度でいえば、三世代にまたがる時間である。長いとも言えるし、短いとも言える。

抵抗運動にたいする過酷な弾圧もあり、日本人と台湾人とのあいだの差別構造も最後まで解消されなかったが、日本は台湾の産業や農業の育成に大きな投資をおこない、台湾の生活水準は同時期の中国をはるかにしのぐものになった。

日本の敗戦で台湾はふたたび「中国」に戻った。こんどの支配者は、国民政府で、指導者は蔣介石だった。しかし、国民政府はすぐに共産党によって中国大陸から追われ、最初は第二次大戦勝利の「おまけ」程度にしか見ていなかった台湾に命からがら逃げこんだ。

中国大陸の支配者となった中華人民共和国は台湾をその領土の一部とみなし、台湾解放を掲げて蔣介石の国民政府を台湾から追い出そうとしたが、成功しなかった。日本もまた、冷戦構造のなかでアメリカの要請のもと、中華人民共和国とではなく、台湾だけを支配する国民党政権と国交回復をおこなった。ところが、一九七二年の日中国交回復を果たすと、こんどは蔣介石がいる台湾と断交することになった。

この微妙な三角関係がよく表れているのが尖閣諸島問題で、中国と台湾はともに島々の領有権を主張しているが、日本への対応について中国は強硬で、台湾はそこまで強硬ではなく、温度差がある。中国は台湾に「共同戦線」を呼びかけるが、台湾は聞こえないフリをしている。

蔣介石と日本軍人について考えることは、われわれの過去から現在まで深く関わり合ってきた日本、中国、台湾の近・現代史を考えることに等しい。白団の問題の面白さと価値は、日中台の複雑で入り組んだ三角関係が、白団というプリズムを通して明瞭かつ多角的に、そして生き生きと眼前に浮かびあがってくるところにある。

エピローグ

温泉路一四四号

北投温泉にて

三月というのに気温は三十度近いようで、路肩に群生するガジュマルの木々に直射日光は遮られているとはいえ、かなりの急な坂道を歩いていると、背中にじっとり汗がにじんでくる。

台湾・台北の郊外にある台湾きっての温泉保養地・北投温泉。日露戦争の負傷兵の温泉治療のために陸軍療養所が建てられてから、日本軍との関係が伝統的に深い場所である。そして、白団の宿舎が置かれていた場所でもある。

「第一招待所」と呼ばれた宿舎は、旧日本陸軍将校の親睦団体だった偕行社の建物が使われた。総檜造りの日本式の二階建て建物で、建物の周囲にはビンロウの樹やバナナ、パパイヤの樹が育ち、南国風情を濃厚に漂わせていた。

北投温泉は日本の台湾統治時代に温泉地として開発された。ひとつの山がすべて温泉地のようなつくりになっている。最深部の谷間には「地獄谷」と呼ばれる温泉池があり、常時、もくもくと湯気を吹きあげている。温泉街全体が日本風情をたたえており、台湾にいながらまるで日本のどこか地方の温泉地に来たような、ひなびた雰囲気がいまも漂っている。

台湾北部には温泉が少なくない。かつて活火山であった大屯《だいとん》火山があるためで、北投温泉は火山帯と台北盆地が交わる場所にある。台北から新都市交通MRTに乗って約三十分で行けるので、週末になると多くの人出でにぎわう。最近では、石川県の名旅館「加賀屋」がオープンし、新しい風を北投温泉に吹きこんでいる。

個人的に、北投温泉には思い出がある。台湾の独立派の大物で、日本人のあいだでも人気者だった黄昭堂《こうしょうどう》が、日本人記者をこの北投に招いてなんども宴会を催してくれた。北投温泉には弾き語りの「流し」の歌手がいて、宴会のたびに黄昭堂はこの「流し」を呼んで、大勢で日本語の昭和歌謡曲を歌いあった。

黄昭堂は体も心も大きな人だった。独立派が嫌いな国民党の人も黄昭堂の悪口は言わなかった。二〇一一年に多くの人に惜しまれながら亡くなったが、北投温泉に行くたびに黄昭堂のことを思い起こす。

白団の取材にあたって、ひとりの書き手として能力の及ぶかぎり、調べられることは調べ、考えられることは考えたというささやかな自負がないわけではなかった。ただ、最後まですっきりとしない点がひとつだけあった。

どうして二十年もの長きにわたって白団が存続したのか、という疑問である。「蔣介石の恩義に報いる」というならば、十年も働けば十分ではないか。共産党の脅威から台湾を守るというならば、アメリカの介入もあって中台分断が固定化され、台湾が中国に武力統一されてしまう危機はとうの昔に過ぎ去っていた。ひとつの緊急措置的なプロジェクトの命脈として二十年はあまりにも長すぎる。

そんなことを考えながら、おそらく白団の面々が、何百回、何千回と、車や歩きで登った「温泉路」の坂道を、私はゆっくりと登りつづけた。

糸賀公一の来訪

私の傍らには、李秀娟《りしゅうけん》さんという初老の女性がいっしょにいた。北投温泉に白団の宿舎があったことは、友人であり、台湾の歴史にくわしい在台ジャーナリストの片倉佳史《かたくらよしふみ》氏から「白団メンバーが住んでいた家をいまも管理している女性がいる」と教えてもらった。それが李さんだった。

二〇一三年春、李さんと電話で約束を取りつけ、温泉街の最寄り駅であるMRTの新北投駅で待ちあわせた。

李さんは一九三二（昭和七）年、台湾北部の桃園県中壢《ちゅうれき》で生まれた。一族は清朝時代に科挙合格者の「挙人」を二人出したという名家だった。日本の台湾統治は李さんが十三歳のときに終わりを告げたが、親族のひとりに「日本語はこれから外国語になる。なおさら、しっかりと学んでおいたほうがいい」と言われ、独学で日本語を学びつづけた。

そのおかげもあり、李さんは流暢な日本語を武器に、夫といっしょに木工用品の輸出入をおこなう会社を経営して成功を収めた。李さんに日本語を学ぶように言った親族は、同じ中壢出身で国民党でいまも名誉主席を務める呉伯雄《ごはくゆう》の父親だった。台湾人の一人ひとりがこうした「歴史」をもっているところが、台湾に感じる大きな魅力のひとつである。

李さんの歩みがとまったのが「温泉路一四四号」という番地にさしかかったときだった。そこには日本風の木造建築の外観をもつ二階建ての民家があった。門の鍵を開け、敷地のなかに入ろうとしたとき、李さんはこう言った。

「むかし、北投を再訪した糸賀さんご夫妻がこの門に入ったとき、「ここに三種類の温泉があるんだよ」とおっしゃって、ほんとうにびっくりしました」

「糸賀さん」とは、本書冒頭で登場した白団のメンバー、糸賀公一のことである。

李さんが糸賀に会ったことは知らなかったので経緯を尋ねると、糸賀は一九八六（昭和六十一）年三月二十七日にこの元宿舎を訪ねてきたのだという。

白団の宿舎は、一九六八年に白団が解散となり、最後のメンバーであった糸賀らが帰国すると、一時は台湾の政府管理下に置かれ、その後、台湾のビジネスマンに売却された。別荘として家族で使うつもりだったが、家族が海外に移住してしまい、本人もほとんどこの家に来ることはなく、友人である李さんに管理を頼んでいる。

李さんは人あたりのよい上品な女性だった。そのせいだろう、友人も多そうで、本人曰く、「手入れをかねて毎週のようにこの家の温泉に入りに来ているのよ」ということだった。

そして、糸賀が訪れた日の記憶をたどった。

「あの日もたまたま趣味のコーラスの仲間数人と来ていたら、糸賀さんが奥様や何人かのお知りあいといっしょに車に乗って突然、訪ねて来られたのです」

かつての「わが家」をぐるりと見てまわったあと、糸賀は「畳以外は変わっていない、ちっとも変わっていない」と懐かしそうだったという。糸賀に付き添っていた台湾人のガイドは、李さんにたいして、「台北からここまで、糸賀さんは一度もまちがえずに運転手に指示して連れてきてくれたんです」と驚いていた。それもそのはずであろう。糸賀は約二十年間にわたり、台北の教育機関と北投温泉のあいだを、国防部が手配する車で行き来していたのだ。

最後の疑問が氷解していく……

家のなかに足を踏み入れると、硫黄のにおいがもわっと鼻孔に入ってきた。風呂場は地下にあった。大きめの湯船と、小さめの湯船があり、李さんは「大きいほうは熱いお湯で、小さいほうも温度は低いのですが、入っていると体が自然に温まってきます。別々の源泉から取ってきているようです。もともともうひとつの源泉があったけど、そちらは何軒か隣にある「瀧乃湯」にまわしています」と説明してくれた。瀧乃湯は、北投温泉でも老舗中の老舗の温泉で、皇太子時代の昭和天皇が訪問したことでも知られる。

李さんから「あなたもぜひ、お風呂に入ってみてください。ここの温泉は台湾一だと私は思っています」と勧められ、私も湯につかってみることにした。まず大きな湯船に入った。割と温度が高い。四二〜四三度はあるだろうか。透明に見えたお湯に体をつけると、白い湯の花が一気に湯船全体に広がった。湯船の底に沈殿していたのだった。湯の花の密度の濃さには驚くべきものがあった。五分ほど入っているとのぼせかけたので、小さいほうの湯船に体を沈めた。すると、ぴりぴりと血管が収縮していき、体の疲れが抜けていくような気分になった。この温冷浴を三回ほどくりかえし、風呂からあがると、李さんは「ね、糸賀さんが言うとおり、台湾一のお湯でしょ」とにこやかにほほえんだ。湯あがりでほてった体のまま、家のなかをあれこれ見て回った。

白団の元宿舎前に立つ李秀娟さん（著者撮影）

多少改装はしてあるものの、明らかに日本人が日本人のために造った建物だった。もっとも印象に残ったのは、窓際にあった渡り廊下だ。糸賀たちはきっとここで毎晩、ひと風呂浴びたあとにあぐらをかいて、将棋を指したり、碁を打ったりしながら一杯やっていたにちがいない。温泉路の元白団宿舎を後にしたとき、私のなかにあった白団にまつわる最後の疑問が氷解していく感覚に包まれた。あるいは、白団という一枚の絵の最後のピースがぴたっとはまるような感覚だったと言えばいいだろうか。

彼らは帰りたくなかったのだ

白団が一定の役割を果たしおえた一九六〇年代前半、もしもメンバーたちが一致して解散による帰国を希望していたら、まちがいなく、白団はもっと早く消滅していただろう。しかし、彼らはそうはしなかった。

その最大の理由は、彼らが日本に帰りたくなかったからだ。

旧参謀たちは日本社会において、程度の差こそあれ、日陰者という世間の目から逃れられなかった。糸賀らはまだ働き盛りの年齢で終戦を迎えた壮年将校たちだった。戦前の日本で、もっとも高いレベルの軍人教育を受け、常人では体験できない壮烈な戦場を見てきた者たちが、社会の一角でひっそりと生きていくことは、それがみずからの運命であるとはいえ、けっして心から望んでのことではなかった。

白団として台湾にいるかぎり、教官として尊敬され、みずからが身につけた知識と経験を後世に伝えるという、やりがいのある仕事に就いていられた。

蔣介石も十分すぎるほどの生活環境を用意した。日本から自分たちを助けに来てくれている、という感謝もあったのだろう。白団メンバーの宿舎には、日本語ができる事務員が常駐し、生活のあらゆる面で面倒を見てくれた。日本料理ができるコック、車と運転手、さらには人数が多かったときは専従の医師まで常駐していた。言葉の面でも、日本語を話せる軍人が通訳官として多数配置され、まさに至れり尽くせりだった。

こうした宿舎で毎晩のように温泉につかり、気のあう仲間と歓談しながら一日をふりかえる日々を送ることができたわけである。経済的にも日本で働いている人びとに比べて十分に遜色ない、むしろより恵まれた報酬を受け取り、毎年一カ月程度の長期休暇をもらって家族のもとに戻ることもできた。

白団の人びとが長く台湾にとどまったのは、台湾でこのような環境にあり、あまり急いで日本には帰りたくないという心理が働いていたにちがいない。

そうした予感は、取材を進めるなかでだんだんと強まり、戸梶の日記を読み終えて深まった。そして、彼らが暮らした宿舎を実際に自分の目で見て、百パーセントの確信になった。

*

この世は一人ひとりの人間の営為によって築かれている。政治や戦争がいかに人間の運命を変えていようと、最後は個々の人間の心情によって左右されるものも大きい。蔣介石が日本軍人にこだわったことも個人の心情であるし、白団の人びとが台湾にとどまりつづけたのも同じ個人の心情である。

日本でならば肩身の狭い生活になった可能性も高かった旧軍人たちは、この台湾という異国の土地に偶然身を置き、プライドと生活条件を満たされた暮らしのなかで、それなりに悩みや不満をもちながらも「あの戦争」の延長戦の日々を送っていたのである。

あまりにもあたりまえの話であるかもしれないが、等身大の白団を描くことをめざしてきた私にとって、この「決着」はけっして悪いものではなかった。

あとがき

本書は「蔣介石と日本」というテーマに挑戦したものだが、戦後日本における蔣介石という人物は、なかなか簡単には語り尽くせない複雑な状況に置かれてきた。一九四五年八月の終戦時における「以徳報怨」の演説に代表される寛大政策への恩義を唱える保守派を中心とする人びとは、蔣介石の偉大さを強調する一方で、日中戦争で蔣介石が日本の主要敵だった事実や、戦後に蔣介石率いる国民党政権が台湾でおこなった住民への苛烈な仕打ちについては、ほとんど積極的に提起することはなく、「一九四五年の蔣介石」があたかもすべてであるかのような狭隘な蔣介石像にとどまる傾向にあった。

一方、戦後日本のリベラル勢力は、中華人民共和国に対する過剰な期待のあまり、中国共産党が誘導する革命史観に引きずりこまれるかのように蔣介石否定論に傾き、一部には「蔣介石を語る人間は右翼」というような偏見まで存在し、その視野のなかから蔣介石を排除するような状態に陥った。

これは、冷戦構造と台湾海峡をはさむ共産党と国民党との対立という構図に、日本の政界や学界、言論界が巻きこまれていた、ということを意味している。中国大陸で「悪魔化」され、台湾で「神格化」された両極端の蔣介石像に、日本も惑わされてしまった部分は否めない。保守・リベラルの蔣介石観のどちらにも共通するのは、イデオロギー的な善悪判断が入りこんだため、十分に蔣介石の実像に迫りきれないという欠陥であり、戦後の日本において、日本とアジアの近現代史に巨大な影響を与えた蔣介石という歴史的人物に対する知的探求の作業が、その重要性に見合うほどには進んでこなかった。

ところが、冷戦の終結や中台の関係改善、蔣介石日記の公開など複合的な要因から、本書のなかでも触れたように蔣介石に関するすぐれた書籍・研究が関係者の努力によってこの十年でかなり出版されるようになり、本書の執筆も、僭越ながらその流れのうえにある作業であると私自身は意識してきた。

本書の執筆にあたっては「悪魔化」や「神格化」に傾いた過去の蔣介石論からいかに距離を置いて蔣介石を論じるかを心がけた。その試みの成否は読者の判断にゆだねるしかないが、筆者が白団という特異な素材を通じて描き出そうとした蔣介石と日本との関係が、多少なりとも新しい視座と新しい資料を提供することになれば、望外の喜びである。

白団の実態について、筆者の能力の限界もあって、本書がすべてを網羅できたと言うつもりはない。台湾の国防部資料や、白団で教育を受けた台湾軍人からの聞き取りなど、今後の取材・研究の課題として残されたものは大きいとも感じている。台湾の戦後の軍事作戦計画において、どこまで白団の助言・プランが採用され、実行に移されたのかの検証も必要だろう。また、白団が戦後の日本、台湾の政治や外交に与えた影響も調べつくしたとは言えない。まだまだ掘り下げる余地はあり、今後も関心はもちつづけていきたい。

二〇〇七年九月の私の予定表には「家近亮子先生と六福客桟で食事」と書かれている。場所は、朝日新聞台北支局の近くにある「六福客桟」というホテルのなかの広東料理の店だった。

敬愛大学教授の家近さんは蔣介石と中国・台湾の近現代史研究の有力な研究者で、このとき、台湾を訪問され、「最新の台湾事情が聞きたい」との連絡があった。

食事が終わりかけたころだったと思うが、家近さんが「蔣介石の日記が来年また公開されるのよね」となにげなく口にした。私は当時、蔣介石にも蔣介石日記にも一般的な知識しかなかったが、本能的に「ネタになる」と引っかかった。

その場で家近さんを質問攻めにして、蔣家が民進党政権を恐れてアメリカの研究所に日記を預けてしまったこと、日記はすでに段階的に公開されてきているが、二〇〇八年の公開分は一九四〇年代から五〇年代にかけての重要な歴史的転換期にあたることなど、おおよその事情を教えていただいた。

その日から蔣介石と蔣介石日記について勉強を始め、二〇〇八年七月に決まった公開と同時に日記を読むために台北からアメリカに飛び、日記のなかに蔣介石がくりかえし白団の件に言及していることを見つけ、記事も書き、本書へとつながっていった。家近さんとの食事から、もう足かけ七年もすぎている。この間、本業の新聞社の仕事をこなしながら、休日などを使って資料を探したり、人に会ったり、現場を訪れたりしているうちにどんどん時間がすぎていった。取材の成果を講談社『G2』誌において、二〇一一年から二〇一二年にかけて二度にわたって比較的長文の記事を発表した。本書はその内容を大幅に加筆し、一冊の本にまとめたものである。

タイトルはその一回目の記事の掲載時に使った「ラスト・バタリオン」とした。この言葉から万が一、ヒトラーの第三帝国を想像する向きがあるかもしれないが、そのような意味を投射する意図はまったくない。日本の敗戦によって解体された日本軍の生き残りが、文字通り、最後の部隊＝ラスト・バタリオンとして台湾で結成されたことを表現するにあたり、言葉の響きがぴったりだったのでタイトルとして使ったに過ぎない。

『G2』では岡本京子さん、藤田康雄さん、井上威朗さんの各編集者にお世話になり、最後に、本書の編集では講談社学芸図書出版部の横山建城さんに面倒をみていただき、ようやく完成にこぎつけることができた。みなさん、ありがとうございました。

刊行が予定より二年も遅れたこともあり、担当編集者が次々と異動になり、横山さんまで二月から別の部署に異動してしまった。そんな自分も、朝日新聞台北支局から東京本社国際編集部に異動し、四月からは週刊誌『AERA』に籍を置くことになる。

本書の刊行は取材に協力していただいたみなさんのおかげで、一人ひとりお名前をあげることはできないが、この場を借りて心からのお礼を申しあげたい。お会いした白団関係の方々のなかでも、この間、数人が亡くなった。かくも時の流れは残酷なものだが、ジャーナリズムやアカデミズムが隠れた歴史を現代に再現し、後世に引き継ぐ作業は、時の流れに少しでも抗しようとする人間の意地のようなものではないかと感じている。

筆者はメディアに身を置いているが、日々のニュースを新聞で記事にするだけではいささか物足りなさを感じてしまう悪癖がある。いったん発表したニュースをそのまま紙くずとして捨ててしまえず、その背後にあるものをより深く調べ、内情を知る人びとに会っているうちに、おのずと蓄積されたデータを整理し、一冊の本にまとめる。過去の著作と同様、本書でもおこなったのはそんな作業であり、あきらめの悪い私の性分に合っているので、体力と気力のあるかぎり、今後もできるだけ続けていきたいと思う。

二〇一四年三月二十四日

出張先の上海で

野嶋　剛

主要参考書籍（順不同）

【日本語】
黄仁宇『蔣介石　マクロヒストリー史観から読む蔣介石日記』北村稔・永井英美・細井和彦訳／竹内実解説、東方書店、一九九七年
船木繁『支那派遣軍総司令官　岡村寧次大将』河出書房新社、一九八四年
楊逸舟『蔣介石評伝』（上下）共栄書房、一九七九年
松田康博『台湾における一党独裁体制の成立』慶應義塾大学出版会、二〇〇六年
横山宏章『中華民国　賢人支配の善政主義』中公新書、一九九七年
有末精三『政治と軍事と人事』芙蓉書房、一九八二年
阿尾博政『自衛隊秘密諜報機関　青桐の戦士と呼ばれて』講談社、二〇〇九年
保阪正康『蔣介石』文春新書、一九九九年
関榮次『蔣介石が愛した日本』PHP新書、二〇一一年
家近亮子『蔣介石と南京国民政府』慶應義塾大学出版会、二〇〇二年
中村祐悦『白団（パイダン）　台湾軍をつくった日本軍将校たち』芙蓉書房出版、一九九五年
秦郁彦『日中戦争史』河出書房新社、一九六一年
湯浅博『歴史に消えた参謀　吉田茂の軍事顧問　辰巳栄一』産経新聞出版、二〇一一年
家近亮子『蔣介石の外交戦略と日中戦争』岩波書店、二〇一二年

吉田荘人『蒋介石秘話』かもがわ出版、二〇〇一年
サンケイ新聞社『蒋介石秘録』（上下）サンケイ出版、一九八五年
野村浩一『蒋介石と毛沢東』岩波書店、一九九七年
黄自進『蒋介石と日本　友と敵のはざまで』武田ランダムハウスジャパン、二〇一一年
加藤正夫『陸軍中野学校』光人社NF文庫、二〇〇六年
春名幹男『秘密のファイル　CIAの対日工作』（上下）新潮文庫、二〇〇三年
スターリング・シーグレーブ『宋家王朝』（上下）岩波現代文庫、二〇一〇年
段瑞聡『蒋介石と新生活運動』慶應義塾大学出版会、二〇〇六年
福田円『中国外交と台湾』慶應義塾大学出版会、二〇一三年
山本勲『中台関係史』藤原書店、一九九九年
戸部良一『日本陸軍と中国』講談社選書メチエ、一九九九年
芦澤紀之『ある作戦参謀の悲劇』芙蓉書房、一九七五年
有末精三『終戦秘史　有末機関長の手記』芙蓉書房、一九七六年
門田隆将『この命、義に捧ぐ　台湾を救った陸軍中将根本博の奇跡』集英社、二〇一〇年
米濱泰英『日本軍「山西残留」』オーラル・ヒストリー企画、二〇〇八年
栃木利夫、坂野良吉『中国国民革命』法政大学出版局、一九九七年

【中国語繁体字（台湾・香港）】
陶涵『蔣介石與現代中國的奮鬥』（上下）時報文化出版、二〇一〇年
林桶法『1949大撤退』聯經出版事業、二〇〇九年

翁元『我在蔣介石父子身邊的日子』圓神出版社、一九九四年
葉邦宗『蔣介石秘史』遠景出版、二〇一〇年
楊碧川『蔣介石的影子兵團 白團物語』前衛出版社、二〇〇〇年
陳風『黃埔軍校完全檔案』靈活文化、二〇一一年
蔣孝嚴『蔣家門外的孩子』天下文化、二〇〇六年
林照真『覆面部隊 日本白團在台秘史』時報文化出版、一九九六年
呂芳上『蔣介石的親情 愛情與友情』時報文化出版、二〇一一年
蔣永敬・劉維開『蔣介石與國共和戰』臺灣商務印書館、二〇一一年
黃克武『遷台初期的蔣中正』國立中正紀念堂管理處、二〇一一年
楊怡祥、楊鴻儒『梅樹上的櫻花』元神館出版、二〇〇九年
李福井『無法解放的島嶼』台湾書房、二〇〇九年

【中国語簡体字（中国）】
师永刚・杨素『蒋介石画传』凤凰出版社、二〇一一年
师永刚・张凡『蒋介石自述1887－1975』（上下）华文出版社、二〇一一年
杨天石『找寻真实的蒋介石』山西人民出版社、二〇〇八年
何虎生編「蒋介石　宋美龄　在台湾的日子」華文出版、二〇〇三年

巻末資料

■調研資料一覧表［昭和二十七年十月］

第一　ソ連関係

1. ソ連の第五次五ヵ年計画
2. ソ連軍備の趨勢
3. 第二次大戦に於けるソ軍砲兵に就いて
4. ソヴィエト関係雑報
5. ソ軍に関する一考察
6. ソ軍対満進攻作戦に於ける鉄道新設復旧に要する期間、鋼材、労働力の検討
7. 今日のソ連の政策
8. ソ軍の縦深攻撃について
9. 東欧諸国軍のソ連従属
10. ソ連首脳部の戦争指導方策に関する情報

第二　中共関係

1. 朝鮮に於ける中共軍
2. 朝鮮戦乱の真因
3. 中共経済の展望
4. 広東省兵要地誌概説
5. 東粤地方（汕頭附近）兵要地誌

第三（1）戦史兵法

1. 戦史資料　ヒットラーの対英上陸作戦の経緯
2. 作戦記録
　1　フーコン方面第十八師団の作戦記録
　2　本土防空陸軍作戦記録（関東地区）
　3　支那事変・太平洋戦争　支那方面陸軍航空作戦記録
　4　南東太平洋方面陸軍航空作戦記録
3. 統帥参考書（巻二、巻三）
4. 統帥綱領
5. 朝鮮作戦について
6. 高級将帥は如何にして養成すべきや
7. 第二次大戦間に於ける砲兵の進捗
8. 戦争の原則（クラウゼヴィッツ著）

9. 指揮官と情報勤務
10. 兵術随想（飯村穣著）
11. 戦争指導の原則
12. 連合作戦に於ける最高指揮官に就て
13. ゲリラ戦
14. 上陸作戦に関する史的綜合観察
15. 現代戦の一考察
16. 第二次大戦に於ける連合軍の上陸作戦に呼応するフランスの地下軍事活動
17. 朝鮮戦場の経験よりする山地戦に於ける円陣構成
18. ノルウェー陸軍将校の見たる最近のフィンランド軍
19. 朝鮮戦乱の軍事上の教訓
20. 外国軍事資料　其の三
21. 外国軍事資料　其の四
22. 本土防衛作戦概史（一）
23. 副師団長（師団長補佐官）に就いて
24. 機甲戦の将来について

第三（2）航空関係

1. 航空用 jet 発動機の最近の動向
2. 空中衝撃（体当り）を最後の防衛手段とすべきや
3. 米空軍資料　其の一
4. 〃　　　　　其の二
5. 〃　　　　　其の三
6. 原爆水爆の威力等について
7. 将来の空挺作戦
8. 水爆内話
9. ヨーロッパと水爆
10. 防空に原爆を
11. ホーデン教授の空襲防禦案
12. 第四圧縮機（航空関係）
13. 空軍戦略に対する批判
14. 第二輯第二次欧州大戦に於ける英国防空対策の変遷について
15. 海軍航空の沿革
16. 空挺部隊による敵飛行場奇襲
17. ジェット機の燃料について

18. 日本（海軍を主とす）の液体燃料蓄積について

第三（3）海軍関係

1. 第二次大戦中日本海軍にて使用せる水雷戦隊運動内規（抜粋）
附 第一機動艦隊雷爆撃回避運動要領
2. 第六一駆逐隊（涼月？）戦闘詳報 第四号
3. 爆弾魚雷回避運動の戦訓と戦例
4. 第二次太平洋戦争戦例と戦訓（駆逐艦輸送と潜水艦輸送）
5. 〃（上陸作戦と航空機）
6. 戦時味方識別信号規程
7. 水雷戦隊戦策
8. 北氷洋に於ける潜水艦の使用
9. 列国海軍艦艇一覧表
10. 大湊警備府警戒規定
11. 第二艦隊水雷戦隊戦策
12. 最新の対潜兵器論
13. 誘導弾参考 其の二
14. 対潜兵器としての飛行艇
15. 対潜防禦の進歩
16. 海軍軍備並に戦備の全貌 其の一

第四 兵器

1. 航空機及兵器生産の現状と今後の問題点
2. 原子爆弾下の防空
3. 過去及将来の兵器と戦法
4. 南満造兵廠兵器生産状況及民間利用工場の状況
5. 電子工学兵器の現在と将来
6. 最新の対潜兵器論

第五 米国

1. アメリカ関係資料
2. 米軍に於ける戦闘間師団参謀部G－2の行動
3. アメリカに於ける三軍統合問題
4. アメリカ合衆国 国防及国家保安機構（政府機構・陸軍省・海軍省・空軍省・独立機

関・其の他）
5. アイゼンハウァーの極東政策について
6. 米国軍拡四カ年計画予算承認額、米国の国家予算と安全保障

第六　気象
1. 大陸の各方面より台湾、西部日本及朝鮮の要衝に向ふ航空気象統計
2. 東亜に於ける海洋気象概要（九冊）

第七　情勢判断
1. 国際情勢判断　第一報
2. 〃　第二報
3. 米ソを中心とする国際情勢長期判断
4. 国際情勢判断資料（アイク政策）
5. 〃（日本、中近東）
6. 西欧防衛準備の現状
7. 次期戦争の様相
8. 米ソ対立の現状及将来の見透と日本の立場
9. 現下世界戦略大勢の考察資料
10. 世界情勢と日本の立場
11. 注目の米英巨頭会談
12. 情報資料（其の一～九）
13. 躍進する中国の鉄工業
14. 外国軍事資料　其の二
15. 自由のための資源統計
16. インドシナの戦争
17. 最近国際情勢判断資料
18. 仏印飛行場配置図
19. ヨーロッパの防衛
20. 仏印戦乱に対する考察

第八　憲兵
1. 野戦憲兵隊の構成装備について
2. 国内憲兵隊の編成装備について

第九　日本
1. 日本保安隊の構成
2. 日本の防衛と電子技術

第一〇　一般

1. 唯物史観と資本主義の将来その他
2. バトルグループに就いて
3. マルキシズムの歴史的観察
4. マルキシズムの政治論批判
5. 資本主義一般危機論について

第一一　軍人援護

1. 事変関係死歿軍人遺族処遇一覧表
2. 軍人関係処遇一覧表

第一二　動員

1. 動員計画表（動員兵力統計）
2. 兵役法関係諸資料について
3. 物動、生産関係資料
4. 昭和二七年度　産業機械生産計画　鉱工業生産及主要商品貿易の見透

■関連年表

西暦（日本元号）	年齢	蔣介石	白団	その他のできごと
一八八七（明治二十年）	0歳	十月三十一日、浙江省奉化県渓口鎮で誕生か		十月、仏領インドシナ成立
一八九四（明治二十七年）	7歳			八月、日清戦争始まる（～一八九五） 十一月、孫文、ハワイで興中会創設
一八九九（明治三十二年）	12歳			三月、山東で義和団蜂起 九月、米国務長官ヘイによる中国の「門戸開放」宣言
一九〇〇（明治三十三年）	13歳			六月、清国が北京出兵の八カ国に宣戦布告→北清事変
一九〇一（明治三十四年）	14歳	最初の妻・毛福梅と結婚		九月、辛丑和約（義和団事件最終議定書）
一九〇四（明治三十七年）	17歳			二月、日露戦争はじまる（～一九〇五）
一九〇五（明治三十八年）	18歳			八月、孫文、東京で中国革命同盟会結成
一九〇六（明治三十九年）	19歳	保定軍官学校砲兵科入学		九月、清朝、数年後に立憲政治を実施すると宣言

西暦（日本元号）	年齢	蔣介石	白団	その他のできごと
一九〇七（明治四十年）	20歳	渡日し、東京の振武学校へ入学		六月、ハーグ密使事件
一九〇八（明治四十一年）	21歳	孫文の中国革命同盟会（後の国民党）に入会		十一月、光緒帝、西太后が相次いで没す。溥儀（宣統帝）即位
一九一〇（明治四十三年）	23歳	新潟県高田町の日本陸軍野戦重砲兵第十九連隊に入隊		八月、韓国併合
一九一一（明治四十四年）	24歳	帰国し辛亥革命に参加 十一月、杭州城攻撃で初陣		十月、武昌起義（辛亥革命）
一九一二（大正元年）	25歳			一月、中華民国成立、孫文臨時大総統就任 二月、宣統帝退位、清朝滅亡
一九一四（大正三年）	27歳			七月、第一次世界大戦勃発（〜一九一八）
一九一五（大正四年）	28歳			一月、対華二十一カ条要求
一九一六（大正五年）	29歳	革命運動を離れ放蕩生活に入る		一月、袁世凱が帝位に就く 三月、帝政取り消し
一九一七（大正六年）	30歳			三月、ロシア皇帝ニコライ二世退位

				十一月、ロシア十月革命
一九一八（大正七年）	31歳	革命運動に復帰		一月、米大統領ウィルソンの十四カ条 十一月、ドイツ革命
一九一九（大正八年）	32歳			五月、五・四運動
一九二一（大正十年）	34歳			七月、中国共産党結成
一九二二（大正十一年）	35歳	陳炯明の反乱に際し、孫文を救出し信頼を得る		十月、イタリアにファシスト政権成立
一九二三（大正十二年）	36歳	孫文の命によりソ連の軍事情勢視察		十一月、孫文、「連ソ・容共・扶助工農」の三大政策を決定
一九二四（大正十三年）	37歳	黄埔軍官学校校長に就任		一月、第一次国共合作
一九二五（大正十四年）	38歳			三月、孫文死去
一九二六（昭和元年）	39歳	三月、国民党内部の共産党員を弾圧（中山艦事件）、政治的地位を強化 六月、国民革命軍総司令官に就任		

西暦（日本元号）	年齢	蒋介石	白団	その他のできごと
		七月、北伐開始		十二月、大正天皇崩御
一九二七（昭和二年）	40歳	四月、上海を中心に共産党員と組織を弾圧（上海クーデター） 十二月、宋美齢と結婚		二月、武漢政府成立（主席汪兆銘） 三月、金融恐慌
一九二八（昭和三年）	41歳	六月、北伐終了 十月、中華民国国民政府主席に就任		六月、張作霖爆殺事件
一九三一（昭和六年）	44歳			九月、満洲事変
一九三二（昭和七年）	45歳			三月、満洲国建国宣言 五月、五・一五事件
一九三三（昭和八年）	46歳			一月、ヒトラー、独首相に就任
一九三四（昭和九年）	47歳	新生活運動を唱導		十月、紅軍の「長征」始まる
一九三六（昭和十一年）	49歳	十二月、西安事件→翌年第二次国共合作成立		二月、二・二六事件
一九三七（昭和十二年）	50歳	十一月、南京から重慶に遷都し抗日戦を指導		七月、盧溝橋事件、日中戦争始まる

				十二月、南京事件
一九三九（昭和十四年）	51歳			五月、ノモンハン事件
一九四一（昭和十六年）	54歳			十二月、太平洋戦争始まる
一九四二（昭和十七年）	55歳			六月、ミッドウエー海戦
一九四三（昭和十八年）	56歳	十一月、米英とのカイロ会談に参加		二月、ガダルカナル島撤退開始
一九四五（昭和二十年）	58歳	八月、抗日戦に勝利、「以徳報怨」演説		八月、日本、ポツダム宣言を受諾して降伏
一九四六（昭和二十一年）	59歳	七月、国共内戦勃発		五月、国民政府南京還都 極東国際軍事裁判開廷
一九四七（昭和二十二年）	60歳	二月、台湾での反国民党暴動を武力鎮圧（二・二八事件）		八月、インド独立 米特使ウェデマイヤー、国民政府の腐敗を指摘
一九四八（昭和二十三年）	61歳	四月、中華民国初代総統に就任（翌年いったん辞任）		四月、ベルリン封鎖 八月、大韓民国成立 九月、朝鮮民主主義人民共和国成立
一九四九（昭和二十四年）	62歳		一月、中国戦犯法廷で岡村寧次が無罪判決	

西暦（日本元号）	年齢	蒋介石	白団	その他のできごと
		十二月、国共内戦に敗北し台湾へ脱出	五月、曹士澂が日本に赴任 六月、根本博が台湾へ密航に出発 九月、白団の「盟約」が成立 ＊金門・古寧頭の戦いで根本博が前線指揮 十一月、富田直亮が台湾に到着、重慶に前線指揮に飛ぶ 十二月、国民政府、台北に撤退	五月、ドイツ連邦共和国（西独）成立 十月、中華人民共和国成立 ドイツ民主共和国（東独）成立
一九五〇（昭和二十五年）	63歳	三月、中華民国総統に再就任	一月、白団の第一陣が台北に到着 二月、圓山軍官訓練団（この時点では班）が発足 三月、岡村寧次、GHQに取り調べを受ける 五月、圓山軍官訓練団に第一期生が入学 六月、朝鮮戦争勃発、米国が台湾海峡に第七艦隊を派遣	六月、朝鮮戦争勃発

一九五一（昭和二十六年）	64歳		＊白団メンバーが七十人を超える 四月、米国軍事顧問団が台湾到着 九月、サンフランシスコ講和条約	五月、アメリカ、対国府援助を再開 七月、朝鮮戦争休戦会談
一九五二（昭和二十七年）	65歳		六月、根本博が日本に帰国 七月、圓山軍官訓練団を解散、白団メンバーが大幅削減で三十六人に減少 八月、石牌実践学社が開校。国防部に動員幹部訓練班がスタート	一月、韓国、いわゆる「李承晩ライン」を設定 四月、日華平和条約締結
一九五三（昭和二十八年）	66歳		七月、朝鮮戦争休戦。白団メンバーが十八人に減少	三月、スターリン死去 七月、朝鮮戦争休戦協定調印
一九五四（昭和二十九年）	67歳	副総統・李宗仁罷免	二月、白団が「光作戦」計画を提出 十二月、米華相互防衛条約を締結	三月、ディエンビエンフー攻防戦↓五月陥落
一九五六（昭和三十年）	69歳			十月、ハンガリー事件 スエズ動乱
一九五七	70歳	訪台した岸信介と会談		十一月、毛沢東訪ソ

西暦（日本元号）	年齢	蔣介石	白団	その他のできごと
（昭和三十二年）				
一九五八（昭和三十三年）	71歳		三月、実践学社で戦史研究班がスタート 八月、金門砲撃が始まる。富田ら白団メンバーも現地へ	八月、人民公社運動が大陸全土に拡大
一九五九（昭和三十四年）	72歳		六月、実践学社で科学軍官儲備訓練班がスタート	一月、キューバ革命 八月、廬山会議、彭徳懐失脚 九月、中ソ対立激化
一九六二（昭和三十七年）	75歳			十月、キューバ危機
一九六三（昭和三十八年）	76歳		四月、実践学社で高級兵学班がスタート	十一月、ケネディ米大統領暗殺
一九六四（昭和三十九年）	77歳		四月、戦術教育研究班がスタート	十月、東京オリンピック
一九六五（昭和四十年）	78歳		八月、実践学社が解散。白団は五人となり、実践小組として指揮参謀大学で教育を担当	二月、アメリカが北爆開始
一九六六（昭和四十一年）	79歳		九月、岡村寧次死去	五月、文化大革命始まる
一九六八	81歳		十二月、白団が活動を停止↓	八月、チェコ事件

（昭和四十三年）			富田直亮を除いて翌年一月に全員が帰国。	
一九六九（昭和四十四年）	82歳	九月、交通事故に遭う	二月、東京で解散式	三月、中ソ国境で武力衝突
一九七一（昭和四十六年）	84歳			九月、林彪事件 十月、中華人民共和国国連加盟 中華民国（台湾）国連脱退
一九七二（昭和四十七年）	85歳	八月、病状が悪化して日記を停止		二月、ニクソン米大統領訪中 九月、田中角栄首相訪中、日中国交正常化↓台湾と断交
一九七五（昭和五十年）	87歳	四月五日、死去		四月、サイゴン陥落↓ベトナム戦争終結
一九七六（昭和五十一年）				一月、周恩来死去 九月、毛沢東死去
一九七九（昭和五十四年）			四月、富田直亮死去	一月、米中国交樹立

※享年以外の年齢は年号から単純計算した満年齢

ら行

ま行

や行

な行

は行

た行

か行

さ行

人名索引

＊蔣介石は頻出するため、これを省略した。
＊中国人の人名は、本文内で中国音のルビを付した場合でも日本語の音読みで配列している。

あ行

文庫版追記　日中・日台のはざまの以徳報怨

二〇一四年に講談社から刊行された本書の原タイトルは『ラスト・バタリオン――蔣介石と日本軍人たち』であったが、今回、筑摩書房から文庫版を出版するにあたって、タイトルを『蔣介石を救った帝国軍人――台湾軍事顧問団・白団の真相』に変更した。文庫化で幸い、本の寿命がさらに伸びて、ある種の定位置を確保することになる。本書はノンフイクションと歴史研究という二つの顔を持つが、文庫になる以上、歴史資料としての位置づけをより意識すべきだと考え、「蔣介石」を前面に出して、白団や台湾という固有名詞も含めたタイトルにすることにした。

本書刊行後、講演などの場で最もよく聞かれた質問は「どうして彼らは日本から台湾に渡ったのでしょうか」だった。白団が蔣介石の求めに応じた理由について、敗戦によって職を失った軍人にとって、自らの能力を活かせる仕事＝軍事顧問はベストな選択であり、台湾が与えた好条件は彼らにとって強い魅力があったことを本書で明らかにした。同時に、彼らが生命のリスクも承知で台湾に渡った決断の根底には、「反共」と「寛大政策」という二つの思想的動機があったことも指摘している。

「反共」と「寛大政策」

反共については、自国の安全保障に関わるものである。冷戦下で自由主義陣営に入った日本が、台湾の赤化を阻止するという理由は、軍人にとって受け入れやすいものだと理解できる。ただ、寛大政策について当初の執筆時は私自身、なお消化不良なところがあり、本書刊行後も折に触れて資料を読んでは思索を深めてきた。

グローバルな歴史研究領域で、蔣介石に対する関心は今も高い。それは基本的に中国統一、対日戦争、そして戦後の反共運動の観点からである。一方、寛大政策に着目するのは、主に日本特有の議論である。詳細は本書でも記したが、寛大政策は日本軍民の帰還への協力、日本分割への反対、天皇制の維持、賠償請求権の放棄の四項目からなっている。ただ、出発点となる八月十五日の蔣介石勝利演説で、四項目が整理されて語られたわけではなく、演説自体にも「寛大であれ」という言葉はない。

この四項目には、米英ソとの対日戦後処理交渉にあたって、蔣介石が主張した内容も含まれている。日本軍の対中戦争行為に対し、寛大を旨として対処するという蔣介石の姿勢について、戦争だけでなく道徳倫理においても日本は中国に敗れたのだと、白団のトップ岡村寧次元陸軍大将は感動し、白団結成の動機となったことを告白していた。

一方で、蔣介石の対日寛大という「神話」が、戦後の日本・中華民国（日華）関係の出直しにおいて必要とされたため、政治的な動機もあって双方で積極的に用いられたことは間違いない。

以徳報怨という蔣介石の決断を、純粋な善意として解釈しない議論は多い。たとえば、日本軍民の帰還への協力は来るべき共産党との戦いで日本側の協力を得たかったからだ、という意見などだ。

その点は、白団の成立の経緯を追えば、本来は戦犯として真っ先に重罪で裁かれるべき終戦時の中国派遣軍トップ岡村寧次に対して、強引とも思える手法で無罪判決を与えて帰国の便宜を図った経緯をみるだけで、そうした議論は立証されている。蔣介石は海千山千の政治家であり、むしろ政治的意図がないほうがおかしい。

それより私にとって興味深いのは、いろいろな思惑の末に生まれた対日寛大政策が以徳報怨という言葉によって語り継がれ、神話化し、私たち日本人の政治や社会に少なからぬ影響を与えた、という点である。まさにそれこそが、歴史言説が与える現実社会への影響としての白団の誕生を考える面白さでもあるのだ。

再訪・中正神社

本書では、日本各地の蔣介石ゆかりの場所を紹介しているが、そのなかに、愛知県幸田町で蔣介石を祀った「中正神社」も含まれていた。中正とは蔣介石の「字《あざな》」である。ありがたいことに、中国語の翻訳版が台湾、中国でベストセラーになった本書を読んで、蔣介石をテーマに日本へ取材に訪れた中国や台湾、香港のメディアが真っ先に訪問したがるのが、この中正神社である。「日本で神となった蔣介石」というテーマに興味を惹かれるのだろう。

私自身は執筆時の取材で現地を見ただけで終わってしまっていたので、文庫版の刊行が決まった二〇二〇年末、改めて現地を訪れることにして、中正神社の宮司である山蔭仁嘉《やまかげひとよし》さんに連絡を取った。

以下は山蔭さんの話に基づく中正神社の建立経緯である。中正神社は、隣接する神社「貴嶺宮《きれいぐう》」が一九七五年に開設したものだ。山蔭さんは貴嶺宮の宮司であり、中正神社の宮司も兼ねている。貴嶺宮は京都に由来がある山蔭神道の神社で、明治維新の折に京都から愛知県に移転した。代々引き継がれてきた宮司職は山蔭さんで第八十一代になる。中正神社の建立を決めたのは先代の父親の基央《もとひさ》さんだった。亜細亜大学で学んだ基央さんは歴史や政治に関心が深く、蔣介石の対日寛大政策に対して、どのように日本人として感謝を伝えるか考えた末に決めたことだった。

中正神社の由緒書きには「蔣公は第二次大戦に際し、米英ソの連合国に対し、対日処理案として「天皇を処刑しない。日本を分割しない。日本から賠償金をとらない。捕虜として日本人を抑留しない」ことを提言し、連合国の了解のもと、占領はアメリカ一国としてくれたからこそ現在の日本があるわけである」とあり、感謝を込めて「中正神社に（蔣介石の）尊霊を祀ってきた」と記されている。

ただ、実は他にも中正神社の立ち上げの秘話があることを教えられた。それは孫文と山蔭一族の関わりだ。山蔭一族の神職としての名前は中山だった。明治維新のとき、東京・日比谷に中山家の邸宅があった。中山家は孫文を支援し、日本滞在のビザのために奔走もしたと家族には伝えられている。中山は孫文の「字」で、中国や台湾で孫中山と呼ばれることが多い。孫文は「中山」を日本滞在時に用い始めた。通説では、たまたま街中で表札の「中山」を見たためだとも伝えられているが、基央さんが山蔭さんに語ったところでは、中山家の養子という意味で孫中山にしたのだという。山蔭さんから家系図を見せてもらったが、「忠英猶子　孫文（孫中山）」と確かに書かれている。猶子とは養子のことだ。

少なくとも日本や中国、台湾の文献には、この孫文と中山家の関係は記されていないようだ。もしこれが真実ならば、歴史を塗り替えるようなことだが、中山家にもこの家系図と家族の言い伝え以外の資料は残っていないので真実性について現状ではなんとも言えない。しかし、孫文、蔣介石という中国近代に大きな足跡を残し、日本とも深くつながった人々との関わりが、今日の中正神社に語り継がれていることは、事実か否かを超えた歴史の面白さを感じさせる。これもまた以徳報怨が日本社会で化学反応を起こし、人々をいまなお動かしていることの事例である。

二〇一二年に亡くなった基央さんは、中正神社をつくったことがきっかけで、台湾政府ともつながりが生まれ、日華親善協会の全国連合会副会長になった。『台湾の未来・アジアの未来』という共著も出版している。山蔭さんも基央さんに連れられて台湾を何度も訪問し、陳水扁総統とも面会している。基央さんは、「台湾には日本が統治した歴史があり、我々日本人は台湾に何ができるのか考えないといけない」と、よく山蔭さんに語っていたという。

山蔭さんは「私は父ほどの思い入れはない戦後世代ですし、蔣介石の歴史的功罪にはいろいろ評価はあると思うが、お宮のお守りをさせてもらっている人物として、中国共産党を相手に最後まで戦い抜いたことも含めて、正当に歴史的な評価を受けて欲しいと思います」と述べた。中正神社の例大祭を毎年四月五日の蔣介石命日に行なっているが、「建立当初は毎年大風が吹いていたが、台湾で民主化が進んだら、風は吹かなくなりました。蔣介石も民主化を喜んでいるのでしょうかね」と笑った。二〇二一年四月五日の例大祭に私は足を運んだが、明るい日差しの好天に恵まれた。

中正神社の例大祭（著者撮影）

中正神社に象徴される以徳報怨をめぐる無数の物語のなかで、白団という軍事顧問団の存在もまた、その一つと言えるかもしれない。台湾で彼らが果たした貢献は、神社や碑文の建立より多くの現実的な意義と効果を持っていた。ただ、以徳報怨への恩返しという「大義」がなければ、戦争を戦った相手の蔣介石を助けに行くことには踏み切れなかった者も多かっただろう。岡村寧次も、部下たちに声をかけるとき、この大義名分は十二分に活用した。白団の一人ひとりが、台湾で軍事顧問として働くことを以徳報怨の理念があることで自分を納得させていたとも思える。

李登輝と蔣介石

それにしてもつくづく思うのは、白団という存在を台湾と日本との文脈で語ることの難しさだ。それは日台の関係の複雑性に関わる問題となってくる。

白団の人々は、台湾を助けるためではなく、「台湾に撤退した蔣介石を助けるため」に、台湾へ渡り、軍事的知識を授けた。それは、中国の流亡政権である中華民国を対象とするものであり、基本的に「日中関係（あるいは日華関係）」の延長線上だった。白団の人々が書き残した文章には、「中国人」「中国軍」などの表現が多く、台湾軍とは書かない。それは、当時の時代背景からすると当然のことで、現在のように「台湾人」や「台湾主体性」などのコンセプトは公の場では語られにくいものであった。白団の存在と今日の台湾との間には明らかに「断絶」が生じている。

その点を改めて認識させられたのが、昨年の二〇二〇年の李登輝元総統の死去だった。本書は、主に白団が解散するまでの一九七〇年以前の事象を取り扱っており、当然、一九八〇年代以降に政治の表舞台へ躍り出た李登輝はまったく登場しない。それでも、執筆中は常に李登輝を意識しながら筆を進めていたように思う。

ともに「中華民国総統」を務め、国民党の指導者であった二人だが、駆け抜けた時代背景はまったく違う。思想も同様である。ただ、共通するのは、二人が国外の指導者としては図抜けた関心を日本において集めたことだ。李登輝ファン、あるいは蔣介石ファンからお叱りを受けるかもしれないが、李登輝の死去に対する日本の反応は、不思議なほど、蔣介石死去の時のリメイク版を見せられている感覚だった。

二人の元総裁の死去報道

李登輝の死去は日本社会に大きな衝撃を与えた。追悼する書籍も複数出版された。「過去の指導者」の死去として比較的冷静に受け止めた台湾を上回る反響が日本で起きたように見えた。かくも李登輝は、日本にとって「特別な外国の指導者」だったのである。

李登輝死去のニュースを最も大きく紙面で扱ったのは産経新聞だった。一面トップで「李登輝台湾元総統死去　97歳　初の民選「民主化の父」」と写真付きで報じた。新聞には、ニュースを人間の身体で形容する風習がある。トップニュースは「アタマ」と呼ぶ。「一面アタマ」でスクープを放つというのは記者の夢であり、勲章になる。一面左側の「カタ」と呼ばれる二番手のニュースで扱ったのが、朝日新聞と毎日新聞。読売新聞と東京新聞は「ハラ（ヘソ）」と呼ばれる真ん中の中段の場所に掲載し、三番目のニュースとして扱っている。一面で扱わなかった新聞はなく、基本的には、すべて重要ニュースとして報道する形になっている。

これは考えてみると非常に異例なことである。李登輝はすでに総統から退いて二十年間が経過しており、政治的な影響力はほとんどないに等しい。その李登輝の死去がこれほど詳しく報じられるというのは、日本社会における李登輝の知名度と存在感が退任後も揺るがなかったことを示している。

一方、「特別な外国の指導者」という意味では、蔣介石も負けてはいなかった。一九七五年当時、朝日、読売、毎日、日経、産経のいわゆる五大全国紙は、蔣介石の死去も李登輝の死去も一面で大々的に報じた。ここでも大きな紙面を割いたのは産経新聞だ。『蔣介石秘録』企画を掲載するなど蔣介石とゆかりのふかかった産経新聞（当時はサンケイ新聞）は、一面から三面に至るまでの大展開で報じた。この日本の報道ぶりについて、台湾の新聞・中国時報も「従来左翼と見られた大新聞—朝日・毎日・読売なども、マスコミとしての良心からか、いずれも社説で総統の旧恩に感謝の意を表明している」と評している。読売新聞も左傾メディアと見られていて興味深い。

社説での扱いもよく似ていた。李登輝死去について、朝日、毎日、読売、日経、産経五大紙がそろって掲載した。産経は七月三十一日、朝日、毎日、読売八月一日、日経は八月二日と、死去に即応している。タイトルは朝日が「築き上げた民主の重み」、毎日が「平和的な民主化を導いた」、読売が「台湾の民主主義を根付かせた」、日経が「李登輝氏が残した貴重な遺産」、産経が「自由と民主の遺志次代へ」だった。

蔣介石の死去でもすべての新聞が社説を掲げた。毎日新聞の社説タイトルは「「怨み」に「徳」で報いた人」で、寛大政策を行なってくれたにもかかわらず、一九七二年に台湾との断交をしたことについて彼らは「仇をもって徳に報いた」という批判の気持ちだったとしても、その立場からすれば無理からぬことである、と書いている。朝日新聞は、「わが国の軍民二百万余の人たちの大部分が無事に故国に帰ることができたのは、いまだにわが国民の多くが忘れ得ない」としている。

ここからわかることは、李登輝評価の最大の理由は台湾の民主化であったのに対して、蔣介石評価の最大の理由は寛大政策であったという点だ。蔣介石は、中国統一を成し遂げて日中戦争を勝利に導いたものの、その後は共産党に敗れて台湾に逃げ込み、独裁体制を敷いて台湾の人々を長期の戒厳令で押さえつけた。寛大政策を先に持ってこなければ、これほどの肯定的な評価はかなり難しかっただろう。

日本政府の弔問

もう一つ、二人の死去でダブったのは、日本政府の弔問をめぐる対応である。蔣介石について、日本は一九七二年に台湾と断交していたので、台北での国葬に誰を派遣するか大きな問題になった。選ばれたのは佐藤栄作元首相だった。首相時代に台湾を訪問し、蔣介石とも会談している。国連でも台湾追放に反対した親台派で最適の人選だった。政府代表ではなく、「自民党代表」という肩書になった。

ところが中国は文句をつけた。「蔣介石は中国の国賊である。日中友好を唱える日本が、自民党の高い地位の人を指名して行かせるのは信じたくない出来事で本当だとしたら中国人民は怒るだろう」と、廖承志・日中友好協会長が不満を表明した。

これに当時の三木首相が怯んでしまった。佐藤元首相に「自民党代表ではなく、友人代表として参加して欲しい」と依頼した。佐藤元首相ら親台湾派議員は「死者に礼を尽くすのは東洋の道義であり、日中関係とは次元が違う」と反発したが、結果的に佐藤元首相は友人として台湾に渡った。自民党から国会議員十八人が参加したが、「団」という形はとらず、佐藤元首相は団長ですらなかった。

それから四十五年。李登輝元総統の弔問外交が再び台湾で展開されることになった。

李登輝は、台湾の民主化の立役者だ。日台関係での貢献も大きい。そして、日本には李登輝ファンはたくさんいる。外交関係がないとはいえ、日本は首相級の人物を台湾に弔問として派遣しなければならず、選ばれたのは森喜朗元首相だった。

蔣介石の葬儀から教訓を学んだのかもしれない。森喜朗の立場は政府代表でも自民党代表でも友人としてでもなく、「日華議員懇談会（日華懇）」という国会議員の超党派グループの代表団の団長という肩書だった。今回は、中国から文句はつかなかった。

ねじれた評価

長々と李登輝と蔣介石の比較を書いたのは「白団と以徳報怨」というテーマについて本書の刊行後も考え続けてきたことが、李登輝の死去によって、私の中で、ある程度、整理がついた実感があったためだ。

私たちは、蔣介石も李登輝も、同じく台湾で政治家人生の終幕を迎えた政治家であるという目線で二人を見がちだが、蔣介石の「以徳報怨」と李登輝の「民主化」はまったく違う。以徳報怨はあくまで中国の出来事であり、台湾とは本質的な関係はない。一方、民主化は、完全に台湾での出来事であり、中国とは関係がない。白団は中国における以徳報怨への恩義のために台湾に渡り、台湾軍の上陸作戦や軍事訓練を支援したが、それは蔣介石が中国に攻め帰るためものだった。

つまり、白団とは「日中関係」の延長線上に生まれたものであり、その役割は、台湾の大陸反攻が不可能になり、蔣介石が政治の表舞台から退場した一九七〇年前後で終焉を迎えたのは、非常に自然なことでもあった。

台湾では一九七〇年代から一九八〇年代にかけては、蔣介石の息子である蔣経国が指導者として君臨し、中華民国体制は形式的には維持したが、その統治の重心は台湾のインフラ・経済建設に置かれ、中華民国の質的変化が始まっていた。それを、民主化という方式によって台湾住民の意思決定の道を開き、大陸反攻を捨てることを正式に表明することで、中華民国を台湾国家に変えていったのが李登輝だった。

李登輝は、中華民国体制のもとで政治家として成長したが、最終的には中華民国体制を換骨奪胎し、台湾における国家として再定義した。それこそが民主化の意味するところだった。台湾の人々はもはや中国の民主化は求めない。台湾の将来を自分たちで選べることが台湾の人々の目標になったのである。

李登輝が背負っているものは、徹頭徹尾、日台関係であり、日中関係はその対立概念として存在するに過ぎない。一方、蔣介石は日台関係の政治家ではなく、日中関係の政治家であった。だから以徳報怨もまた日中関係における一つの概念なのである。

ただ、日本において蔣介石を支持してきたグループと、李登輝を支持してきたグループがかなりの部分で重なっていることは「ねじれ現象」として興味深い。

そのねじれが、李登輝死去のある場面で見られた。日華懇弔問団の森喜朗元首相が、蔡英文総統との面会において、自分がかつて蔣介石総統に面会したことを例に挙げ、以徳報怨について触れたのである。

日華懇は、日華断交において、台湾との友好関係を保持することを目的につくられた超党派の議員団体で、断交を決定した田中・大平政権に対する反対勢力としての基本理念は反共と蔣介石への恩義であった。それゆえに、李登輝死去の台湾弔問訪問でも蔣介石に触れざるを得なかったのだろう。

ただ、蔣家独裁反対を旗頭に政権を国民党から奪還した民進党の蔡英文総統に「以徳報怨」を述べることは、場違い感を否めない。森喜朗など蔣介石を直接知る世代が退場していくなか以徳報怨が歴史のショウケースにしまわれる日も近いだろう。

瀧山和の死後に届いた伝記

本を書くということは、書き終わったところで一つの区切りをつけるわけだが、それですべてが終わることはない。むしろ、そこから始まることも多い。本書刊行後、テレビなどで白団に関する番組が日本や台湾で複数つくられたが、二〇二〇年十二月には台湾でドキュメンタリー映画『光計画』が完成した。ベテランプロデューサーの李崗氏、許明淳監督のコンビが製作したもので、光計画とは白団のもとで作戦が練られた「大陸反攻」、つまり台湾から中国共産党統治下の中国大陸に反転攻勢をかけるための作戦名のコードネームである。映画製作にあたっては、本書にも登場する白団の生き残りやご家族へのインタビューを行なっており、そのアレンジや資料提供に私も私も協力した。映画は私と異なる視点でこの歴史を切り取るものだが、本書から次の創作につながったことはとても嬉しいことであった。

その『光計画』の日本ロケでも取材を受けた元白団のメンバー瀧山和さんが二〇一七年に亡くなられた。心からご冥福をお祈りしたい。同時に、取材者としては、たいへん不遜な言い方になるかもしれないが、彼らの言葉を歴史に残すという意味で、「時間との競争に間に合った」という思いもある。白団のメンバーで生存中の方は一人もいなくなった。

瀧山さんの死後、百一年の長寿人生の最後に書き上げた自らの伝記が届いた。長男の瀧山誠さんによれば、施設に入っていた瀧山さんは当日まで、毎朝一時間新聞を読み、パソコンで囲碁や将棋を楽しみ、夜は施設の会合で歌を二曲歌って翌日の運勢についてトランプ占いを行なって床についたところ、永眠されていたという。人生を存分に全うされた大往生である。

瀧山さんの伝記がまた面白い。刊行されたのは亡くなる前年の二〇一六年である。本書の刊行は二〇一四年だったので、そのころから書き始めたと思われる。

若い頃は陸軍士官学校で学び、飛行機乗りとなってノモンハンの激戦を生き残り、世界各地を転戦して最後は日本で終戦を迎えた。その後、台湾に渡って白団の一員となったが、日本帰国後の人生も豊かだった。能力を生かして飛行機測量会社を立ち上げ、日本中の空を飛び回った。リタイアしてからは、地球一周の距離を目指して四万キロを歩くことを目標に掲げて、二十一年間かけてやり遂げた様子も描かれている。

瀧山さんは、取材のときもそうだったが、白団の仕事で軍事上の秘密に触れそうなことは積極的に語ろうとしなかった。伝記のなかでも、白団については、日常的なエピソードの紹介に終始している。しかし、唯一はっきりと書いていたのは「金門空戦」に関するくだりであり、大変興味深い内容であった。

瀧山さんが台湾に渡って九年が経過した一九五八年、台湾と中国との間では、台湾が実効支配する金門島の上空で盛んに空戦が行なわれ、情勢は一進一退だった。宿舎で資料整理をしていた瀧山さんのところに空軍の連絡役が「教官、教官、先ほど金門島上空で敵、中共軍機六機を全機撃墜しました」と大声で叫んで伝えてきたという。台湾側は全機無事帰還で、完勝であった。

この空戦の前、台湾の空軍幹部と瀧山さんが話し合い、中国軍機の接近を許さないため、優秀なパイロットを選抜し、空戦のための策を練り上げていた。瀧山さんによれば米国製のミサイル「サイドワインダー」を有効に活用し、金門島上空に現れた中国軍機を次々と撃ち落とした。瀧山さんは「我が事終われり」を実感し、岡村寧次氏に帰国を申し出て了承された。蔣介石はこの空戦の結果に大いに喜び、瀧山さんに一万円の賞金を贈り、空軍総司令とともに送別の宴を開いた。

以後、中国軍機の侵入は激減し、砲弾による金門島への威嚇が中心となったという。「空からの支援なく台湾侵攻など不可能である。台湾海峡の安全が保たれることはすなわち台湾の安全が保障される事である。このことはひいては日本への石油輸入ルートのバシー海峡も安全となったのである」と瀧山さんは記している。

昇華された以徳報怨

同書のあとがきで、息子の誠さんは、こんなエピソードを加えている。

「台湾での体験について、何度か書き遺してはどうかと勧めたことがある。その都度父はそれはだめだと拒否した。その理由として、台湾が自由社会の一員として生き延び存続しているのは、台湾に移り住んだ外省人と本省人が本気になって血と汗を流したからで、我々はそのお手伝いをしたにすぎない。我々がこれを指導したなどと言うのはおこがましい。それに間接的にせよ多くの人を殺してしまった。台湾海峡どころか金門の上空さえ制圧出来ないということで、空軍幹部の多くが粛清されてしまった。当時の中共の粛清の意味は単なる降格、追放ではなく死を意味する。命を奪われた彼らに更に追い討ちをかけるような事はすべきではないというものだった」

私はこのくだりを読んで、これらの話を聞き出して自分の本に取り込めなかった取材不足を恥じるとともに、蔣介石への恩義と台湾への思いやりが一つとなり、以徳報怨が昇華された一つの形のようにも思えた。

瀧山さんの考え方は、ジャーナリズムとは価値観が違うものではあるが、軍人の精神として十二分に理解できるものだ。一方で、白団の記録を後世に残そうとするメンバーやその家族の皆さんのご協力で本書は完成した。どのような考え方であっても、私に対して口を開いて自らの思いや経験を語ってくれる人々のおかげで、この仕事は成り立っている。瀧山さんも人生の経験を語ること自体には否定的ではなかった。何を語るかについて、自分なりの原則を持っていただけである。

このように、本書では拾いきれなかった事実がなお多く残っているはずである。台湾の国防大学に眠っている、富士倶楽部が持ち込んだ軍事資料も未公開のままになっている。白団で教育を受けた軍人らへの聞き取りも系統的に行なわれたことはない。白団をめぐる物語が今後も発掘されることを期待し、この文庫版追記の筆をおきたい。

最後になるが、本書の文庫化に協力していただいた筑摩書房の松本良次さん、他社での文庫化を快く了解してくれた講談社の皆さんに、心からのお礼を申し上げたい。

解説

保阪正康

蔣介石は20世紀の中国を動かした指導者の一人である。とはいえその性格、識見、そして政治的手腕については様々な評価がある。私は、日中戦争の内実を調べるために1990年代初めに何度か台北を訪れて、国民党の指導者に取材を進めたことがあった。国民党の政務を担った陳立夫や軍にあって蔣介石を支えた将軍や軍人、それに蔣介石の次男である蔣緯国、軍人ではないが蔣介石の孫（蔣経国の子息）、さらには孫文の孫にあたる孫治平などに話を聞いたのだが、誰もが複雑な軍事の情勢についてわかりやすく説明してくれた。

中でも蔣緯国は当時、中華民国の三軍大学（陸海空）の学長を務めていたこともあり、軍事に疎い私にも実にわかりやすく解説してくれたのが印象的であった。彼はアメリカで軍事学を学んできただけに、極めて論理的に、そして全て史実を以て語ってくれた。日中戦争の本質がどこにあるかを諄々《じゅんじゅん》と説いてもくれた。日本の軍人もこういう説明をするのであれば、賛成を得ることはできないにしても自分たちの軍事行動の意味を世界に伝えることができたであろうにと思えた。

蔣緯国との対話では、日本軍がポツダム宣言を受諾して1945年8月15日に正式に降伏をしたのちの話に移った。私が話を聞いた場所がかつての台湾軍の司令部のあったビルだった。蔣緯国は、「お国の軍人はこの部屋から指揮を執っていたんですよね」と自分の座っている席を指差して苦笑いを浮かべた。「でも彼らは戦争が終わったあとも間違いを犯しましたよ」と言い、「なぜなら彼らは毒蛇を、血清を作るために飼っていたのでしょうが、それを敗戦と同時にこの辺りの地に一斉に放したんですよ。そういう抵抗をしたわけです」という事実を明かした。「台湾の人々を困らせてやれ、ということでしょう」と言葉を足した。
「でもあまりにも愚かなことでしたよ。なぜなら台湾の人々には、蛇は最大のおもてなし料理なんですからね」と笑った。私がこの話を覚えているのは、蔣緯国の口ぶりの中に日本人軍人の単純な性格を揶揄《やゆ》しているかの如くのニュアンスがあったからだった。蔣緯国は事象をあまり曲解せずに真っ直ぐに受け止めるタイプであることを知っていたので、このときの気持ちに不思議な思いを知ったのであった。

本書の第五章の扉の写真には、日本軍の旧軍人たちで作る白団の団員と蔣緯国の写真が掲載されている。白鴻亮というのは、白団の団長であった旧日本軍の第23軍参謀長の富田直亮が名乗った中国名であった。この歓迎会の写真が意味しているのは、蔣緯国が少なくとも中華民国の軍人を代表する立場にいたということであろう。こういう時に蔣緯国の心理はどのようなものであったのか、私には興味がある。

近年、蔣介石の日記、さらには書簡集などが相次いで刊行されている。そうした日記や書簡を読むと、蔣介石の哲学、思想、そして人生観は一定の範囲で中国の歴史に学んでいることがわかるのだが、反面で蔣介石は政治、軍事の渦中に身を置くことで、極めて実践的な哲学を身につけていたことが理解できる。同時にどのような苦境におかれようともいかなる判断が歴史上の動きに合致するかを瞬時に掌握する能力に長けていることもわかる。そういう政治的、軍事的直感に優れていることが、苦難を乗り越えて中国史に名を残す存在たりうる所以であろう。1936年12月の西安事件で、張学良の軍隊に監禁されたときの様子を見ると、決してたじろがない姿勢の前に張学良の側が軟化するようにも思えるのである。

蔣介石の日中戦争時初期の態度は、滅共第一、抗日第二、なのだが、やがて抗日第一、滅共第二、となっていく。そして抗日戦争が終わったあとは、共産党との内戦に入っていく。しかしこの戦争では、中国共産党を倒すためには、「昨日の敵は今日の友」という関係になることは厭《いと》わない。それが旧日本軍の将校を蔣介石の陣営に取り込むことであった。この白団については国民党の側も、それに協力した日本側の軍人も詳細を語ることは避けてきた。中国の内戦に日本軍の将校が関わっていることは、両者にとってあまり公言すべきことではなかったからである。その意味で本書が持つ意味は大きい。各方面に取材の脚を広げただけでなく、この白団の文書なども適宜引用しつつ、その全体像を描き出すことに成功している。

私は白団の一人に会ったことはあるのだが、この全体像を探るのにはふたつの難路があると自覚した。昭和60年代のことである。難路の一つは、本書でも出てくる岡村寧次同志会の存在である。このメンバーの中にはさまざまな考えの人々がいて、それぞれ自由に発言ができない状態であることが窺《うかが》い知れた。説得に大変だろうなとの思いがした。もう一点はつまるところ戦後の高級軍人の秘密に近い動きとも絡んでいるので、そこを歩いての取材は大変だとの実感であった。

岡村寧次同志会や高級軍人の秘密結社のような動きは、そう簡単には実態が明らかになるわけではなかった。いずれも戦後社会にあってはなかなかわかりづらい面があったのである。私が本書に敬意を表するのはそういう難路を自身の手で、あるいは脚で、さらには丁寧な作業で歩んでいったことである。第七章の国防大学の資料館を見ることによって、白団のさまざまな顔を確かめ得たのは、著者の努力が並々ならぬものであったことは認めなければならない。私は1990年代に園山文庫などを見たのだが、資料は全てが整理されていたようには思わない。加えて東西冷戦のなごりのある時で、資料の公開などはまだ狭い範囲で行われていたに過ぎない。

この書はそうした時代を経て、いわば白団とて歴史の次元で、あるいは歴史の枠内で蔣介石と日本軍人の交流（歴史的接点ということになるのだが）を白日の下にさらけだしている。この書はこういうなかなか陽の当たらないテーマを通して、「蔣介石」という中国の反共産党に徹しきった軍人の冷酷な計算に巧みに縋《すが》った日本軍人のありのままの姿を描ききっている。言い古された表現を用いることになるのだが、本書は単に白団を描ききったのではなく、20世紀の日本の軍事組織の実像と、それを利用しつつ実際には日本軍の軍事組織の弱点を浮かび上がらせた近代中国の軍事指導者にして、政治家としても稀有《けう》の才能を持っていた人物の手腕を浮かび上がらせた。蔣介石の心情の柱には、孫文がいて、その右腕の陳其美がいて、そのふたりに対する熱情が終始行動のバネの役割を果たしてきたと言っていいであろう。蔣介石の心情（それは温情という面でも語られるのだが）の背景を探ると、やはり辛亥革命時の中国国民党に行き着く。

蔣介石はその頃に孫文を支えた日本人志士たち（例えば宮崎滔天、山田良政・純三郎兄弟など）の思いを引き継ぎながら、日本の軍人の心情を利用したということになるのだろう。そこに行き着くほどの歴史性を本書が示していることは知っておくべきであろう。本書の持つ意味は想像よりも遥かに重いとの感がしてならないのである。私はその一点でも本書の意味を評価すべきだと考えているほどである。

前述したが、白団を調べるにあたってふたつの難路があると記した。その一つが戦後の社会で旧軍人たちがGHQ（連合国軍総司令部）のG2（参謀第二部）による情報工作に関わった事実であり、その機関の一つである服部機関（服部卓四郎）が白団と関わったのではないかとの指摘を行なっている（本書の354ページ）。蔣介石に協力した日本将校団の富士倶楽部には、服部機関の軍人が協力していた節がある。著者のこの推測は極めて重要であり、そして各種の資料を実態的に組み合わせると、白団の背景にはある歴史的な構図さえ浮かんでくるのである。

なぜこういう結びつきが必要だったのか。服部卓四郎がいみじくも白団での講演で語っている通り、日本を再軍備させ、日本、台湾、韓国、フイリッピンなどの反共同盟軍の創設を考えていたということになるのだろう。太平洋戦争の形をこうした同盟軍によって維持しようと目算していたのが、旧軍の指導者でもあった。本書は多くの資料を用いながら、その構図に迫っている。私はこうした推測を正しいと思っているが、今後は歴史の視点でこの白団が浮かび上がらせる史実をさらに確認していくことが必要であろう。

本書をさらに発展させることで大日本帝国の亡霊につきまとわれた旧軍人の生態を記録していくべきである。

1990年代のある時期まで、中国政府は国民党の四家を赦《ゆる》すべからざる存在としていた。軍を動かした蔣家、党を動かした陳家、財政の宋家、そして人倫道徳の孔家、を指すと言われたのだが、ある時期からはそれが解けた。蔣介石も愛国者の一人というふうに見るようになったと言う。たしかに北京の書店でも蔣介石の評伝などを見るようになった。私は蔣介石を、我々とは道は違ったが愛国者と見るようになった中国の現代的解釈が、この白団についてどう見るのかに興味がある。個人的感想になるのだが、蔣介石はこういう軍人を利用することに、日本の白団の人たちが考えているのとはまた異なる思惑を持っていたのではないかと思っている。

時代はこの白団をどう見ていくか、本書を読み抜くことで辛亥革命、日中戦争の近代の歴史が意外に深く根を下ろしていて、むしろ日本人の方がそういう歴史の深さを知らずにいるのではないかと、私には思えてくるのである。本書は知的な刺激に満ちている、と改めて考えるべきなのであろう。

本書は、二〇一四年四月に講談社より刊行された
『ラスト・バタリオン――蔣介石と日本軍人たち』
を改題した作品です。

東條英機と天皇の時代　保阪正康
日本の現代史上、避けて通ることのできない存在である東條英機。軍人から戦争指導者へ、そして極東裁判に至る生涯を通して、昭和期日本の実像に迫る。

三島由紀夫と楯の会事件　保阪正康
社会に衝撃を与えた1970年の三島由紀夫割腹事件はなぜ起きたのか？　憲法、天皇、自衛隊を論じたあの時代と楯の会の軌跡を追う。（鈴木邦男）

戦場体験者　保阪正康
終戦から70年が過ぎ、戦地を体験した人々が少なくなる中、戦場の記録と記憶をどう受け継ぎ歴史に刻んでゆくのか。力作ノンフィクション。（清水潔）

五・一五事件　保阪正康
農村指導者・橘孝三郎はなぜ、軍人と共に五・一五事件に参加したのか。事件後、民衆は彼らの減刑を願った。昭和の歴史の教訓とは。（長山靖生）

大本営発表という虚構　保阪正康
太平洋戦争中、戦局の悪化とともに情報操作が激しくなる。それを主導した大本営発表の実態を解明する。歴史の教訓に学ぶための一冊。（望月衣塑子）

定本　後藤田正晴　保阪正康
治安の総帥から政治家へ――異色の政治家後藤田正晴は、どのような信念を持ち、どんな決断を下したのか。その生涯を多面的に読み解く決定版評伝。

昭和史残日録　1926―45　半藤一利
昭和天皇即位から敗戦まで……激動の歴史の中で飛び出した名言・珍言。その背景のエピソードと記憶すべき日付を集大成した日めくり昭和史。

それからの海舟　半藤一利
江戸城明け渡しの大仕事以後も旧幕臣の生活を支え、徳川家の名誉回復を果たすため新旧相撃つ明治を生き抜いた勝海舟の後半生。（阿川弘之）

荷風さんの戦後　半藤一利
戦後日本という時代に背を向けながらも、自身の生活を記録し続けた永井荷風。その孤高の姿を愛情溢れる筆致で描く傑作評伝。（川本三郎）

戦う石橋湛山　半藤一利
日本が戦争へと傾斜していく昭和前期に、ひとり敢然と軍部を批判し続けたジャーナリスト石橋湛山。壮烈な言論戦を大新聞との対比で描いた傑作。

一死、大罪を謝す 陸軍大臣阿南惟幾　角田房子

日本敗戦の八月一五日、自決を遂げた時の陸軍大臣。本土決戦を叫ぶ陸軍をまとめ、戦争終結に至るまでの息詰まるドラマと、軍人の姿を描く。（澤地久枝）

東京の戦争　吉村昭

東京初空襲の米軍機に遭遇した話、寄席に通った話。少年の日に映った戦時下・戦後の庶民生活を活き活きと描く珠玉の回想記。（小林信彦）

劇画 ヒットラー　水木しげる

ドイツ民衆を熱狂させた独裁者アドルフ・ヒットラーとはどんな人間だったのか。ヒットラー誕生からその死まで、骨太な筆致で描く伝記漫画。

水木しげるのラバウル戦記　水木しげる

太平洋戦争の激戦地ラバウル。その戦闘に一兵卒として送り込まれ、九死に一生をえた作者が、体験が鮮明な時期に描いた絵物語風の戦記。

ライカでグッドバイ　青木冨貴子

ベトナム戦争の写真報道でピュリッツァー賞にかがやき、34歳で戦場に散った沢田教一の人生を描いたノンフィクションの名作。（開高健／角幡唯介）

日本帝国と大韓民国に仕えた官僚の回想　任文桓《イム・ムナン》

植民地コリア出身の著者は体制の差別と日本人の援助を受け、同胞の為に朝鮮総督府の官僚となる。植民地世代が残した最も優れた回想録。（保阪正康）

戦場カメラマン　石川文洋

米兵が頭を撃ち抜かれ、解放軍兵士が吹き飛ぶ。祖国を守るため、自由を得るため、差別や貧困から脱するため、戦う兵士。破壊される農村。（藤原聡）

テレビは何を伝えてきたか　植村鞆音／大山勝美／澤田隆治

テレビをめぐる環境は一変した。草創期から番組作りに携わった「生き字引」の三人が、秘話をまじえて歴史をたどり、新時代へ向けて提言する。

民間軍事会社の内幕　菅原出

戦争の「民間委託」はどうなっているのか。イラク戦争以降、急速に進んだ新ビジネスの実態を、各企業や米軍関係者への取材をもとに描く。

戦争と新聞　鈴木健二

明治の台湾出兵から太平洋戦争、湾岸戦争まで、新聞は戦争をどう伝えたか。多くの実例から、報道が孕む矛盾と果たすべき役割を考察。（佐藤卓己）

広島第二県女二年西組　関千枝子
8月6日、級友たちは勤労動員先で被爆した。突然に逝った39名それぞれの足跡をたどり、彼女らの生を鮮やかに切り取った鎮魂の書。（山中恒）

田中清玄自伝　田中清玄　大須賀瑞夫
戦前は武装共産党の指導者、戦後は国際石油戦争に関わるなど、激動の昭和を侍の末裔として多彩な人脈を操りながら駆け抜けた男の「夢と真実」。

憲法が変わっても戦争にならない？　高橋哲哉　斎藤貴男　編著
なぜ今こそ日本国憲法が大切か。哲学者、ジャーナリストの編者をはじめ、憲法学者・木下智史、映画監督・井筒和幸等が最新状況を元に加筆。

白い孤影　ヨコハマメリー　檀原照和
白の異装で港町に立ち続けた娼婦。老いるまで、そのスタイルを貫いた意味とは？　20年を超す取材をもとにメリーさん伝説の裏側に迫る！（都築響一）

神国日本のトンデモ決戦生活　早川タダノリ
これが総力戦だ！　雑誌や広告を覆い尽くしたプロパガンダの数々が浮かび上がらせる戦時下日本のリアルな姿。関連図版をカラーで多数収録。

消えゆく横丁　藤木TDC・文　イシワタフミアキ・写真
昭和と平成の激動の時代を背景に全国各地から消えていった、あるいは消えつつある横丁の生と死を、貴重写真とともに綴った渾身の記録。

権力の館を歩く　御厨貴
歴代首相や有力政治家の私邸、首相官邸、官庁、政党本部ビルなどを訪ね歩き、その建築空間を分析。権力者たちの素顔と、建物に秘められた真実に迫る。

宮澤喜一と竹下登　御厨貴
対極的な保守政治家だった宮澤と竹下。その政権運営が自民党崩壊への端緒となった二人の栄光と挫折を描く、オーラル・ノンフィクション対比列伝。

後藤田正晴と矢口洪一　御厨貴
内閣官房長官を務めた後藤田と、最高裁長官へと上り詰めた「ミスター司法行政」矢口。二人の対比列伝で、昭和のリーダーシップのありようを描き出す。

本土の人間は知らないが、沖縄の人はみんな知っていること　矢部宏治
普天間、辺野古、嘉手納など沖縄の全米軍基地を探訪し、この島に隠された謎に迫る痛快無比なデビュー作。カラー写真と地図満載。（白井聡）

ナショナリズム　浅羽通明
新近代国家日本は、いつ何のために、創られたのか。日本ナショナリズムの起源と諸相を十冊のテキストを手がかりとして網羅する。（斎藤哲也）

もうひとつの天皇家伏見宮　浅見雅男
戦後に皇籍を離脱した11の宮家――その全ての源流となった「伏見宮家」とは一体どのような存在だったのか？　天皇・皇室研究には必携の一冊。

わが引揚港からニライカナイへ　五木寛之
玄洋社、そして引揚者の悲惨な歴史とは？　アジアとの往還の地・博多と、日本の原郷・沖縄。二つの土地を訪ね、作家自身の戦争体験を歴史に刻み込む。

9条どうでしょう　内田樹／小田嶋隆／平川克美／町山智浩
「改憲論議」の閉塞状態を打ち破るには、「虎の尾を踏むのを恐れない」言葉の力が必要である。四人の書き手によるユニークな洞察が満載の憲法論！

父が子に語る日本史　小島毅
歴史の見方に「唯一」なんてあり得ない。君にはそれを知ってほしい――。一国史的視点から解放される、ユーモア溢れる日本史ガイド！（保立道久）

父が子に語る近現代史　小島毅
日本の歴史は、日本だけでは語れない――。未来の世代に今だからこそ届けたい！　ユーモア溢れる大人気日本史ガイド・待望の近現代史篇。（出口治明）

増補　転落の歴史に何を見るか　齋藤健
奉天会戦からノモンハン事件に至る34年間、日本は内発的改革を試みたが失敗し、敗戦に至った。近代史を様々な角度から見直し、その原因を追究する。

ヒトラーのウィーン　中島義道
最も美しいものと最も醜いものが同居する都市ウィーンで、二十世紀最大の「怪物」はどのような青春を送り、そして挫折したのか。（加藤尚武）

証言集　関東大震災の直後　朝鮮人と日本人　西崎雅夫編
大震災の直後に多発した朝鮮人への暴行・殺害。芥川龍之介、竹久夢二、折口信夫ら文化人、子供や市井の人々が残した貴重な記録を集大成する。

世界がわかる宗教社会学入門　橋爪大三郎
宗教なんてうさんくさい!?　でも宗教は文化や価値観の骨格であり、それゆえ紛争のタネにもなる。世界宗教のエッセンスがわかる充実の入門書。

ちくま文庫

蔣介石《しょうかいせき》を救《すく》った帝国軍人《ていこくぐんじん》
台湾軍事《たいわんぐんじ》顧問団《こもんだん》・白団《ばいだん》の真相《しんそう》

二〇二一年六月十日　第一刷発行

著　者　野嶋剛（のじま・つよし）
発行者　喜入冬子
発行所　株式会社　筑摩書房
東京都台東区蔵前二―五―三　〒一一一―八七五五
電話番号　〇三―五六八七―二六〇一（代表）
装幀者　安野光雅
印刷所　明和印刷株式会社
製本所　株式会社積信堂

ISBN978-4-480-43744-0　C0121